注塑机
操作与调校
全程图解

张能武 主 编

化学工业出版社

·北京·

图书在版编目（CIP）数据

注塑机操作与调校全程图解/张能武主编. —北京：
化学工业出版社，2018.3（2025.4重印）
ISBN 978-7-122-31477-2

Ⅰ.①注… Ⅱ.①张… Ⅲ.①注塑机-操作-图解
Ⅳ.①TQ320.5-64

中国版本图书馆 CIP 数据核字（2018）第 020340 号

责任编辑：曾　越　张兴辉　　　　　　文字编辑：陈　喆
责任校对：王　静　　　　　　　　　　装帧设计：刘丽华

出版发行：化学工业出版社（北京市东城区青年湖南街13号　邮政编码100011）
印　　装：河北延风印务有限公司
880mm×1230mm　1/32　印张 8¾　字数 283 千字
2025 年 4 月北京第 1 版第 14 次印刷

购书咨询：010-64518888　　　　　　售后服务：010-64518899
网　　址：http://www.cip.com.cn
凡购买本书，如有缺损质量问题，本社销售中心负责调换。

定　　价：48.00 元

近年来，注塑制品在家用电器、汽车制造、电子等行业应用日益广泛，有力地推动了注塑机和模具制造业的发展。伴随着注塑装备制造业的迅速发展，我国已成为注塑机和注塑制品的生产大国，从事注塑机操作的技术人员也越来越多，为了帮助广大从业人员迅速掌握注塑机维修和故障诊断技能，我们编写了本书。

本书针对注塑人员的需要，介绍了注塑机的注射机构、合模机构、液压系统和电控系统、测量装置和安全装置、注塑机的操作及调试、注塑机的使用、注塑机的保养和维修以及注塑生产中常见问题和解决措施等知识。本书内容突出应用，着眼于提高读者的技术水平，具有很强的实用性；全书文字通俗易懂，图表详实，包含了许多经过实践检验的方法，可为从事注塑生产、注塑机操作、注塑机工艺调校、注塑机保养与维修等相关工作的技术人员提供帮助，还可供大中专院校相关专业师生学习参考。

本书由张能武主编。参加编写的人员还有：陶荣伟、周文军、过晓明、邵健萍、张道霞、许佩霞、邱立功、王荣、陈伟、刘文花、杨小荣、余玉芳、张洁、胡俊、刘瑞、吴亮、王春林、邓杨、张茂龙、高佳、王燕玲、李端阳、周小渔、张婷婷。本书在编写过程中得到了江南大学机械工程学院、江苏机械学会、无锡机械学会等单位的大力支持和帮助，在此表示感谢。

由于时间仓促，编者水平有限，书中不妥之处在所难免，敬请广大读者批评指正。

编　者

目录

CONTENTS

第一章
注塑机的构造原理

第一节 注塑机的结构原理与分类

一、注塑机的基本结构与分类

1. 注塑机的基本结构

注塑机是一种机、电、液一体化的设备，总体结构较为复杂，具体的类型也较多，其中螺杆式注塑机是应用最广泛的一类注塑机，其基本结构如图 1-1 所示。

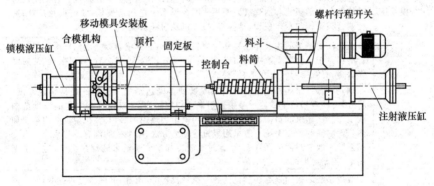

图 1-1　螺杆式注塑机

根据结构与功能的不同，一般把注塑机分为机身、注射、合模、液压传动、润滑、电气控制系统、安全防护等装置或系统，如图 1-2 所示为业界广泛使用的海天牌注塑机的基本结构和系统。

随着注射成型技术的发展，注塑机的类型也变得多种多样，以适应不同客户的生产需求。注塑机最常见的类型是柱塞式和螺杆式，这两种

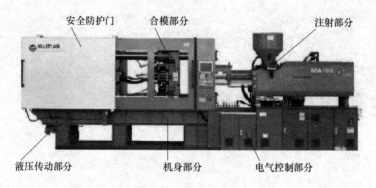

安全防护门　　合模部分　　　　　注射部分

液压传动部分　　　机身部分　　　电气控制部分

图1-2　海天牌注塑机的基本结构和系统

类型中常用的是螺杆式。因此以螺杆式为例，叙述注塑机的结构和功能。螺杆式注塑机由合模系统、塑化注射系统、加热冷却系统、液压系统、润滑系统、电控系统、安全保护系统等组成，其具体说明见表1-1。

表1-1　螺杆式注塑机的结构和功能

类别	说　明
合模系统	合模系统的作用是固定模具，使动模板作启闭模运动并锁紧模具。合模系统从结构上分为两板式和肘杆式。两板式的合模系统包括定模板、动模板及拉杆；肘杆式合模系统包括定模板、动模板、拉杆以及肘杆系统
塑化注射系统	塑化注射系统的主要作用是塑化物料，并把熔融的物料以一定的压力注射到闭合的模具中。注射系统主要由喷嘴、料筒、螺杆、螺杆驱动装置、计量装置、注射动作装置、行程限位装置和加料装置组成
加热冷却系统	加热冷却系统的作用是使料筒和喷嘴的温度达到加工物料的最佳熔融温度。另外，有些注塑机上的冷却系统还用来冷却液压油，使液压油在规定的温度范围内工作。注塑机的料筒和喷嘴一般采用电阻加热圈加热，有些机型也采用高温加热。而料筒的冷却系统一般采用风机冷却的方法，喷嘴一般没有冷却系统。水冷却系统一般是封闭的循环系统，通过控制冷却水的流量来进行热交换，达到带走热量、控制温度的目的
液压系统	液压系统的作用是为注塑机的各个执行机构（液压缸）提供压力和速度，使之能完成规定的动作。液压系统包括控制系统压力和流量的主回路，以及各个执行元件的分回路。回路由过滤器、泵、各种阀件（压力阀、流量阀、方向阀、调速阀、行程阀等）、热交换器、蓄能器以及各种指示仪表及开关元件等组成
电控系统	电控系统的作用是控制注塑机的各种动作，实现对时间、位置、压力、速度和转速等参数的调节和控制。电控系统主要由电器元器件、电子元件、监测元件以及自动化仪表组成。电控系统不仅具有控制工作部件正常工作的功能，还具有监测和报警的功能。当注塑机的运行参数（温度、压力、转速等）超出设定的极限值时，监测元件监测到信号，并对异常情况发出报警指示

类别	说　明
润滑系统	润滑系统的作用是减小注塑机动作部件相对运动间的摩擦和磨损,保障工作部件的正常工作和延长零件的使用寿命。润滑系统有定期的手动润滑和自动润滑两种。润滑介质有润滑油和润滑脂两种。润滑油可以在液压系统的低压回路中引出,也可以是单独的润滑回路
安全保护系统	注塑机安全保护系统的主要作用是保护注射设备的安全和操作人员的人身安全。安全保护系统主要由安全门、行程阀、限位开关等组成。安全保护系统还包括低压护模系统,以保护昂贵的模具不受损坏

2. 注塑机的分类及其应用

注塑机按塑化方式可分为柱塞式和螺杆式;按机器的传动方式可分为液压式、机械式和液压-机械（连杆）式;按操作方式可分为自动、半自动、手动;按合模部件与注射部件的配置形式又可分为卧式、立式、角式、多模转盘式,具体说明见表 1-2。

表 1-2　注塑机的分类及其应用

类别	说　明
卧式注塑机	卧式注塑机(如图 1-3 所示)是最常用的类型,其特点是注塑总成的中心线与合模总成的中心线同心或一致,并平行于安装地面。它的优点是重心低,工作平稳,模具安装、操作及维修均较方便,制品顶出后可利用重力作用自动落下,易于实现全自动操作,模具开档大,占用空间高度小;缺点是占地面积大。大、中、小型机中均有广泛应用
立式注塑机	立式注塑机(如图 1-4 所示),其特点是合模装置与注射装置的轴线呈一线排列且与地面垂直。其具有占地面积小,模具装拆方便,嵌件安装容易,物料能较均匀地进行塑化,易实现自动化及多台机自动线管理等优点;缺点是顶出制品不易自动脱落,常需人工或其他方法取出,不易实现全自动化操作和大型制品注射,机身高,加料、维修不便。一般注射量在 60g 以下的注塑机中采用较多,大、中型机不宜采用
角式注塑机	角式注塑机(如图 1-5 所示)中注射装置和合模装置的轴线互成垂直排列,其注射方向和模具分界面在同一个面上。该机特别适合于加工中心部分不允许留有浇口痕迹的平面制品。它占地面积比卧式注塑机小,但放入模具内的嵌件容易倾斜落下。这种形式的注塑机宜用于小机。角式注塑机的优点是兼有卧式与立式注射机的优点,特别适用于开设侧浇口非对称几何形状制品的模具
多模转盘式注塑机	多模转盘式注塑机(如图 1-6 所示)是一种多工位操作的特殊注塑机,其特点是合模装置采用了转盘式结构,模具围绕转轴转动。这种形式的注塑机充分发挥了注射装置的塑化能力,可以缩短生产周期,提高机器的生产能力,因而特别适合于冷却定型时间长或因安放嵌件而需要较多辅助时间的大批量塑料制品的生产,但缺点是合模系统庞大、复杂,合模装置的合模力往往较小。在塑胶鞋底等制品生产中,多模转盘式注塑机应用较多

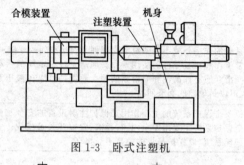

图 1-3　卧式注塑机

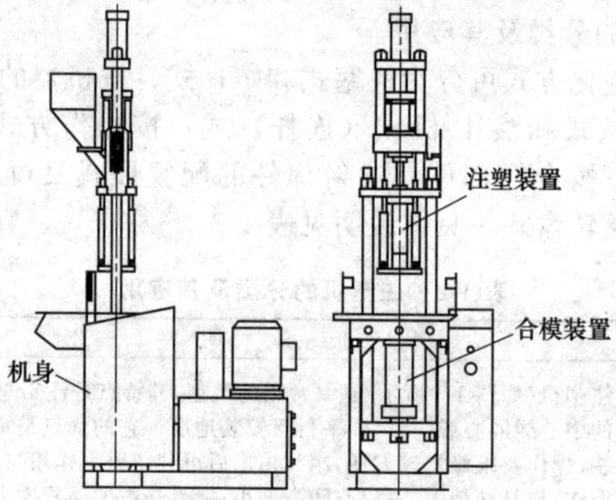

图 1-4　立式注塑机

图 1-5　角式注塑机

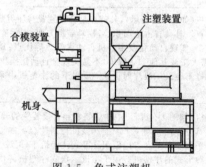

二、常用注塑机简介

1. 专用注塑机

（1）电缆专用注塑机

如图 1-7 所示为杭州大禹机械有限公司产 TC-DL 系列预分支电缆

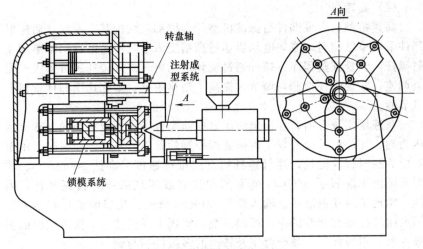

图 1-6 多模转盘式注塑机

专用注塑机。该机器用于生产分支电缆接头包胶，具有效率高、性能稳定、操作方便等特点。

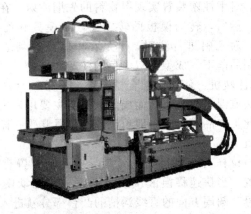

图 1-7 杭州大禹机械有限公司产 TC-DL 系列预分支电缆专用注塑机

TC-DL 系列预分支电缆专用注塑机结构为立式锁模、横式注射、无立柱、三面开放（便于线缆放取），锁模力 45～250t，注射量 650～8000g，中、英文电脑控制，荧屏显示，双比例式压力、流量控制，机械结构强，压力高，速度快，适合各种单芯、多芯预分支电缆的注塑成型。

（2）高速机

高速机型的合模部件与标准机型的合模部件结构基本一致，而注射部件采用单缸注射，变频电动机通过高精度齿轮减速箱的输出轴驱动注射螺杆，实现预塑程序。螺杆通过变频电动机对螺杆转速进行多级或无级调速，实现闭环控制与调节，提高了塑化质量、塑化速率和计量精度且节能。

在液压系统方面，在顶出液压缸回路配置了比例流量换向阀和比例压力阀，在注射系统配置了由插装阀控制的蓄能器系统。注射时，由于蓄能器瞬时释放能量，注射螺杆的直线推进速度可高达 800mm/s。注射系统由于配置了 MOOG 伺服阀和注射液压缸的压力检测元件，因此，实现了对注射液压缸输入口与 MOOG 阀的输出口的流量和压力之间大闭环控制与调节的反馈控制系统，实现了高速注射、快速响应的多级注射、多级保压、预塑背压及转速的多级控制与调节。

由于高速机具有上述功能，因此，宜于注塑各种薄壁、形状较复杂的精密制品。

（3）双色机

双色机能够对甲注塑装置实现甲物料的先期注射，在模具中成型出制品的甲部分，然后，转动模板回转 180°，甲模具到乙模具位置与乙注塑装置共轴，对乙料进行注射，于是在甲制品的剩余部分充满了乙料，最后顶出制品落下，成型出双清色的注塑制品。

夹层/合混注塑机：使用标准合模部件，不带转盘，由两套注射部件加上分配机头或混色机头组合而成。该机器主要用来生产夹层产品或混双色产品，此类产品模具与一般单色产品模具几乎一样。

（4）二板机

在动模板与拉杆有相对运动的 4 个导向孔上配置有近似对开"螺母"的抱闸装置。当快速移模液压缸将动模板移至动模与定模相接触时，对开"螺母"圆周方向的直线沟槽的凸台部分就进入拉杆的相应沟槽部位，然后通过液压缸驱动机械联动装置把 4 个拉杆闸住，使其在轴向得到精确的定位。而后与前模板刚性连接的 4 个大稳压液压缸进油，推动固定在 4 个拉杆上的活塞，带动拉杆及其动模板，将模具锁紧并达到锁模力。这个锁模力就是 4 个稳压缸的轴向合力。

二板机的优点是锁模力是由 4 个稳压缸的合力达到的，使单个稳压缸的直径减小，油封直径减小，加工、装备及维修难度降低。开模行程及模板拉杆的内间距都可较方便地适应用户要求，增加模板行程和模板的装载空间。在拉杆上，动模板与 4 个稳压活塞所形成的力的封闭曲线大大缩短，使系统刚性增加并减少了一块模板（后模板），缩短了机器的轴向尺寸，减轻了机器质量，提高了合模精度，具有较好的省材和节能效果；适合成型容模量较大的模具及其注塑制品，例如垃圾分类桶、环保家具、汽车装饰、物流周转箱及大型托盘等。

2. 国产注塑机

通过引进技术，加强与国外合作和交流，国内塑料注塑成型机的总体水平有了较大提高。目前，我国已成为世界塑机台件生产的第一大国。除液、电复合式注塑机外，我国已经能制造肘杆式、全液压和全电动式注塑机。普通卧式注塑机仍是国内注塑机发展的主导方向，其基本结构几乎没有大的变化，除了继续提高其控制及自动化水平、降低能耗外，生产厂家根据市场的变化正在向组合系列化方向发展，如同一型号的注塑机配置大、中、小三种注射装置，组合成标准型和组合型，增加了灵活性，扩大了使用范围，提高了经济效益。随着塑胶制品多样化市场需求越来越大，注塑机设备的升级换代也越来越快。早期的注塑机都是全液压式，由于环保和节能的需要，以及伺服电动机的成熟应用和价格的大幅下降，近年来全电动式的精密注塑机越来越多。

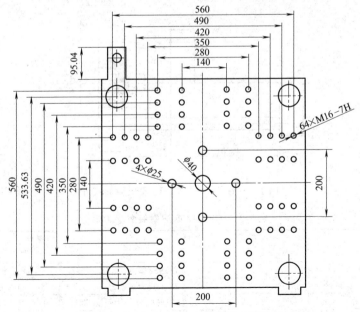

图 1-8　海天 HTFW1/J5 模板正面尺寸

　　国产海天 HTFW1/J5 型伺服节能注塑机以 HTFW 为设计平台，延续了 HTFW 系列的优秀性能，并配备了高性能的伺服变速动力控制系统，在注塑机成型过程中对不同的压力流量做出相应的频率输出，并对压力流量进行精确的闭环控制，实现伺服电动机对注塑机能量需求的最佳匹配和自动调整。HTFW1/J5 可节省电量 40%～80%。

　　HTFW1/J5 型伺服节能注塑机型模板的正面和侧面尺寸如图 1-8 和图 1-9 所示。该机的相关技术参数见表 1-3～表 1-5。

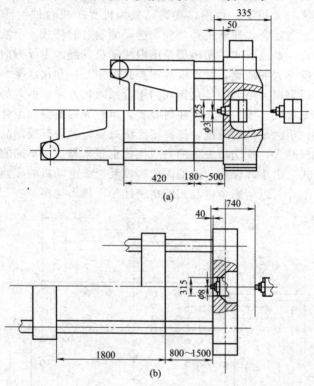

图 1-9　海天 HTFW1/J5 模板侧面尺寸

表 1-3　HTFW1/J5 注射装置参数表

注射装置	螺杆			注射装置	螺杆		
	A	B	C		A	B	C
螺杆直径/mm	26	30	34	注射速率/(g/s)	54	73	93
螺杆长径比	24.2	21	19.5	塑化能力/(g/s)	6.3	8.4	10.3
理论容量/cm³	66	88	113	注射压力/MPa	236	177	138
注射质量/g	60	80	103				

表 1-4　HTFW1/J5 合模装置参数

项　目	参　数	项　目	参　数
合模力/kN	600	最小模厚/mm	120
移模行程/mm	270	顶出行程/mm	70
拉杆内距/mm	310×310	顶出力/kN	22
最大模厚/mm	330	顶出杆根数	1

表 1-5　HTFW1/J5 其他参数

项目	参数	项目	参数
最大液压泵压力/MPa	16	外形尺寸($L×W×H$)/m	3.62×1.13×1.76
液压泵马达/kW	7.5	质量/t	2.5
		料斗容积/kg	25
电热功率/kW	5.1	油箱容积/L	180

3. 进口注塑机

我国加入世界贸易组织（WTO）后，国外的机械制造业加速对华转移，世界一些知名的注塑机企业，如德国德马克、克虏伯、巴登菲尔，日本住友重工等公司先后"进驻"中国，有的还进一步设立了技术中心。近几年来，世界上工业发达国家的注塑机生产厂家都在不断提高普通注塑机的功能、质量、辅助设备的配套能力，以及自动化水平。同时大力开发、发展大型注塑机、专用注塑机、反应注塑机和精密注塑机，以满足生产塑料合金、磁性塑料、带嵌件的塑料制品的需求。

随着世界各国在环保控制方面，如能耗、噪声、泄漏控制等要求日益严格，节能已成为注塑机电液系统的研究重点。针对阀控电液系统有较大能量损失的不足，德国、日本等国家发展了应用变量泵和电液比例阀结合的负载感应型注塑机电液控制系统。

日本住友 Sumito-mo 公司生产的 SED 系列注塑机将液压注塑机的高速、高压与全电动注塑机的节能，较清洁的生产加工环境，高精度以及重复性能等优点综合起来，以直接驱动技术作为一大亮点，生产多种规格型号。最高锁模力可达 200t 的 SED 系列注塑机有 4 个直接驱动伺服电动机，用于驱动塑化、注塑、合模和顶出装置。除了塑化外，每步运作均使用一个滚动螺栓和螺母传动。4 个电动机都没有安装传送带，所提供的机械能、重复性能和持久性能都达到最佳效果，同时还能避免使用传送带所带来的磨损，调整传送带间隙以及灰尘落入的麻烦。

日本住友 SR 系列注塑机是带旋转台的立式注塑机，专门为生产嵌件、再注射部件设计的，应用于汽车、电子、医疗和消费用品的部件工业化生产领域。这种注塑机安装有 5 台伺服电动机，在必要时才产生制动力，如此可有效地利用能源。5 个机械运转步骤包括塑化、注射、合模、顶出以及平台旋转。据介绍，这种注塑机的注射量精度平均值偏差幅度低于 0.02％，重复性很高。由于该型注塑机能够同步进行嵌件和制品的加工处理，还有高速旋转平台，因此，其成型周期很短。注塑机上的电动齿轮驱动平台旋转 180°用时不到 1.6s，并且采用一个机械制动装置来重复定位。再有，SR 系列还有比其他厂商的注塑机小 30％的运行轨迹和空间，比液压立式注塑机低 50 ％的电能消耗，并且对冷却系统的要求较低等优点。

三、注塑机的典型结构及工作原理

注塑机是一个机电一体化很强的机种，主要由注射部件、合模部件、机身、液压系统、加热系统、冷却系统、电气控制系统、加料装置等组成，如图 1-10 所示。图 1-11 所示为典型注塑机的机型结构。

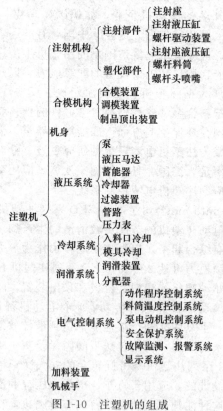

图 1-10　注塑机的组成

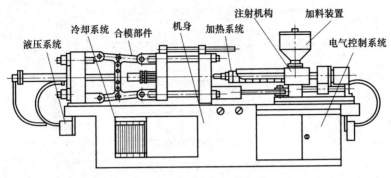

图 1-11 典型注塑机的组成

注塑机的机械部分主要由注塑部件和合模部件组成。注塑部件主要由料筒、螺杆及注射液压缸组成,如图 1-12 所示。

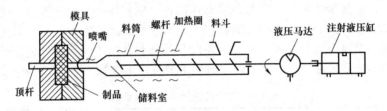

图 1-12 注塑机注塑部件的组成

注塑成型是利用塑料的热物理性质,把物料从料斗加入料筒内,料筒外由加热圈加热,使物料熔融。在料筒内装有在外动力液压马达作用下驱动旋转的螺杆。物料在螺杆的作用下,沿着螺槽向前输送并压实。物料在外加热和螺杆剪切的双重作用下逐渐塑化、熔融和均化。当螺杆旋转时,物料在螺槽的反作用力作用下,以高速、高压将储料室的熔融料通过喷嘴注射到模具的型腔中。型腔中熔料经过保压、冷却、固化定型后,模具在合模机构的作用下开启,并通过顶出装置把定型好的制件顶出。

塑料从固体料经料斗加入到料筒中,经过塑化熔融阶段,直到注射、保压、冷却、启模、顶出制品落下等过程,全是按着严格的自动化工作程序操作的,其工作程序如图 1-13 所示。

四、注塑机主要技术参数

注塑机的主要技术参数是评估注塑机性能的主要标准之一。对注塑

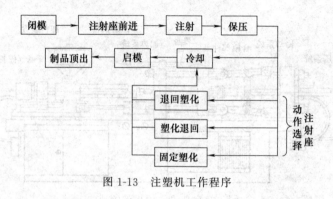

图 1-13 注塑机工作程序

机的使用者来说，要合理地选择一台注塑机，首先必须对注塑机技术参数进行比较判断。

1. 注射装置主要技术参数

注射装置主要技术参数包括有注射量、螺杆规格、注射压力、注射速率、塑化能力等。这些参数标识了注射成型制品的大小，反映了注塑机能力以及对被加工塑料种类、品级范围和制品质量的评估，也是选择使用的依据。表 1-6 列出了注塑机注塑装置技术参数。

表 1-6　注塑机注塑装置技术参数

参数	单位	内　　　　　　容
注射量(硬胶)	g	注射螺杆一次注射出的最大质量
螺杆直径	mm	注射螺杆的外径尺寸
螺杆长度	mm	注射螺杆的长度
螺杆长径比例	—	注射螺杆的有效长度与注射螺杆的直径之比
螺杆压缩比例	—	螺杆加料段第一个螺槽容积 V_2 与计量段第一个螺槽容积 V_1 的比
螺杆行程	mm	注射螺杆移动的最大距离(计量时后退最大距离)
螺杆转速	r/min	塑化胶料时，螺杆最低到最高的转速范围
射胶容积	cm³	螺杆头部截面积与最大注射行程的乘积
射胶压力	MPa	注射时，螺杆头部施予熔胶料的最大压力
射胶速度	mm/s	注射时，螺杆移动的最大速度
射胶速率	cm³/s	单位时间内注射的理论容积；螺杆截面积乘以螺杆的最高速度
射胶时间	s	注射时，螺杆完成注射行程的最短时间
塑化能力	kg/s	在单位时间内，可塑化胶料的最大质量

（1）注射量（Q）

注射量是指注射成型机在对空注射条件下，注射螺杆（或柱塞）作一次最大注射行程时，注射装置所能达到的最大注出量。注射量在一定程度上反映了注塑机的加工能力，标志着该机能成型加工塑料制品的最大质量。注射量是注塑机的一个重要参数，因而常被用来表征注塑机机器的规格。

注射量一般有两种表示方法：一种是用注射出熔胶料的容积（cm³）来表示；另一种是以聚苯乙烯（PS）为标准（密度 $\rho = 1.05\text{g}/\text{cm}^3$），熔胶料的质量（g）来表示。国产注塑机系列标准采用前一种表示方法。

（2）注射压力（ρ）

注射压力也叫射胶压力，是指螺杆（或柱塞）端面处作用于熔胶料单位面积上的压力。注射时，为了克服熔融胶料流经射嘴、浇道和型腔时的流动阻力，螺杆或柱塞对熔融胶料必须要施加足够的压力，这种压力就是射胶压力。注塑机的射胶压力是个重要参数。射胶压力选择或设定过高，可能导致制品产生毛边，脱模困难，影响制品的光洁度，使制品产生较大的内应力，甚至成为废品，同时还会影响到注射装置及传动系统的设计；射胶压力设定过低则容易产生胶料充不满模腔，甚至不能注射成型等现象。所以注塑成型生产中，选择射胶压力要综合考虑胶料的黏度、制品形状、塑化状态、模具温度以及制品尺寸精度等因素，根据具体情况来选择。通常情况，对加工精度低、流动性好的低密度聚乙烯、聚酰胺之类塑料加工，射胶压力可选用35～55MPa；对加工形状一般、有一定精度要求的制品，选用中等黏度，如改性聚苯乙烯、聚碳酸酯等塑料，射胶压力可选在 100～140MPa；对高黏度工程塑料，如聚砜、聚苯醚等类的注射成型，尤其制品薄壁长流程、厚薄不均匀和精度要求严格的，可将注射成型的射胶压力设置在 140～170MPa；对于加工优质精密微型制品，射胶压力可设定在 230～250MPa 以上。

（3）注射速率（q_z）

注射速率是用来表示熔融胶料充填模具型腔快慢特性的参数，射胶时，熔融的胶料通过射嘴后就开始冷却。要把熔融胶料注入模具型腔，得到密度均匀和高精度的注塑制品，必须要在短时间内把熔融胶料充满模具型腔，进行快速充填模具型腔，因此，还有射胶速度、射胶时间等参数来表示其特性。注射速率是指在射胶时，单位时间内所能达到的体积流率。射胶时间是指在射胶时，螺杆（或柱塞）射出一次注射容量所需要的时间。注射速率、射胶速度和射胶时间三者之间可用如下关系式表示。

$$q_z = Q/t_z$$
$$V_z = S/t_z$$

式中　Q——注射量，cm^3；

$\quad\quad q_z$——注射速率，cm^3/s；

$\quad\quad t_z$——射胶时间，s；

$\quad\quad V_z$——射胶速度，mm/s；

S——螺杆行程，mm。

注射速率、射胶速度、射胶时间是注塑成型加工工艺的重要参数。在实际中，常调节射胶速度来改善制品质量。射胶速度慢可导致熔料充填模具型腔时间长，注塑制品容易产生熔接缝，会有强度低、密度不均、内应力大等制品缺陷产生。常采用高速度注射来提高射胶速度缩短成型周期。尤其在成型加工薄壁、长流程制品及低发泡制品时能获得较好的效果。射胶速度也不宜过高，熔融胶料流经射嘴浇道口等处时，容易产生大量的摩擦热，导致熔融胶料烧焦以及吸收气体和排气不良等现象产生，影响到制品的表面质量，产生银纹、气泡等制品不良缺陷。射胶速度过高，还会造成过度充填而使得注塑制品出现溢边、毛边等制品不良缺陷。因此，射胶速度应根据使用的塑料胶料和加工制品的特点、工艺要求、模具浇口设计以及模具的冷却情况，合理地设置参数，设定射胶速度、射胶时间、射胶压力等其他参数的配合，达到其最佳设置。

（4）塑化能力

塑化能力是表示螺杆与熔胶筒在单位时间内可以塑化塑料的质量。注塑机的塑化装置应该在规定的时间内保证能够提供足够量的塑化均匀的熔融胶料。注塑机塑化能力是已知设定的，所以，注塑机的最短成型周期就有了限制。螺杆式注塑机螺杆传动系统是与注射、锁模传动系统分开设置的。机器的最短成型周期符合下式：

$$T = Q/G$$

式中　T——机器最短成型周期，s；

Q——机器注射量，g；

G——塑化能力，kg/s 或 kg/h。

从上式可看出，塑化能力高，成型周期就短，生产效率就高。可以通过提高螺杆转速、增加驱动功率、改进螺杆结构来提高塑化能力。

2. 锁模装置主要技术参数

锁模装置主要技术参数见表 1-7 所示，这些参数表征了锁模装置的成型驱动与承载能力。

表 1-7　注塑机锁模装置主要技术参数

参数	单位	内　　容
锁模力	kN	模具最大的夹紧力
容模量	mm	注塑机上能安装模具的最大厚度和最小厚度
模板最大开距	mm	注塑机上的定模板与动模板之间的最大距离

续表

参数	单位	内　　容
开模行程	mm	为取出制品,使模具可移动的最大距离
模板尺寸	mm	前后定模和动模板模具安装平面尺寸
拉杆间距	mm	注塑机拉杆水平方向和垂直方向内侧的间距
开模力	kN	为取出制品,使模具最大的开启力
顶出行程	mm	注塑机顶出装置上顶杆运动的最大行程
顶出力	kN	顶出装置克服静摩擦力在顶出方向施加的顶出合力

（1）锁模力

锁模力也称合模力，是指注塑机锁模机构施加于模具上的最大夹紧力，当熔融胶料以一定的射胶压力和射胶流量注入模具型腔时，在这个夹紧力作用下，模具不会被胀开。

锁模力在一定程度上反映出注塑机所能加工制品的大小，是一个重要的技术参数，所以有些注塑机用最大锁模力作为注塑机规格的标准。锁模力常用注塑机注射时动模板的受力平衡示意图表示，如图 1-14 所示。图中压力分布是模腔压力 p_m，锁模力为 F，制品投影面积为 A。

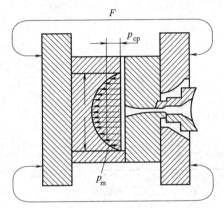

图 1-14　注射时动模板的受力平衡

为了使模具在注射时不被模腔压力所形成的胀模力胀开。锁模力应当为：

$$F \geqslant K p_m A \times 10^{-3}$$

式中　F——锁模力，kN；

　　　K——安全系数，一般取 $1 \sim 2$；

　　　p_m——模腔压力，MPa；

　　　A——制品在分型面上的投影面积，mm^2。

模腔压力 p_m 是一个较难确定的数值，它与射胶压力、塑化工艺条件、制品形状、胶料性能、模具结构、模具温度等因素有关。通常取模具型腔的平均力来计算锁模力。

公式如下：

$$F \geqslant K p_{cp} A \times 10^{-3}$$

式中 p_{cp}——模具型腔内平均压力，MPa。

注塑机的锁模力选取很重要，如果锁模力取小了，在注塑成型制品时会产生飞边，不能成型加工薄壁制品；如果锁模力设定无穷大，容易压坏模具，使制品的内应力增大。锁模力过大还会造成其他零件提前失效或损坏。

常用塑料成型条件与模腔平均压力如表 1-8 所示。

表 1-8 常用塑料成型条件与模腔平均压力

常用塑料	模腔平均压力 p/MPa	成型特点与制品结构
LDPE PP PS	10～15	易于成型,可加工成型壁厚均匀的日用品、容器等
HDPE	35	普通制品,可加工成型薄壁类容器
ABS POM PA	35	黏度高,制品精度高,可加工精度高的工业用品及零件
PMMA CA PC	40～45	胶料黏度特别高,制品精度高,可加工高精度机械零件、齿轮等

（2）锁模部分基本尺寸

锁模部分的基本尺寸直接关系到注塑机所能加工制品的范围和模具的安装、定位等。其基本尺寸有模板尺寸、拉杆间距、模板间最大开距、模板行程、模具厚度、顶出行程等。

第二节 | 注塑机的注射机构

一、注射机构的功能及组成

1. 注射装置的功能

注塑机的注射装置如图 1-15 所示。其工作过程原理是，注料斗中加入塑料原料，塑料从料斗落到加料座进入料筒加料口，在液压马达旋转力的带动下螺杆转动，不断把熔融塑料推送到螺杆头前端，后经注射液压缸推动，螺杆前移，止退环受注塑力的反作用将止退环后退封住螺杆螺槽，阻止熔融塑料逆向流动，从而将熔融塑料推出喷嘴口，射入模具。

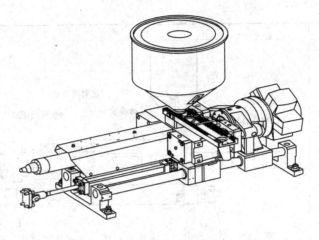

图 1-15 注射装置结构

2. 注射机构的组成

注射机构是注塑机的重要组成部分。它的主要作用是将塑料均匀地塑化，并以一定的压力和速率将一定量的熔体注入模具中。注射充模后，对型腔保持一定的压力直到制品冷却定型。注射系统应该具有塑化性能良好、计量精准等特点。一般的注射机构由喂料系统、驱动装置、塑化部件、计量装置、注射部件和移动液压缸等组成。

二、注射机构典型结构和参数

1. 注射机构的典型结构

注射机构的典型结构及说明见表 1-9。

表 1-9 注射机构的典型结构及说明

类别	说 明
单缸注射（液压马达直接驱动式）	如图 1-16 所示，预塑时，液压马达 5 带动塑化机构 1 中的螺杆旋转，推动螺杆中的物料向螺杆头部的储料室内聚集，与此同时螺杆在物料的反力作用下向后退，所以螺杆做的是边旋转边后退的复合运动（为了防止活塞随之转动，损害密封），在活塞和活塞杆之间装有滚动轴承 2 注射时，注射液压缸 3 的右腔进高压油，推动注射活塞座通过推力轴承推动活塞杆注射。活塞杆一端与螺杆键连接，一端与液压马达主轴套键连接，在防涎时，注射液压缸左腔进高压油，通过位于活塞杆与螺杆尾端的卡环，拉动螺杆直线后移，从而降低螺杆头部的熔体压力，完成防涎动作

类别	说　　明
单缸注射（液压马达直接驱动式）	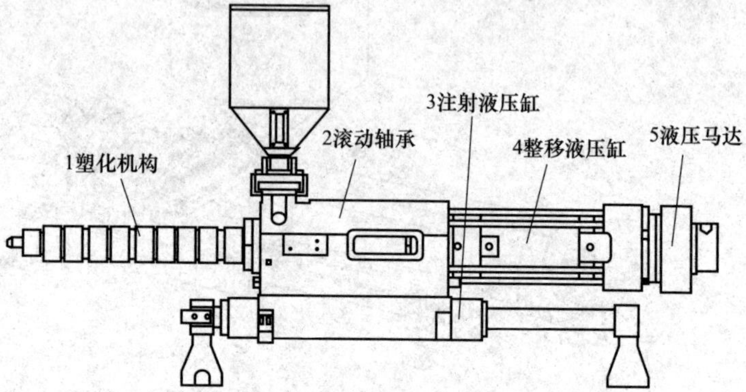 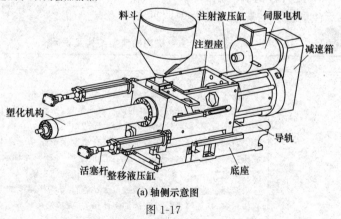图 1-16　单缸注射——液压马达驱动注塑装置结构示意图 　　此种结构特点是，在注射活塞与活塞杆之间布置有滚动轴承和径向轴承，结构较复杂，由于螺杆、液压马达、注射液压缸是一线式排列，导致轴向尺寸加大，注射座的尾部偏载因素加大，影响其稳定性。整移液压缸 4 固定在注射座下部的机座上。现在许多注塑机常用两个整移液压缸平排对称布置，固定在前模板与注塑座之间，其活塞杆和缸体的自由端分别固定在前模板和注射座上，使喷嘴推力稳定可靠
单缸注射（伺服电机驱动式）	如图 1-17 所示，此种装置的特点是，预塑时螺杆由伺服电机通过减速箱驱动螺杆，其转速可实现精确的数学控制，使螺杆塑化稳定，计量准确，从而提高了注射精度。伺服电机安装在减速箱的高速轴上，更加节能，但结构复杂，轴向尺寸加长，造成悬臂或重量偏载。而采用高速高精度的齿轮减速箱，则需提高制造成本，否则会加剧噪声

图中标注：1塑化机构　2滚动轴承　3注射液压缸　4整移液压缸　5液压马达

料斗　注射液压缸　伺服电机　注塑座　减速箱　塑化机构　活塞杆　整移液压缸　导轨　底座

(a) 轴侧示意图

图 1-17

类别	说　明
单缸注射（伺服电机驱动式）	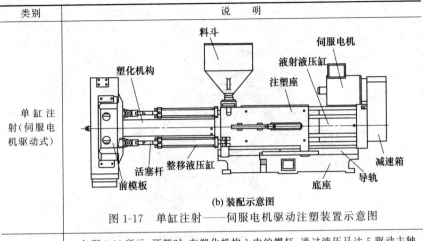 (b) 装配示意图 图 1-17　单缸注射——伺服电机驱动注塑装置示意图
双缸注射（液压马达直接驱动式）	如图 1-18 所示，预塑时，在塑化机构 1 中的螺杆，通过液压马达 5 驱动主轴旋转，主轴一端与螺杆键链接，另一端与液压马达轴键连接。螺杆旋转时，塑化并将塑化好熔料推到螺杆前的储料室中，与此同时，螺杆在其物料的反作用下后退，并通过推力轴承使推力座 4 后退，通过螺母拉动双活塞杆直线后退，完成计量。注射时，注射液压缸 3 的杆腔进油通过轴承推动活塞杆完成动作。活塞的杆腔进油推动活塞杆及螺杆完成注射动作。防涎时，液压缸左腔进油推动活塞，通过调整螺母带动固定在推力座上的主轴套及其与之用卡箍相连的螺杆一并后退，四个调整螺母另一个作用是调整螺杆位于料筒中的轴向极限位置，完成防涎动作 　　此种塑化装置的优点是轴向尺寸短，各部重量在注射座上的分配均衡，工作稳定，并便于液压管路和阀板的布置，使之与液压缸及液压马达接近，管路短，有利于提高控制精度、节能等 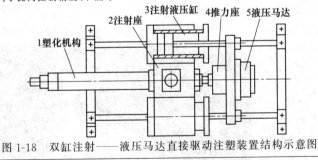 图 1-18　双缸注射——液压马达直接驱动注塑装置结构示意图
电动注射装置	电动注射装置如图 1-19 所示。其工作原理是，预塑时，螺杆由伺服电机驱动主轴旋转，主轴通过止推轴承固定在推力座上，与螺杆和带轮相连接，注射时，另一独立伺服电机通过同步带减速，驱动固定在止推轴承上的滚珠螺母旋转，使滚珠丝杠产生轴向运动，推动螺杆完成注射动作。防涎动作时，伺服电机带动螺母反转，螺杆直线后移，使螺杆头部的熔体卸压，完成防涎动作，如图 1-20 所示

类别	说　明

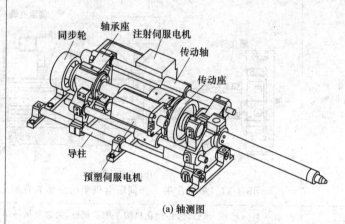

(a) 轴测图

电动注
射装置

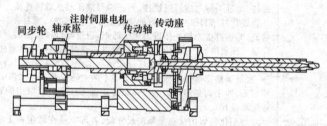

(b) 结构图

图 1-19　电动注射装置

(a) 料筒前端视图

图 1-20

类别	说　明
电动注射装置	

图 1-20　FANUC 电动注射装置

2. 注塑部分的主要技术参数

注塑部分的主要技术参数及意义见表 1-10。

表 1-10　注塑部分的主要技术参数及意义

类别	说　明
螺杆外径 d_s	注塑螺杆的外径，mm
螺杆长径比 L/d	注塑螺杆螺纹部分的有效长度 L 与其外径 d_s 之比
理论注射容积 V_i	一次注射的最大理论容积，cm^3
理论注射量 G_i	一次注射的最大理论质量，一般以 PS 料为基准，g
注射压力 P_i	注射时螺杆头部熔料的最大压力，MPa
注射速率 q_i	单位时间内注射的最大理论容积或最大理论质量(PS)，cm^3/s 或 g/s
注射功率 P_i	螺杆推进熔料的最大功率，kW
塑化能力 Q_s	单位时间内螺杆可塑化好的塑料量(PS)，cm^3/s 或 g/s
螺杆转速 n_s	预塑时，螺杆每分钟的最高转数，r/min
注射座推力 F_T	注射喷嘴对模具主浇套的最大密封推力，kN
料筒加热功率 P_T	料筒加热圈单位时间供给料筒表面的总热能，kW

三、注射部件

　　注射部件的作用是将塑料均匀地塑化，并以一定的压力和速度将一定量的熔体注入模具里。一般注塑机的注射部件主要由注射座、注射液压缸、螺杆驱动装置和注射座移动液压缸组成。

1. 注射座

塑化部件和螺杆传动装置等安装在注射座上，注射座借助于注射座整体移动液压缸沿注射座上的导轨（或导柱）往复运动使喷嘴撤离或贴紧模具。同时，为了便于拆换螺杆和清洗机筒，在底座中都设有回转机构，使注射座能绕其转轴旋转一个角度。

2. 注射液压缸

注射液压缸有左右两个，但也有采用单液压缸注射的，其作用是提供推动螺杆的动力，进而将料筒内已塑化好的熔料块快速推入模腔内。注射液压缸的工作原理是：液压缸进油时，活塞带动活塞杆及其置于推力座内的轴承，推动螺杆前进或后退。通过活塞杆头部的螺母，可以对两个平行活塞杆的轴向位置以及注射螺杆的轴向位置进行同步调整。

3. 螺杆驱动装置

螺杆驱动装置是给螺杆在加料预塑时提供所需的扭矩和可调整转速的工作部件。其特点是：螺杆加料预塑是间歇进行并带有负载的频繁启动，对转速要求并不十分严格，螺杆传动要求平稳可靠、低噪声，具有过载保护功能，驱动装置结构要求简单、紧凑，应有背压调整装置。

目前，多数注塑机采用如图 1-21 所示的传动形式。此形式为螺杆直接与液压马达的输出轴相连接，注射液压缸设在注射座的两旁，与机筒平行。该注塑机轴向长度短，液压缸、螺杆、传动三者的连接比较简单。

4. 注射座移动液压缸

注射座移动液压缸通常采用通用型液压缸，安装在注射座与前模板之间，带动整个注射座上的所有部件前进或后退，并保证注塑喷嘴与模具主浇套圆弧面紧密地接触，产生能封闭熔体的注射座压力。

四、塑化部件

塑化部件的作用就是将塑料塑化成高质量、均匀的熔体，然后将其注入型腔内。因此，对于任何塑化部件在设计时都应有一个明确的要求，以实现较高的塑化能力。一般注塑机构的塑化部件主要由螺杆、料筒和喷嘴组成。

1. 螺杆

（1）螺杆的作用及分类

作为注塑机构的重要塑化部件，螺杆是塑化部件的核心。它是在电动机或液压马达的驱动下转动，完成树脂的受热、受压、塑化，并在熔

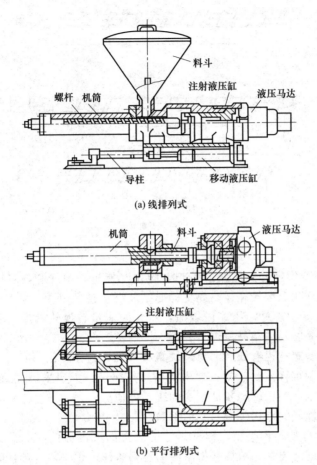

图 1-21 液压马达直接驱动的传动装置

体的输送中充分混合、均匀塑化，完成后将塑化好的熔料注入模具型腔的部件。

为适应加工塑料性能（如软化温度范围、硬度、黏度、摩擦系数、比热容、热稳定性、导热性等）的不同要求，需将螺杆制成不同的形式。螺杆根据塑料性质不同，一般可分为通用型螺杆、渐变型螺杆和突变型螺杆，如图 1-22 所示。

① 通用型螺杆。通用型螺杆的压缩段长度介于渐变和突变之间，3～5 个螺距。适应性比较强的通用型螺杆，可适应多种塑料的加工，避免频繁更换螺杆，有利于提高生产效率。

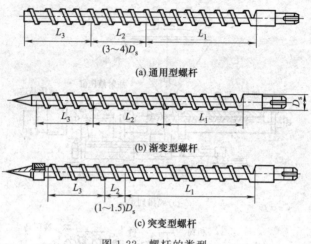

(a) 通用型螺杆

(b) 渐变型螺杆

(c) 突变型螺杆

图 1-22 螺杆的类型

② 渐变型螺杆。压缩段较长，塑化时能量转换缓和，多用于聚氯乙烯等，软化温度较宽、高黏度的非结晶型塑料。

③ 突变型螺杆。压缩段较短，塑化时能量转换较剧烈，多用于聚烯烃、聚酰胺类的结晶型塑料。

通用型螺杆也有缺点。对某种塑料来说，它在塑化和能耗等方面比不上专用型螺杆。螺杆材料要求耐磨、抗腐蚀，大多采用优质氮化钢。螺杆应有较高的精度和较低的表面粗糙度值。

(2) 螺杆的结构类型及几何参数

① 螺杆的结构类型。螺杆是注射装置的关键部件，主要功能是对塑料原料进行搅拌、剪切并将熔融的塑料熔注入模具内。螺杆的基本结构如图 1-23 所示，主要由有效螺纹长度和尾部的连接部分组成。螺杆

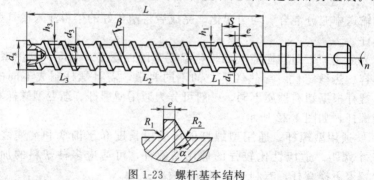

图 1-23 螺杆基本结构

头部设有装螺杆头的反向螺纹。

螺杆的几何参数将直接影响塑料的塑化质量、注射率、使用寿命，并将最终影响注塑机的注塑成型周期和制品质量。普通螺杆螺纹有效长度（L）通常分成三段，即加料段（输送段，L_1）、压缩段（塑化段，L_2）、均化段（计量段，L_3）。螺杆的分段指的是这三段在整个螺杆有效工作长度中所占的百分比。相比挤出机的螺杆，注塑机螺杆因为轴向移动，加料段比较长，一般占整个螺杆长度的一半左右，其余两部分各点四分之一。各段的具体长度的比例可参考表1-11。

表 1-11　螺杆各段长度

螺杆类型	加料段/%	熔融段	均化段/%
渐变型	30～50	50%	20～35
突变型	65～70	$(1～1.5)D$	20～25
通用型	45～50	20%～30%	20～30

② 螺杆的几何参数。螺杆的几何参数说明见表1-12。

表 1-12　螺杆的几何参数

几何参数	几何参数说明
螺杆外径 d_s	螺杆外径大小直接影响着塑化能力的大小，也就直接影响到理论注射容积的大小。因此，理论注射容积大的注塑机其螺杆外径也大
螺杆长径比 L/d_s	L是螺杆螺纹部分的有效长度。螺杆长径比越大，说明螺纹长度越长。螺纹长度直接影响到物料在螺槽中输送的热历程及物料吸收能量的能力。因此，L/d_s直接影响到物料的熔化效果和熔体质量。但是，如果L/d_s太大，则传递扭矩加大，能量消耗增加。过去，L/d_s数值在16～18；现在，由于塑料品种增加，工程塑料增多，L/d_s已增加到19～23
加料段长度 L_1	加料段又称输送段或进料段。为提高输送能力，螺槽表面一定要光洁。L_1的长度应保证物料有足够的输送长度，一般$L_1=(9～10)d_s$
加料段的螺槽深度 h_1	h_1深，则容纳物料多，提高了供料量，但会影响物料塑化效果以及螺杆根部的剪切强度。一般$h_1 \approx (0.12～0.16)d_s$
熔融段（均化段、计量段）螺纹长度 L_3	熔体在L_3段的螺槽中得到进一步的均化，形成温度均匀、黏度均匀、组分均匀、分子量分布均匀的熔体。L_3长度有助于稳定熔体在螺槽中的波动，有稳定压力的作用，使物料以均匀的料量从螺杆头部挤出，所以又称计量段。一般$L_3=(4～5)d_s$
熔融段螺纹深度 h_3	h_3小，螺槽浅，提高了塑料熔体的塑化效果，有利于熔体的均化，但h_3过小会导致剪切速率过高以及剪切热过大，引起大分子链的降解，影响熔体质量。反之，如果h_3过大，则预塑时螺杆背压产生的回流作用增强，会降低塑化能力。所以，合适的h_3应由压缩比ε来决定，即$\varepsilon=h_1/h_3$。对于结晶型塑料，如PP、PE、PA以及复合塑料，$\varepsilon=3～3.5$；对黏度较高的塑料，如VPVC、ABS、HIPS、AS、POM、PC、PMMA、PPS等，$\varepsilon=1.4～2.5$

续表

几何参数	几何参数说明
塑化段(压缩段) 螺纹长度 L_2	L_2 长度会影响物料从固态到黏流态的转化历程,太短会来不及转化,固料堵塞在 L_2 段的末端,形成很高的压力、扭矩或轴向力;太长会增加螺杆的扭矩和不必要的能耗。一般 $L_2=(6\sim8)d_s$ 对于结晶型的塑料,物料熔点明显、熔融范围窄,所以 L_2 可短些,一般为 $(3\sim4)d_s$
螺距 S	螺距大小影响螺旋角度,从而影响螺槽的输送效率,一般 $S\approx d_s$
螺棱宽度 e	螺棱的宽窄影响螺槽的容料量、熔体的漏流以及螺棱耐磨损程度,一般为 $(0.05\sim0.07)d_s$
螺棱后角 α	螺棱后角 α、螺棱推力面圆角 R_1 和背面圆角 R_2 的大小影响螺槽的有效容积、物料的滞留情况以及螺棱根部的强度等,一般 $\alpha=25°\sim30°$,$R_1=(0.3\sim0.5)R_2$

（3）加工热塑性塑料用的常规螺杆

通常一台注塑机配备一根标准的中径螺杆及两根高、低压的常规螺杆（图 1-24）就能满足通用塑料及工程塑料的加工。

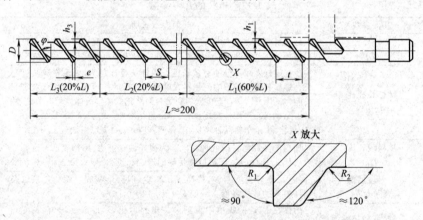

图 1-24　加工热塑性塑料的常规螺杆

L—螺杆螺纹部分的有效长度；L_1—加料段长度；L_2—熔融段长度；
L_3—计量段长度；D—螺杆直径；h_3—计量段螺槽深度；h_1—加料段螺槽深度；
S—熔融段螺距；t—加料段螺距；e—螺棱宽度

注塑机螺杆的工作特性与挤出机螺杆的工作特性有很大的不同，所以螺杆各部分的尺寸存在着较大的差异。表 1-13 所示为常规注塑机螺杆的主要尺寸。

表 1-13　常规注塑机螺杆的主要尺寸（平均）　　　　　mm

螺杆直径	h_1	h_3	压缩比	径向间隙
30	4.3	2.1	2.0∶1	0.15
40	5.4	2.6	2.1∶1	0.15
60	7.5	3.4	2.2∶1	0.15
80	9.1	3.8	2.4∶1	0.20
100	10.7	4.3	2.5∶1	0.20
120	12	4.8	2.5∶1	0.25
＞120	最大 14	最大 5.6	最大 3.0∶1	0.25

注：螺杆的长径比约为 20，螺距 $P=D$，螺棱宽度为 0.1D，最大进料长度等于 D，表面粗糙度为 $Ra2\sim4\mu m$。

（4）加工热塑性塑料用的特殊螺杆

针对某种物料特殊的加工性能，螺杆往往要设计成特殊的形式。对于高速注射成型，螺杆的长径比一般比较大，特别是像 PP、PS 等包装产品的加工所采用的螺杆长径比能达到 25。

无计量段螺杆一般又被称为"ZM"螺杆。这种螺杆没有计量段，只有加料段和压缩段，两段各占螺杆长度的 50%，长径比一般为 20。没有计量段可以减少熔体过热现象的发生，提高物料的塑化能力和混炼效果，特别适合于注塑 ABS 和一些易发生剪切过热的非结晶型材料，如 PVC、PC 和填充 PA 等。

（5）新型螺杆

随着塑料的用途越来越广泛，对塑料制品的要求也越来越高。传统的三段式通用型螺杆已经很难满足物料的共混、着色混合、高度均化等的成型工艺要求。因此，各种新型螺杆，如销钉型螺杆、屏障型螺杆、分离型螺杆和波状螺杆等，就开始发展起来。这些新型螺杆弥补了普通螺杆的很多不足之处，提高了螺杆的混合、均化等性能。

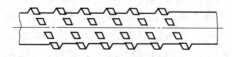

图 1-25　销钉型螺杆

① 销钉型螺杆。对于普通螺杆，在加料段聚合物初步熔融的同时，在螺棱后缘也形成了熔膜。所以，整个固体床实际上被熔膜包围，降低了熔融效率。所谓销钉型螺杆（如图 1-25 所示）是指在螺杆的计量段设置混炼元件——销钉，起到混合和均化的作用。物料在塑化过程中，充分利用了销钉的分流作用，通过分流使物料得到进一步均化，在分流

过程中，在前段未塑化好、被熔膜包覆的微小碎块会不断地从已熔融的物料中吸收热量，从而使整个熔融物料的温度降低。同时，当塑料通过销钉时，物料中的固相被粉碎细化，加速物料的塑化。经过销钉的多次分流及混合，大大提高了塑化质量。这种结构比较适合 HPVC、PET 等对温度控制要求较高，加工中要求温升小的物料。

销钉在塑化过程中主要起到混合和均化的作用，对销钉的选择要注意：销钉不应该具有输送作用；销钉对料流的阻力要小；要考虑机械制造加工的可能性。因此，要注意对销钉的位置、数量及环流面积等参数的选择。如图 1-26 所示为螺杆上销钉的多种排列形式，其中第 V 项排列方式的混炼效果最好。

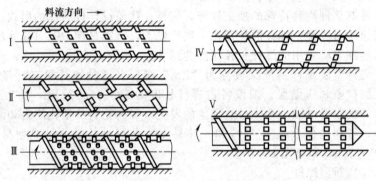

图 1-26 多种销钉排列形式

对于销钉型螺杆，销钉段的长度一般为 $(4.5\sim5)D$，销钉高度为 $0.07D$，轴向间距为 $(0.3\sim0.35)D$，圆周方向间距 $(0.3\sim0.35)D$，销钉边宽为 $0.15D$。

② 屏障型螺杆。屏障型螺杆与销钉型螺杆相似，在计量段设置屏障型混炼元件。它的作用与销钉一样，有利于混合和均化的作用。因此，屏障型螺杆也应注意销钉型螺杆所应注意的问题。

屏障型混炼元件有直槽型（Maddock 元件）、螺旋型和斜槽型等多种形式。如图 1-27（a）、（b）分别为带有 Maddock 元件和斜槽型混炼元件的屏障型螺杆。对于带有 Maddock 元件的屏障型螺杆，物料在塑化过程中首先被分流成几股进入到进料槽内，塑化不良的小颗粒受到进料槽与出料槽之间屏障棱的强剪切作用，释放大量的热进一步熔融未熔的小颗粒，经过屏障型混炼元件后，物料得到均化和混合。对于这种结构，物料在进入均化段之前应含有一定的固相料，以发挥这种元件的最大效应。这种混炼结构的混合及塑化效果都比较好，但因物料经过屏障棱时存在高剪切的作用，因此，对某些透明度高的制品或热稳定性差的原料要注意混炼元件的参数选择。

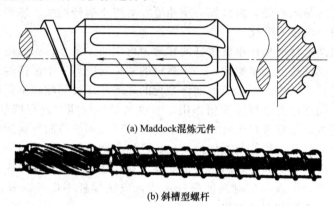

(a) Maddock混炼元件

(b) 斜槽型螺杆

图 1-27 屏障型螺杆

③ 分离型螺杆。分离型螺杆又称为 BM 螺杆。这种螺杆的特点是在螺杆的熔融段（加料段、压缩段）增加一条副螺棱，其外径小于主螺棱，将主螺槽分为两部分，如图 1-28 所示。副螺棱的螺距比主螺棱的要大，副螺棱在熔融的结束段与主螺棱相交。副螺棱将主螺槽分为两部分，其中副螺棱的后缘与主螺棱的正推面构成了液相槽，液相槽逐渐由窄变宽；副螺棱的推进面与主螺棱的后缘构成了固相槽，固相槽逐渐由宽变窄。在塑化过程中，螺棱将熔料刮入到液相槽中，固相料全部留在固相槽中。因固相槽越来越窄，固相槽中的气体在压力的作用下向后，自料中排出，减少了制品中的气泡。同时，因固体床与熔池分开，保持固体床与料筒内壁的良好接触，也增大了固相料与料筒内壁的热交换面积，便于输送和传热。

图 1-28 分离型螺杆

分离型螺杆的结构有许多种，其差异主要体现在副螺纹的螺距、螺纹升角及起始位置等。要根据实际情况合理地选定螺杆参数，包括压缩比、三段的分配及副螺棱的位置等。

④ 波状螺杆。波状螺杆不同于一般新型螺杆，它采用与新型螺杆不同的熔融和混炼机理。波状螺杆有单波和双波之分。单波螺杆是指在螺杆上只有一个螺纹，螺杆外径保持不变，两个相邻螺槽的底径虽然相等，但却是偏心的，而且偏心距相等并对称于螺杆轴线。螺槽深度在轴向呈现出波浪形变化。

双波螺杆是指在单波螺杆的螺槽中再附加一条平行副螺棱，且螺距相等，副螺棱低于主螺棱，一个螺槽的波峰对应另一个螺槽的波谷。在塑化过程中，主、副螺棱周期性变化的螺槽和螺棱间隙，不仅可以对物料进行周期性的强挤压剪切作用，吸收大量机械能并进行能量的转化，而且还可以不断进行汇合，有利于均化。进入到波谷的物料能够得到松弛，进行能量的均衡与温度的均化。已经熔融的聚合物将很快通过强剪切区，而剩余的固体物料将被迫受强剪切作用，从而加速了固体床的解体和熔融。所以，相对其他螺杆形式，波状螺杆不仅可以提高塑化能力，而且能增加混炼效果。

物料在深螺槽处停留时间较长，受到剪切作用较小；在浅螺槽处受到强剪切作用，但是作用时间较短。因此温升不大，可以实现低温注射。由于流道中不存在死角，所以还可以实现高速注射。这种螺杆非常适于含有填料、颜料及发泡剂的物料的注射成型，能得到混合均匀的组分，也适用于 HPVC 等热敏性原料，可减少降解。但是，这种螺杆的加工精度要求比较高，加工也比较困难，所以使用相对较少。

⑤ 加工热固性塑料螺杆。因其加工的物料为热固性塑料，因此应该防止出现因过剪切产生大量的热量而使其固化。常使用的螺棱深度比为 (1∶1)～(1∶1.3)。加工热固性塑料螺杆的长径比通常要比加工热塑性塑料螺杆的小，为 12～15。

与加工热塑性塑料螺杆相比，加工热固性塑料螺杆的压缩比较小而且不使用止逆阀。由于螺杆没有使用止逆阀，在注射保压阶段将会有很多的物料回流，所以螺棱深度与宽度就显得非常重要。螺棱宽度比加工热塑性塑料螺杆的螺棱要宽，为 (0.15～0.2)D。宽螺棱能够增加抗磨性，同时减小螺槽截面，增加了物料回流的阻力。表 1-14 为加工热固性塑料螺杆的重要参考尺寸。

⑥ 专用螺杆。螺杆的选用应该考虑加工材料的性能，如软化温度、黏度、硬度和热稳定性等方面的因素。对于特殊的材料，例如热敏性材料 PVC、PC 等，螺杆应该根据材料的特性来选用。

专用螺杆类型及说明见表 1-15。

表 1-14　加工热固性塑料螺杆的重要参考尺寸

螺杆直径/mm	螺棱深度/mm	L/D 比值	螺棱宽度/mm
30	4	12～15	4
40	4～4.5	12～15	5
50	5～5.5	12～15	6
60	7	12～15	7
75	8.5	12～15	8.5
80	12	12～15	12

表 1-15　专用螺杆类型及说明

类型	说　明
PC 专用螺杆	PC 是一种非结晶型塑料。它的黏度大、吸水性强,对温度较敏感、易分解。但是,在正常加工温度范围内,PC 的热稳定性较好,300℃长时间停留基本不分解,超过340℃开始分解,黏度受剪切速率影响较小 针对 PC 热稳定性好、黏度大的特点,在选择螺杆的长径比时可以选择比较大的值。对于螺杆类型的选择,由于 PC 的熔融温度范围较宽,可以进行长时间的压缩,故可以采用渐变形的螺杆,压缩段的长度可以达到整个螺杆长度的46%。对于压缩比 i,在压缩段值较大的情况下,普通渐变形螺杆的压缩比值为2～3,根据 PC 从熔化到成型之间的加工特性,压缩比可以取大值。为了消除 PC 吸水性强对物料的影响,可以在均化段之前设置混炼结构加强固体床破碎的同时,让其中的水分变成气体逸出。其他螺杆参数可以采用与普通螺杆相同的参数
PET 专用螺杆	PET 的熔点非常高,一般在 250～260℃。吹塑用 PET 的成型温度较宽,约为255～290℃。增强 PET 可以达到更高的成型温度。PET 黏度低,与金属附着力大,亲水性强,在高温下对水比较敏感,易水解。但是,吹塑级 PET 黏度较高,黏度受温度的影响大,热稳定性差 由于 PET 热稳定性差,宜采用低剪切、低压缩比的螺杆。螺杆的长径比一般取20;加料段约占有效螺杆长度的 50%～55%,压缩段约占 20%;压缩比 i 一般取 1.8～2。为防止出现剪切过热、藏料、变色或不透明等成型缺陷,螺杆的前端一般不设混炼环而且均化段的槽深较深(可以达到 0.09D)
PVC 专用螺杆	PVC 是一种热敏性物料,根据加入增塑剂的多少可以将其分为硬质和软质,低于 10%(质量分数)的为硬质,高于 30%(质量分数)为软质。PVC 的热稳定性差,是一种典型的热敏性物料。PVC 的流动性差,温度及时间因素都可以导致其分解。当温度达到140℃时,PVC 开始熔融,但同时也开始分解,软化点接近于分解点。温度到达170℃时,PVC 迅速分解并释放出 HCl 气体来 针对 PVC 的特性,在选用螺杆时应遵守一定的原则 a. PVC 热稳定性差,易分解,分解时所释放的 HCl 气体对钢材有腐蚀作用,因此料筒和螺杆应能防腐蚀 b. 严格控制温度,螺杆尽量要低剪切,防止过热,流道一定要光滑,不能有死角,防止积料分解。PVC 是一种热敏性极强的物料,因此螺杆的长径比和压缩比应偏小,其值分别为 16～20 和 1.6～2,加料段(L_1)和压缩段(L_2)的长度应比较长,L_1=40%～45%,L_2=35%～45%。均化段的螺槽槽深应该加深,其值可以达到(0.067～0.08)D

类型	说　明
PVC 专用螺杆	为防止藏料，螺杆头部无止逆环，螺杆头部的锥度为 $20°～30°$。可以对螺杆镀硬铬以防腐蚀和耐磨损。如果制品的要求较高，可以采用无计量段的分离型螺杆。这种螺杆对硬质 PVC 较适合，而且为配合温度控制，可在加料段内部加冷却水或油孔，料筒外加冷却水、油槽或风冷装置，将温度精度控制在 $±2℃$ 左右。 　　PA 是一种结晶型的塑料，种类非常多，不同种类的 PA，熔点不同，但是熔点范围都比较窄。一般 PA66 的熔点为 $260～270℃$。PA 的一个非常明显的特点就是黏度低，流动性非常好。但是它的热稳定性差，吸水率较高 　　根据以上特性选择螺杆参数时，应选取长径比为 $18～20$ 的突变型螺杆，压缩比一般选取 $3～3.5$。为了防止出现过热分解，可加深均化段螺槽槽深，$h_3 = (0.07～0.08)D$。因其黏度低，流动性非常好，为了减少塑化注射保压过程中的回流、漏流，应减小止逆环与料筒、螺杆与料筒之间的间隙。止逆环与料筒间隙约为 $0.05～0.08mm$，螺杆与料筒间隙约为 $0.08～0.12mm$。喷嘴处可以配合使用自锁型喷嘴。至于其他参数，可以按常规螺杆选取

（6）螺杆的磨损及磨损防护

注塑机螺杆的工作环境非常差，长时间处在高温、高压、高转矩、高摩擦及频繁启动环境下，而且在加工一些腐蚀性强的物料（如 PVC）时，要受到非常强的腐蚀作用。高温、高压等环境因素，是注射成型工艺条件所需，所造成的磨损是不可避免的。一般螺杆都进行过表面氮化处理，以提高表面硬度，亦即提高抗磨损能力。但是如果忽略了引起磨损的原因，不设法将磨损尽量降低，必然会大大降低螺杆的工作寿命。

①塑料在进行加工前一般都要进行干燥处理，进入料筒内加料段后必然会出现干性摩擦。当这些塑料因受热不足而熔融不均时，很容易造成料筒内壁及螺杆表面磨损。同样，在压缩段和均化段，如果塑料的熔融状态不均匀，也将会对螺杆料筒造成磨损。每种塑料都有一个理想的塑化加工温度范围，料筒温度的设置应该接近这个温度范围。

②螺杆转速应调校得当。由于部分塑料中加有强化剂，如玻璃纤维、矿物质或其他填充料，这些物质对螺杆的摩擦力比熔融塑料大得多。例如，高转速塑化玻璃纤维时，在提高对玻璃纤维的剪切力的同时，也将会产生更多被撕碎的纤维，这些被撕碎的纤维含有锋利末端，对螺杆的磨损作用非常强。无机矿物质在金属表面高速滑行时，其刮削作用也不小。所以，螺杆转速不宜调得太高，应调校得当。

③去除塑料中的杂物。因各种原因，塑料原料中可能会含有小如金属屑末、大如螺母等的各种杂物，这对螺杆的损坏极其严重。因此，一般要在料斗加料口位置安装磁铁架，吸附各种金属杂质，严格监控加

料过程。

④ 塑料中所含水分会对螺杆表面造成一定影响。未完全干燥的塑料，在加工时很可能会将残留的水分带入到螺杆压缩段，形成高温高压的"蒸汽粒子"，随着螺杆的推进，物料从均化段移至螺杆头部，在这一过程中，这些"蒸汽粒子"卸压膨胀，有如一颗颗微细的杂质硬粒，对壁面产生摩擦破坏作用。此外，对某些种类的塑料，在高温高压下，水分可能会变成促使塑料裂解的催化剂，产生能侵蚀金属表面的有害物质。因此，塑料注塑前一定要进行烘干，这不仅会影响制件的质量，而且还会影响到螺杆的工作寿命。

2. 螺杆头

（1）螺杆头的结构形式与用途

根据加工目的不同，可选用不同结构的螺杆头。螺杆头可分为回泄型和止逆型两大类，共六种类型，见表1-16。回泄型中又可分为两种：尖头形和钝头形；而止逆型中可分四种：环形、爪形、销钉形和分流形。

表 1-16　螺杆头的结构形式与用途

第一类：回泄型		
形式	结构图	特征与用途
尖头形	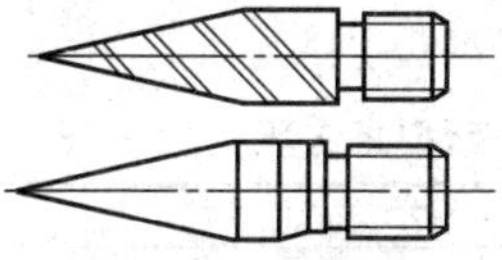	螺杆头锥角较小或有螺纹，主要用于高黏度或热敏性塑料
钝头形	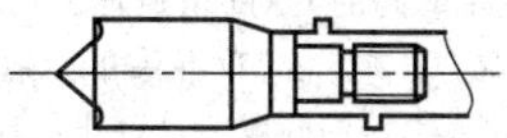	头部为"山"字形曲面，主要用于成型透明度要求高的 PC、AS、PMMA 等塑料
第二类：止逆型		
形式	结构图	特征与用途
环形	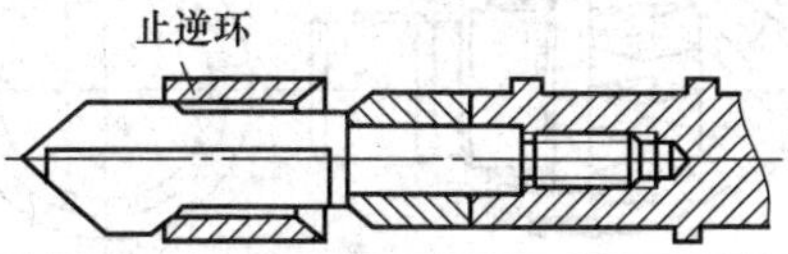 止逆环	止逆环为一光环，与螺杆有相对转动，适用于中、低黏度的塑料
爪形	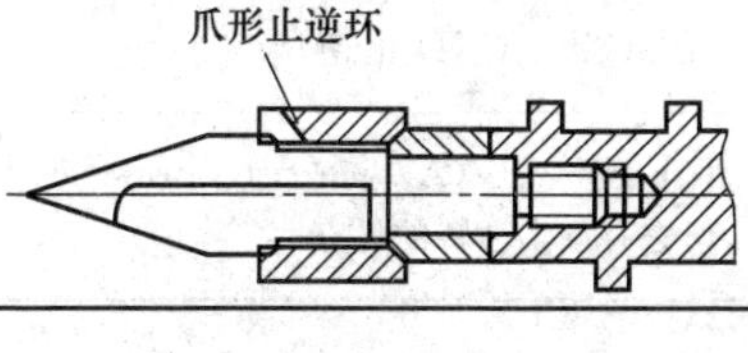 爪形止逆环	止逆环内有爪，与螺杆无相对转动，可避免螺杆与环之间的熔料剪切过热，适用于中、低黏度的塑料

续表

形式	结构图	特征与用途
销钉形	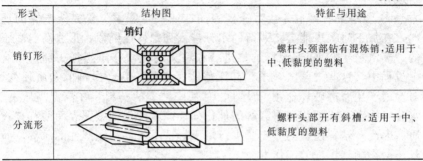 销钉	螺杆头颈部钻有混炼销,适用于中、低黏度的塑料
分流形		螺杆头部开有斜槽,适用于中、低黏度的塑料

在加工类似 RPVC 类热敏性、高黏度的塑料时,采用平尖形螺杆头(也称为锥形)。其锥角 α 一般为 $20°\sim30°$,其中一种为光滑圆锥头,另一种在锥形处加工出螺纹。这两种平尖形螺杆头结构简单,能消除滞料分解现象。而加工低黏度塑料和成型形状复杂的制品时,为了防止塑料的流涎,提高注塑效率,稳定工艺过程和工艺参数,常采用止逆型螺杆头。

以上几种均为普通型的止逆环,可应用于多种注塑机的螺杆上。但是,随着注射成型工艺要求的提高,如精密注射、高度均化等,普通型止逆环已经难以符合要求,并促使新型止逆环的诞生,以下为几种新型止逆环(见表 1-17)。

表 1-17   新型止逆环

类别	说　明
CRD 止逆环	如图 1-29 所示为带有 CRD 混炼单元的 CRD 止逆环。这种止逆环充分利用 CRD 结构,使螺杆具有非常强的混合功能。CRD 混炼单元通过拉伸流和增加在高剪切区停留时间,解决了混合效果不佳的问题。这种止逆环增加了强混合功能 鼻端　30°　肩　螺纹塞头　滑环　滑环细节 图 1-29 CRD 止逆环
APV 止逆环	如图 1-30 所示为一种新型止逆环 APV(AU purpose valve)。APV 止逆环的工作原理与普通止逆环一样,但它有许多独特的优点

续表

类别	说　明
APV 止逆环	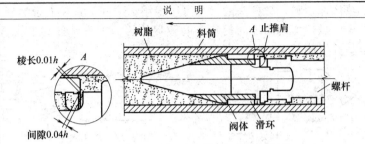 图 1-30　新型止逆环 APV （1）APV 止逆环的优点。 ①闭合距离短。APV 的闭合距离非常短，为普通止逆环闭合距离的 1/3，因此闭合快，减少回流，提高了计量精度 ②斜面棱长小，减小了闭合距离，同时也降低了压力降，减少循环时间 ③止逆环与料筒之间没有闭合间隙的要求，减少了料筒的磨损 ④独特的结构确保了颜色混合和分散混合，当物料经过狭小的闭合间隙时受到强烈剪切作用，同时经过 U 形槽和纵向槽之间的交流作用达到了均匀分布的效果，这种分布混合不会产生死点，可以实现自清洁，同时颜色分散均匀性可以得到提高，降解也可以消除 ⑤限制约束少意味着低升温，回复快 （2）APV 止逆环的选用。性能良好的止逆环，才能够实现快速灵活的启闭；注射保压时应确保物料的回流最小，所以选用时应该注意： ①启闭灵活。能实现快速、可靠的关闭与开启，减少回流量和缩短循环时间 ②止逆环与料筒之间的间隙要合适。间隙过大，造成大量回流，影响止逆效果，甚至塑料可能会因高剪切产生受热分解的现象；间隙过小，会给止逆动作带来阻力影响止逆动作。同时，也要注意减少料筒与止逆环之间的磨损。一般止逆环与料筒之间的间隙为 0.05～0.15mm ③螺杆头处的流通截面要合理。过小的流通截面，会对物料的流动产生非常大的限流作用，产生大量的热，影响工艺稳定；过大的流通截面，会影响止逆动作，降低止逆效果，从而降低计量的精度 ④结构中不能存在死点，避免产生物料分解和颜色条纹 ⑤易更换。止逆环是受磨损非常严重的零部件，磨损严重后要及时更换，否则会影响止逆效果 止逆环的主要功能是在注射时防止熔融物料回流，从而影响注射制品的质量。因此设计时要把握住造成大量泄漏的两个主要因素：闭合距离和闭合时间

（2）螺杆头磨损及磨损防护

螺杆头位于螺杆的最前端，主要作用是减少物料的回流，减少压力的损失及清料等。螺杆头的类型有尖头形、钝头形及止逆型。

如图 1-31 所示为普通尖头螺杆头。螺杆头与螺杆之间采用简单的螺纹连接。尖头夹角在 $60°\sim90°$，角度可以根据物料的不同而改变，对于热敏性物料，螺杆头的夹角可以很小。螺杆头直径大于螺杆末端螺棱直径。虽然与料筒之间的狭小间隙促使压力上升，抑制了物料的回流，但是并不能够完全达到密封的效果。

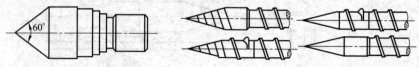

图 1-31　普通尖头螺杆头　　　　图 1-32　加工硬质 PVC 螺杆头

如图 1-32 所示为加工硬质 PVC 的各种类型的螺杆头。对于 PVC 料，一般用敞开式结构的螺杆头，螺杆头的锥角一般很小，为 $20°\sim30°$，以减少注射时物料流动的阻力，促进熔体流动并且可以在注射和保压阶段防止物料回流。在螺杆头上设有螺旋式结构，不但可以提高输送效率，而且可以排清易滞料分解的物料。

止逆型螺杆头即在螺杆头上设有止逆阀，以防止中低黏度的物料在注射保压时沿螺槽回流。其具体工作过程为：塑化时利用熔料本身的压力顺利地通过止逆阀；注射和保压时，利用螺杆头部的高压将止逆阀闭紧，在防止物料回流的同时也达到精确计量的目的。

3. 料筒

料筒大多数都采用整体结构，如图 1-33 所示。料筒是塑化装置重要的组成部分，一般都是一根直筒。目前，注塑机料筒多为整体式结构，材料可用 $45^\#$ 钢表面镀铬、氮化钢内表面渗氮处理、加用合金钢衬套或双金属。双金属料筒是目前使用最为广泛的料筒类型，在料筒的内表面浇铸非常薄的一层特种合金，如 "Xaloy" "Reiloy" 和 "BRUX" 等，这些加入的合金大大提高了料筒的寿命和承载能力。

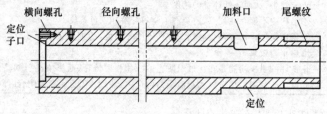

图 1-33　料筒结构

料筒与螺杆之间配合非常紧密。螺杆与料筒之间的径向间隙一般为 0.2mm。如果螺杆直径不大于 40mm，则间隙约为 0.15mm。对于排气类料筒则要在其上开设排气口。

塑料在塑化过程中所需的热量主要由料筒提供。料筒的热量则来自于包覆在料筒外部的加热圈。加料口及附近的几个螺棱处一般不设置加热圈，以防止物料过早熔融，降低输送能力，因此这些地方需要进行冷却。温度对制品的质量有着非常大的影响，对温度需要进行精确的控制。目前，对料筒温度控制多采用 PID 控制，其精度可以达到±1℃。采用模糊控制，控制精度可以达到±0.1℃，而且对温控制区应实现多段闭环的控制。

注塑机加料一般采用自动加料的方式，因此，加料口必须保证能满足自动加料的输送能力。加料口有圆形也有矩形，目前大部分料筒开的是矩形的料口。加料口开口长度为（1～2）D。料筒加料口轴线可正对称于料筒轴线，也有偏置类型。为了能提高进料速度，加料口稍向螺杆旋转反方向偏一定位置。

为了提高固体输送效率，一般会在料筒的加料段开设纵向的沟槽或加装固体输送套。对于固体输送套，一般的推荐长度为（4～5）D，沟槽锥度为 3°～5°，槽数为 6～8。

当料筒受磨损严重或因物料滞留需要清理时，料筒要能够方便地拆卸。因此，应尽量使用螺栓和螺钉类元件。随着注塑机的快速发展，料筒更换方式的发展也非常快，有半自动也有全自动的方式。

（1）料筒间隙

料筒间隙是指料筒内壁与螺杆外径的单面间隙。此间隙太大，塑化能力降低，注射回泄量增加，注射时间延长；如果太小，热膨胀作用使螺杆与料筒摩擦加剧，能耗加大，甚至卡死，此间隙 $\Delta = (0.002 \sim 0.005)d_s$，见表 1-18。

表 1-18　料筒间隙值　　　　　　　　　　　　　mm

螺杆直径	≥15～25	>25～50	>50～80	>80～110	>110～150	>150～200	>200～240	>240
最大径向间隙	≤0.12	≤0.20	≤0.30	≤0.35	≤0.15	≤0.15	≤0.60	≤0.70

（2）料筒的加热与冷却

料筒加热方式有电阻加热、陶瓷加热、铸铝加热，应根据使用场合和加工物料合理配置。常用的有电阻加热和陶瓷加热，后者较前者承载功率大。

① 为根据注塑工艺要求，料筒需分段控制，小型机三段，大型机

五段。控制长度为（3～5）d_s，温控精度±（1.5～2）℃。而对热固性塑料或热稳定性塑料，为±1℃。

② 注塑机料筒内产生的剪切热比挤出机要小，常规下，料筒不专设冷却系统，靠自然冷却，但是为了保证螺杆加料段的输送效率和防止物料堵塞料口，在加料口处设置冷却水套，并在料筒上开沟槽。

4. 喷嘴

（1）功能

喷嘴是连接注射装置与模具流道之间的重要零部件。其主要功能包括：预塑时，在螺杆头部建立背压，阻止熔体从喷嘴流出；注射时，建立注射压力，产生剪切效应，加速能量转换，提高熔体温度均化效果；保压时，起保温补缩作用。

（2）分类

喷嘴可分为敞开式喷嘴、自锁型喷嘴、液压控制喷嘴、热流道喷嘴和多流道喷嘴，其说明见表 1-19。

表 1-19   喷嘴的分类

类别	说　明
敞开式喷嘴	敞开式喷嘴结构形式,如图 1-34 所示。敞开式喷嘴结构简单,制造容易,压力损失小,但容易发生流涎。敞开式喷嘴又分为轴孔形和长锥形。轴孔形喷嘴,$d=2\sim3mm$,$L=(10\sim15)d$,适宜中低黏度、热稳定性好的塑料,如 PE、ABS、PS 等薄壁制品;长锥形喷嘴,$D=(3\sim5)d$,适宜高黏度、热稳定性差的塑料,如 PMMA、PVC 等厚壁制品 (a) 轴孔形　　(b) 长锥形　　(c) 实物 图 1-34　敞开式喷嘴的结构形式
自锁型喷嘴	此种结构主要用于加工某些低黏度的塑料,如尼龙(PA)类塑料,目的是防止预塑时发生流涎。自锁型喷嘴的具体结构有很多种,其中图 1-35(a)～(f)的自锁原理基本相同,具体是在预塑时,靠弹簧力通过挡圈和导杆将顶针压住,用其锥面将喷嘴孔封死;注射时,在高压作用下,用熔体压力在顶针锥面上所形成的轴向力,通过导杆、挡圈将弹簧压缩,高压熔体从喷嘴孔注入模具流道,此种喷嘴注射时压力损失大,结构复杂,清洗不便,防流涎可靠性差,容易从配合面泄漏。 　图 1-35(g)、(h)所示结构的动作原理是借助注射座的移动力将喷嘴打开或关闭。预塑时,喷嘴与模具主浇套脱开,熔料在背压作用下使喷嘴芯前移,封闭进料斜孔;注射时,注射座前移,主浇套将喷嘴芯推后,斜孔打开,熔体注入模腔

类别	说　明

自锁型
喷嘴

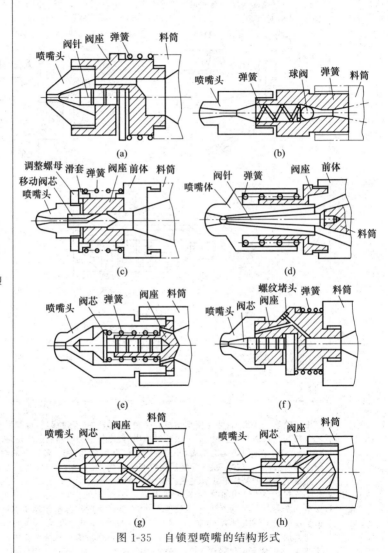

图 1-35　自锁型喷嘴的结构形式

类别	说　　明
液压控制喷嘴	液压控制喷嘴的结构形式如图 1-36 所示。喷嘴顶针在外力操纵下,在预塑时封死,注射时打开 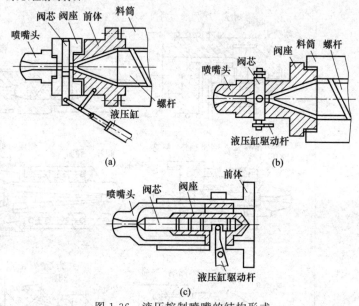 图 1-36　液压控制喷嘴的结构形式 此喷嘴顶针的封口动作参加注射机的控制程序,需设置喷嘴控制液压缸。另外,这种结构喷嘴顶针和导套之间的密封十分重要,在较大的背压作用下,熔体有泄漏可能,为此需与防涎程序配合
热流道喷嘴	由于喷嘴流道很细,并与模具主浇套接触,容易散热,经过保压、冷却后,喷嘴中的余料变冷料而封堵,影响下一次注射程序,且冷料也会影响制品质量。所以,近代注塑成型常采用热流道喷嘴,并与热流道模具配合,形成一套完整的热流道注塑系统,既保证了制品质量,又缩短了注塑成型周期,节约了原料,降低了能耗 　热流道喷嘴的结构形式有绝热式和内加热式 　①绝热式喷嘴结构如图 1-37 所示,其特点是在浇套 1 和压环 3 与喷嘴 4 之间形成一个容料空间,首次注射后被熔料充满,在较大的热容量作用下保持喷嘴流道的温度使之不被封堵,可连续注射 　②内加热式喷嘴结构如图 1-38 所示,其特点是在喷嘴 3 与流道座 6 之间装分流体 5,其内装有加热器和探针 2;喷嘴与模具形成容料空间,实现保温绝热。注射时,加热器通电,探针瞬时加热,使喷嘴的冷料熔化,注射保压后断电,喷嘴自然封堵

续表

类别	说　明
热流道喷嘴	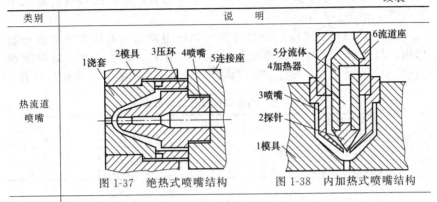 图1-37　绝热式喷嘴结构　　图1-38　内加热式喷嘴结构
多流道喷嘴	多流道喷嘴与两个或多个注塑部件配合,注塑混色、双层或多层的复合制品,前者称为混合喷嘴,后者称为复合喷嘴 ①混合喷嘴结构如图1-39所示。外喷嘴1和内喷嘴2组成内外两层流道,外喷嘴通过螺纹套3、4与分流座5连接,内喷嘴直接与分流座连接,分别由塑化装置的A色与B色熔料在外喷嘴前部进行非均匀混合,注入型腔后得到各种纹饰的混色制品 ②复合喷嘴结构如图1-40所示。复合喷嘴是配合两个或多个不同熔料的注塑装置,利用注射工艺程序得到层次明晰的多层复合制品。复合喷嘴的结构特点是外喷嘴1与可滑动的内喷嘴2及分流座4组成B料注射的外流道;而内喷嘴2与分流座4组成A料注射的内流道。为了使A、B物料形成双清色复合制品,必须防止两种物料在喷嘴处混合,按工艺程序通过由液压缸6操纵顶针3来控制。当B料注射时,顶针在液压缸操纵下将内喷嘴的A料封住;当A料注射时,顶针退回,内喷嘴打开,在A料作用下,外喷嘴将外流道的B料封住,使A、B物料按程序分别注入型腔,形成双清的复合制品 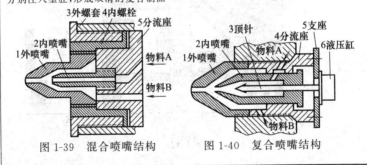 图1-39　混合喷嘴结构　　图1-40　复合喷嘴结构

（3）喷嘴的使用要求

对喷嘴的要求主要包括以下方面。

① 喷嘴安装。喷嘴头与模具的浇套要同心,两个球面应配合紧密,否则会溢料。一般要求两个球面半径名义尺寸相同,而取喷嘴球面为负

公差，其口径略小于浇套口径 0.5～1mm 为宜，二者同轴度公差应小于或等于 0.25～0.3mm。

② 喷嘴口径。喷嘴口径尺寸关系到压力损失、剪切发热以及补缩作用，与材料、注塑座及喷嘴的结构形式有关，见表 1-20。高黏度物料取 $(0.1～0.6)d_s$，低黏度物料取 $(0.05～0.07)d_s$，d_s 为螺杆外径。

表 1-20　喷嘴口径尺寸的影响因素

机器注射量/g		30～200	250～800	1000～2000
敞开式喷嘴 /mm	通用料	2～3	3.5～4.5	5～6
	硬聚氯乙烯类	3～4	5～6	6～7
锁闭式喷嘴/mm		2～3	3～4	4～5

第三节｜注塑机的合模机构

一、合模机构的功能、特性及类型

1. 功能

合模装置也称锁模装置，如图 1-41 所示，其主功能主要有：①实现模具的可靠行程和开合动作；②在注射和保压时，提供足够的锁模力；③开模时提供顶出制件的行程及相应的顶出力。

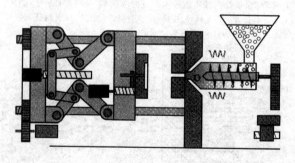

图 1-41　合模装置

2. 特性

合模机构本身的性能会直接影响到制品的质量。对于一个比较好的合模装置必须具备三方面特性：①足够的锁模力和系统刚性，保证模在熔料压力作用下，不会产生开缝溢料现象；②模板要有足够的模具安装空间及模具开启行程；③快速的移模速度及较慢的合紧模具速度，移模时要具备慢—快—慢的理想运动特性。

3. 类型

合模机构的类型非常多，按外形特征分为立式和卧式合模机构；按锁模力的实现方式分为全液压式、液压-机械式和电动式合模机构。

二、全液压式合模机构

1. 全液压式合模机构的分类

全液压式合模机构可以分为直动式、充液式和两板式，其说明见表1-21。

表 1-21 全液压式合模机构的分类

类别	说 明
直动式	直动式合模机构的开合模及锁紧都直接由合模液压缸来完成。这是一种非常简单的合模机构。合模机构的开合模动作由液压油直接作用在活塞上来实现。锁模动作也直接由液压油压来完成。这种合模机构不符合低压快速移模及低速低压合模的要求，而且这种合模装置能耗大，精度低。直动式合模机构主要用在小型机上，但是目前的注塑机已经很少使用这种类型的合模机构
充液式	单缸充液式合模机构是传统全液压式合模机构的代表。很多厂家，如日本的东芝、日精、三菱都生产过这类注塑机。如图1-42所示为单缸充液式合模机构，它主要由快速移模液压缸4和锁模液压缸5组成 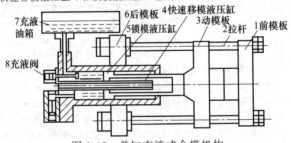 图 1-42 单缸充液式合模机构 合模机构的工作过程如下：合模时，液压油首先进入到快速移模液压缸4内实现快速移模，当模具合紧时，高压油进入锁模液压缸5内实现模具的可靠紧闭；开模时，液压油进入到锁模液压缸的右端实现快速开模。在快速移模时，锁紧活塞跟随着动模板快速移动，进而造成锁模液压缸内供油不足形成负压，充液油箱7内的油就进入到锁模液压缸内。液压缸体积也较庞大，密封效果不好，因此液压油升压较慢而且可能会出现内泄外漏及让模的情况 尽管全液压式注塑机存在液压油的可压缩性问题，但是液压在静止的时候压力处处相等，所以模板和模具受力相当均匀，而且具有开合模精度高，不需调模，不需加油润滑，磨损较少，开合模行程长等特点。这些与单缸充液式合模机构相比，已经得到了非常快的发展

类别	说　　明
两板式	两板式合模机构也有多种类型,主要分为如下三类: ①如图 1-43 所示为无循环式直压式合模机构,这种结构机身比较短,结构也比较简单。在移模过程中,左右两边的液压缸之间互不通油,没有实现液压油的差动循环,没有很好地解决力和速度之间的关系。因此,移模速度要受液压泵流量的限制。若要实现快速开合模,必须要加大液压泵的功率,这样增加了能耗。因此,这类结构主要用于小型机上 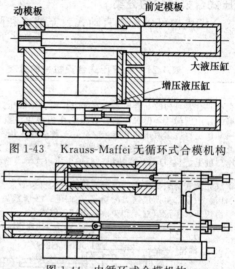 图 1-43　Krauss-Maffei 无循环式合模机构 图 1-44　内循环式合模机构 ②如图 1-44 所示为内循环式合模机构,这种类型的合模机构在活塞头处设置充液阀。将液压缸左右两腔构成内循环液压缸,液压油直接在锁模液压缸内实现循环,油路较短,液压系统较简单,外观整洁而且结构也相对较简单,开合模的速度较快。但是,这类合模机构锁模液压缸内的活塞和活塞杆结构复杂,加工精度高,密封要求高,而且液压缸活塞较小时无法安装液压阀,故中小型机无法采用,所以这类结构主要用于 500t 以上中大型机上。该机构的另一个缺点是出现内泄时维修困难 ③如图 1-45 所示为外循环式合模机构。所谓外循环指的是液压油在锁模液压缸外进行差动循环 外循环式合模机构在合模时,液压油首先进入移模液压缸 3 内实现快速合模,当模具合紧时,高压液压油便进入到四个对称布置的高压锁模稳压液压缸 4 内,实现紧固锁模。这种合模方式有效地解决了力和速度的矛盾,提高了生产率,同时也有效地解决了许多全液压式合模机构存在的速度慢、易漏油等问题。四个液压缸的对称布置提高了模板受力均衡度、模板和拉杆的寿命及制品的质量

图中标注:动模板　前定模板　大液压缸　增压液压缸

续表

类别	说　明
两板式	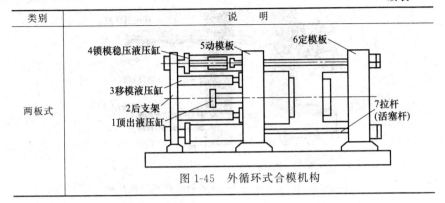

图 1-45　外循环式合模机构

2. 全液压式合模机构的应用

为达到塑料制品高精度的要求，塑料制品的注射成型越来越多地采用精密注塑成型机，对合模机构的要求也越来越高。

① 精密注射多用于成型薄壁深腔制品，因此注射压力非常高，一般精密注射压力可达 200MPa 以上。这对合模机构的刚性和锁模力提出了较高的要求。但刚性和锁模力并不是越高越好，主要要求锁模力具有稳定性和重复性。精密注射对开合模精度的要求也很高。一般开模精度 ≤0.03mm，合模精度 ≤0.01mm，这些主要指开合模终点的位置精度。精密注射对模板的平行度也有非常高的要求，锁模力最大时 ≤0.005mm，锁模力为 0 时 ≤0.03mm。

② 低压护模及锁模力的精确控制。用于精密成型的模具非常昂贵，因此合模装置必须减小对模具的损害程度。锁模力的大小影响着模具的变形程度，即影响着制品的精度。

③ 合模机构的工作效率要高，提高开合模的速度，减少开合模的时间，提高生产率同时也要降低能耗。

全液压式两板式合模机构以其自身的优越性能在精密注射成型中得到了非常好的应用。目前的精密注射成型机的合模机构主要有两种类型：一种是两板直压式；另一种是由伺服电动机驱动的电动式合模机构，这类机型主要是由日本厂家生产。目前，两板直压式的全液压式合模机构主要由欧洲厂家生产，如德国的 Demag、Arburg、Battenfeld、Krauss-Mallei 等公司所生产的两板机代表着当今两板机的最高水平。

如图 1-46 所示为 Demag 公司 Titan 系列两板机的合模机构。这种合模机构的工作过程如下：液压油首先进入到斜对称布置的两个快模液

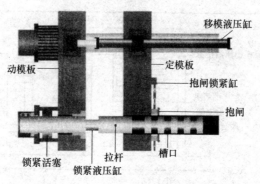

图 1-46　Demag 公司 Titan 系列注塑机合模机构

压缸内，实现快速合模；模具合上后，液压油进入到了定模板上的抱闸锁内驱动，位于定模板四个对角上的抱闸对准槽口合紧，然后高压液压油进入到位于动模板四个对角上的锁紧液压缸内对锁紧活塞施加高压，从而实现高压锁模；开模时先卸载高压油，然后液压油进入到移模液压缸内实现快速开模，实现整个开合模动作。这种类型的合模机构分别独立实现合模过程和锁模过程，解决了力和速度之间的矛盾，同时也有效地降低了能耗。这种结构非常紧凑，减小了整个机构的占地面积。Titan 系列合模机构有着非常大的拉杆间隙和开合模行程，非常适合于成型深腔制品。Titan 系列合模机构最大的特点就是锁模非常简单。目前，这类结构主要应用于大型注塑机上。

　　如图 1-47 所示为德国 Arburg（阿博格）公司 Allrounder C 系列注塑机的合模机构。这种合模机构非常精确且稳定。其工作过程如下：液

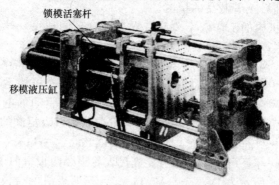

图 1-47　德国 Arburg 公司 Allrounder C 系列注塑机合模机构

压油首先进入到位于后部支架上的两个并列的快速移模液压缸，实现机构的快速合模并实现护模功能；接着由位于后支架中部的锁紧液压缸对锁模活塞施加高压油实现锁紧；开模过程中首先将锁模液压缸内高压油卸压，两个快速移模液压缸实现快速开模，完成移模机构的工作过程。这种合模系统也同样解决了力和速度之间的问题，精度高、效率高。除此之外，Allrounder C 合模机构还有一些独特的优点：当具备适当的液压配备时，可以进行压塑；锁模力变化有利于排气；具有快速和节能的差动活塞。

如图 1-48 所示为德国 Krauss-Maffei 公司 MX 系列注塑机的合模机构。这种合模机构的工作原理与 Demag 公司 Titan 系列相似。开合模的动作和锁模动作都是分开实现的。具体的工作过程如下：液压油从 B 口进入到快速移模液压缸内实现快速合模，当模具合紧时，机械锁紧系统 C 锁住拉杆，紧接着通过 D 进入高压油实现锁紧。其优点基本上和 Demag 公司 Titan 系列相近，但是 MX 系列的锁模液压缸面积大，受力更加均衡而且定位精准。

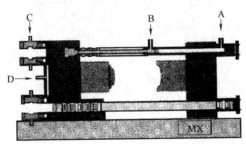

图 1-48　德国 Krauss-Maffei 公司 MX 系列注塑机的合模机构

20 世纪 80 年代末广东顺德泓利机器有限公司开发的四缸差动注塑机是世界上第一台外循环直压型两板机的雏形。其后，他们在此基础上开发出了全液压四缸直锁二板式注塑机。该机采用了独特的合模机构和液压系统，实现了锁模力和注射力的自适应和模具定位的自适应，使产品具有节能、精密可靠、运行平稳等诸多优点。在国内的精密注塑机发展史上具有非常重要的意义。目前，这种合模机构已经被应用到新开发的光盘注塑机上。

泓利公司的全液压四缸直锁二板式注塑机除了具有两板式液压机的优点之外，还具有两个独特的优点：锁模力与注射压力的自适应及模具位置的自适应。

泓利的四缸直锁二板式注塑机的锁模力，在注射成型过程中是可以变化的。根据注射压力的闭环反馈，在成型过程中，锁模力保持为注射压力的 1.5 倍；当注射结束后，锁模力随之下降至系统压力；在冷却过程，锁模力变为某一较低压力。适时减少锁模力可减少制品内应力，更重要的是使锁模系统以及模具不再长时间承受高压负荷，疲劳破坏减少。

如图 1-49 所示为传统肘杆式合模机构与四缸直压式合模机构的锁模力在注射成型过程中随注射压力变化的情况。从图中可以看出，肘杆式合模机构的锁模力在锁模到开模的过程中保持不变，锁模系统一直处于高压状态；全液压式锁模机构的锁模力随着注射压力的变化而变化。当胀模力达到最大时，锁模力也达到最大，能防止出现胀模的现象，在整个过程中锁模力和胀模力同步变化，维持着平衡状态。由于模具承受高压的时间并不长，模具产生的弹性变形量较小，有利于提高制品精度。

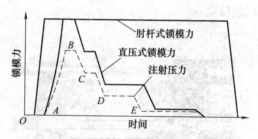

图 1-49 锁模力在充模过程中的变化

所谓模具的自适应，就是指锁模系统在高压锁模时模具定位。在高压锁模时，如果模具不平行，如图 1-50 所示，就可能出现间隙 β，这时靠近间隙一边的两个液压缸会继续补油，动模板会产生很小摆动并使安装在动模板上的模具也有很小的摆动，以使模具的分型面完全闭合。在继续补油升压后，合模机构才能产生锁模力。

对模具实现完全封闭以防出现溢料等现象，这对精密制品来说非常重要。导致模具位置需要自适应主要有模具和模板两方面的因素。精密制品模具的精确度

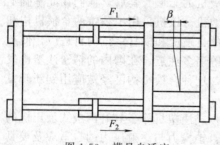

图 1-50 模具自适应

较高，造成需要自适应的主要原因在于模板本身的不平行，以及肘杆长短不一或销轴磨损等造成的模板不平行。对于肘杆式合模机构，这种模板或模具造成的不平行，会使肘杆及模具的受力不平衡，严重时会导致后模板及十字头等的摆动，并导致四条拉杆等受力不均而拉断，而且这种间隙必然导致制品产生飞边。

三、液压-机械式合模机构

液压-机械式合模机构由液压系统和机械系统两部分组成。目前，最普遍的液压-机械式合模机构是由移模液压缸和曲肘连杆两部分串行组成，习惯上也称为肘杆式合模机构。它是通过液压系统驱动曲肘连杆机构来实现模具的启闭和锁紧。这种类型合模机构的种类很多，但都具有力的放大特点和运动特性。它可以用很小的液压缸推力，然后通过肘杆机构的力的放大作用来获得较大的锁模力。在开合模过程中，这种机构能够实现慢—快—慢的运动过程，提高了合模速度，节约了能耗并提高了效率。与全液压式合模机构相比，液压-机械式合模机构具有速度快、变速平稳、节省电力、超载性能好等优点，但同时也有不能成型深孔制品、调模较复杂、锁模力重复精度不高、对模具平行度要求较高等局限性。按肘杆机构类型和曲肘个数，可将肘杆式合模机构分为单曲肘、双曲肘及其他特殊型；按肘杆机构与移模液压缸的排列方式，可分为对称型和非对称型；按组成曲肘的连接数，可分为四孔型和五孔型等。

如图 1-51 所示为五孔斜排列双曲肘合模机构，这种结构有着理想的力的放大比和移模行程，主要用于中小型机器上。目前，国内外著名的注塑机厂家，如产量居世界首位的海天集团，基本上都使用这种类型的合模机构。

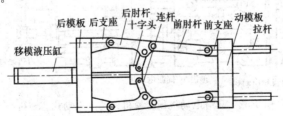

图 1-51 五孔斜排列双曲肘合模机构

四、电动机械式合模机构

全电动式合模机构有肘杆式和直压式两种。目前应用最多的是肘杆式，即电动机械式合模机构。电动机械式合模机构是指使用伺服电动机（如图 1-52 所示），配以滚珠丝杠、齿形带等元器件来驱动的合模机构。与液压-机械式合模机构相比，它只是用伺服电动机、滚珠丝杠来代替原来的液压系统，因此力学特性和运动特性与液压-机械式相同。电动机械合模机构有全电动机械合模机构（如图 1-53 所示），以及以电动驱动为主、液压驱动为辅的电动机械合模机构两种。目前，全电动机械合模机构是电动机械合模机构的主要类型，整个机构的开模、调模、合模及顶出动作均采用伺服电动机来执行。

图 1-52　Fanuc 公司 αi 系列伺服电动机

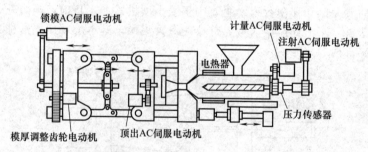

图 1-53　具有电动机械合模机构的全电动式注塑机

　　近年来，随着高精度薄壁注塑机应用范围和需求量的扩大，以及绿色环保意识的日益增强，电动式合模机构以其优越的性能得到了认可。相比液压式合模机构，电动机械合模机构具有节能、控制精度高、重复精度高、效率高以及环保清洁等优点。

五、其他类型合模机构

1. 无拉杆合模机构

拉杆是合模装置的重要支承件和受力件，一般的合模机构都具有四根拉杆作为动模板移动的导向杆。无拉杆式合模机构则没有拉杆，其移动导向依靠导轨来进行。无拉杆合模机构因不存在拉杆，所以结构相对简单、空间大、装拆模具方便，有利于机械手的自动化作业。目前最具有代表性的生产商为 Engel 公司生产的 "E-Motion" 注塑机，合模机构采用了 Engel 公司的液压无拉杆 C-框架设计，并且与补偿联动装置组合在一起，保证了无拉杆模塑成型的所有优点。E-Motion 合模机构采用伺服电动机驱动，保证了合模机构的精度。

2. 直接锁紧模具合模机构

直接锁紧模具合模机构不同于普通的合模机构，它的锁模不是通过模板传递锁模力来锁紧模具，而是靠锁紧机构来实现。该装置将合模和锁紧两种机构分开。合模机构的作用是固定模具和移动模具，而锁模机构则是通过一套机械机构直接卡紧以锁紧模具，模板仅起到固定模具而不是传递锁模力的作用，因此不需要很强的刚性。直接锁紧模具的机构有立式和卧式两种。卧式直接锁紧模具的合模机构也有两种：一种是运用中空成型机同步合模机构的原理，这种合模机构称为同步合模；另一种是普通的固定模板的合模机构。目前这类合模机构的生产厂家并不是很多。

3. 直压式电动机械合模机构

目前采用直压式电动机械合模机构的厂家较少，比较有代表性的是日本名机（Meiki）公司。名机公司的 Nadem 系列注塑机，采用紧凑、大转矩输出的交流伺服电动机。这种合模机构采用电动机直接驱动锁模，位置控制精度较高，但是伺服电动机及滚珠丝杠的负载过大，磨损快而且增加了能耗。

六、调模机构

调模机构是为了适应不同高度模具的需要，对模板之间的距离进行调整的装置。全液压式或两板直压等类型的合模机构不存在调模问题。目前调模问题大部分存在于液压-机械式合模机构和电动机械式合模机构。这两种合模装置的动模板行程不能自动调节，当模具的高度发生变化时，就必须通过调模装置，调整动模板与定模板之间的距离以适应不同的模具。调模机构的主要结构包括螺纹肘杆调距、动模板间连接大螺母调距、移动合模液压缸位置调距和拉杆螺母调距四种。

1. 螺纹肘杆调距

如图 1-54 所示的变肘杆调距即是螺纹肘杆调距。松动锁紧螺母，然后旋动带有正反扣的调节螺母实现调模。这种调模方式不仅实现了模板距离的调整，同时也使得肘杆的长度和锁模力发生变化。螺纹肘杆调距结构简单，制造、调模容易，但是螺纹和调节螺母都要承受锁模力和机构的变形力，因此一般应用在小型机器上。

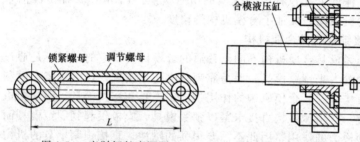

图 1-54　变肘杆长度调距　　　　　　图 1-55　移动合模液压缸

2. 动模板间连接大螺母调距

将动模板设计成由两块移动模板组成，模板间用大螺母连接起来。通过转动、调节螺母来调整两个移动模板之间的距离，改变动模板的厚度实现调模。这种调模结构简便，但是因增加一块移动模板而增加了模板的重量，同时也需要增长机身。因此，这种调模结构多用于中小型机器上。

3. 移动合模液压缸位置调距

移动合模液压缸如图 1-55 所示，在合模液压外径上开有螺纹，以螺纹连接的方式与后固定模板连接在一起。调距时，通过调节柄转动液压缸上的螺母，使合模液压缸发生轴向位移的同时带动合模机构发生位移，达到调距的目的。这种调距结构主要用于中小型机器上。

4. 拉杆螺母调距

如图 1-56 所示，通过调节拉杆上调节螺母来实现后模的移动来调距。调距时必须保证四个调节螺母的调节量一致，所以要采用联动装置，如图 1-57 所示，由一个液压马达或伺服电动机驱动大齿圈或链条，带动四个调节螺母以保证联动。

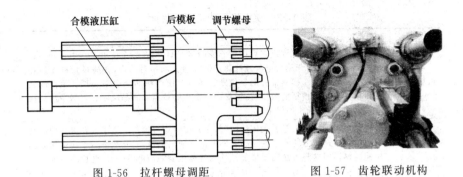

图 1-56 拉杆螺母调距　　　　图 1-57 齿轮联动机构

七、顶出机构

顶出机构用于顶出模具内的制品。任何类型的合模装置中都有顶出机构。顶出机构主要由顶出液压缸、顶出杆等组成（如图 1-58 所示）。顶出液压缸固定在动模板的支铰座上。

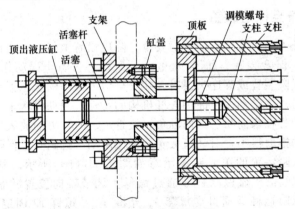

图 1-58 顶出机构装配图

顶出类型对制品的质量和产量都有非常大的影响，因此顶出机构应满足下列要求：

①顶出力能够克服制品与模具壁面间的摩擦力，同时应均匀以免损伤制品或使制品产生额外的应力。

②顶出行程要能将制品顶出并可调，以适应不同制品的要求。

③顶出速度要适当。

顶出机构可以分为机械顶出、气动顶出、液压顶出和电动顶出四种（见表 1-22）。

表 1-22　顶出机构的类型及说明

类型	说　　明
机械顶出	机械顶出是将顶杆固定在后模板上或固定支架上,在整个顶出过程中顶杆不移动,依靠动模板的开模后退与顶杆通过模板通孔的相对前进,并通过顶杆作用在推板上实现顶出。模具推板的复位则是通过合模机构的合模来实现。顶杆的长度由模具决定。顶杆的数量、位置安排由机构的特点和制品决定。机械顶出结构非常简单,多用于小型机上
气动顶出	气动顶出的原理就是利用压缩空气,在开模时通过模具上微小气孔直接把制品吹出模具。这种方法不会在制品表面上留下顶出痕迹,因此非常适于薄壁制品的快速脱模。但这种方法需要增加额外的气体压缩等辅助设备,因此应用较少
液压顶出	液压顶出是在动模板后面安装顶出液压缸,靠活塞来实现顶出。由于是靠液压进行顶出,因此能很好地对顶出力、行程和速度进行控制,而且还可以自行复位,使用非常方便。利用液压顶出,在开模过程中或开模后都可以顶出制品,有利于减少循环时间,所以目前应用非常广泛
电动顶出	电动顶出是指在动模板上安装伺服电动机和滚珠丝杠,由伺服电动机通过齿轮带动滚珠丝杠实现制品的顶出。电动顶出能够对顶杆速度和位置进行精确控制,顶杆可以自行复位,因此目前大部分的全电动式注塑机都采用电动顶出

八、安全保险装置

　　为保证人、机和模具的绝对安全,除应设置电气、液压保险外,还应设置安全保险装置。如图1-59(a)所示,为防止误动作,在电气、液压安全保险装置或程序失灵时,在安全门未关闭的状态下,动模板失去合模能力。这是利用了曲轴连杆机构的特性,当动模板未闭合时,曲轴连杆机构处在弯曲状态,曲轴角α接近α_{max}时,力的放大比最小,于是动模板的推力很小,对动模板实行机械制动,达到安全保险的目的。

　　机械保险装置的单元装配示意如图1-59(b)所示。其工作原理是,带有螺纹的机械保险杆5通过螺母4调节轴向位置并紧固在二板上,机械保险挡杆3通过支承套9、垫圈12及螺钉13固定在头板上,并以此为支点可以摆动。当安全门未关闭时,挡杆3在自由状态下,头部重于带有轴承10及其螺钉11的尾部,向前倾斜,在前模板2和头板的穿孔之间。在此情况下,如果动模板无论何种原因而发生闭模动作都将被挡杆3阻止无法继续闭模。而且,这时的曲轴连杆位置处于曲轴角较大的初始状态,这时的力放大比小,所以动模板的推力亦较小,容易被挡板止住。只有当安全门完全关闭时,固定在安全门上的机械保险触板14才压下挡板尾部的轴承,使之前部抬起,让开保险杆进入头板的穿孔位置,使二板闭模到底实现锁模,为此,起到对模具及人身安全的保护作用。

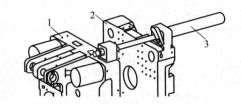

(a) 机械保险装置轴侧示意

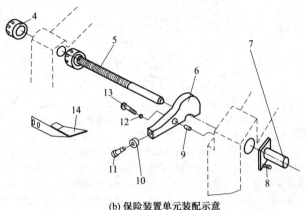

(b) 保险装置单元装配示意

图 1-59 机械保险装置

1—动模板；2—前模板；3—机械保险挡杆；4—螺母；5—机械保险杆；6,7—保
险挡板及其保险罩；8,11,13—螺钉；9—支承套及其垫圈；
10—轴承套及其垫圈；12—垫圈；14—保险触板

第四节 注塑机液压系统和电控系统

一、注塑机液压系统

1. 液压系统的构造、组成和分类

（1）液压系统的构造

注塑机的液压系统是一个完整的系统，它由具有不同职责功能的系统构成，实现注射、合模、顶出等各种动作。

注塑机根据其规格、功能和所注射材料的不同，其液压系统的构造也有所不同，但注射工艺程序基本一致。

注塑机液压系统的构造如图 1-60 所示。

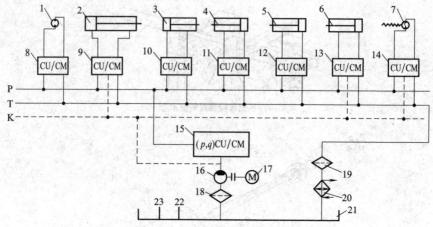

图 1-60　注塑机液压系统的构造

1—调模液压马达；2—合模液压缸；3—顶出液压缸；4—注射座液压缸；5—喷嘴液压缸；
6—注射液压缸；7—预塑液压马达；8,14—液压马达的指令模块（CU）和控制模块（CM）；
9～13—液压缸的指令模块（CU）和控制模块（CM）；15—系统压力（p）、流量（q）的
指令和控制模块；16—液压泵；17—电机（M）；18—进油滤油器；19—回油滤油器；
20—油冷却器；21—油箱；22—油温指示器；23—液面指示计；P—进油管路（高压）；
T—回油管路（低压）；K—控制管路；CU—控制装置；CM—控制模块

（2）液压系统组成及功能

注塑机液压系统主要由动力系统、执行系统、控制系统、辅助系统及液压工作介质等组成。

动力系统的主要作用是将电动机的机械能转变为液体的压力能，向系统输出具有一定压力的液压油，一般包括电动机、液压泵等部件。

执行系统的主要作用就是将液体的压力能转变为机械能，驱动执行机构做直线或回转运动，对外做功。执行系统主要由注塑机上的各种执行元件，如合模液压缸、顶出液压缸、注射液压缸、注射座移动液压缸及液压马达等组成。

控制系统主要通过控制、调节液压油的流量、压力和方向，控制工作机构按照预定的工作程序和动力参数工作。主要包括各种压力控制阀、流量控制阀和方向控制阀。

辅助系统在系统中起到辅助其他系统完成各自功能的作用，主要包括油箱、蓄能器、管道和压力表等。

液压工作介质主要指的是各类液压油，作为系统的载能介质，利用它能够完成能量的转换、传递、控制，以及自润滑等作用。

从功能角度出发，液压系统是各种具备特定功能、能实现机器工作要求的液压回路连接或复合而成的总体。

（3）液压系统的分类

注塑机的液压系统可以有多种分类形式，如按油液循环方式分类、按工作特征分类或按执行器控制与调节方式分类等。目前的分类多按油液循环方式及工作特征进行分类。按油液循环方式，液压系统可以分为开式系统和闭式系统；按工作特征方式，液压系统可以分为液压传动系统及液压控制系统。

液压系统的分类见表 1-23。

表 1-23　液压系统的分类

类别	说　明
开式系统	液压泵将液压油从油箱中吸出，液压油经过各种阀元件进入到执行元件，如进入液压缸或液压马达后返回油箱。返回的液压油在油箱中冷却及沉淀后再进行工作循环。这类系统需要有较大容积的油箱，目前应用较普遍
闭式系统	执行元件排出的油液不直接返回油箱而是返回泵的进口。这类系统效率较高，需要用补油泵进行补油
液压传动系统	液压传动系统一般是不带反馈的开环系统，如图 1-61 所示。它以传递动力为主，驱动负载实现直线或回转运动，且通过对控制元件遥控操纵和对流量的调节，调定执行元件的力和速度。其工作质量受工作条件变化的影响较大，当外界对上述系统有扰动时，执行元件的输出量一般要偏离原有调定值，产生一定的误差图 1-61　开环控制原理图 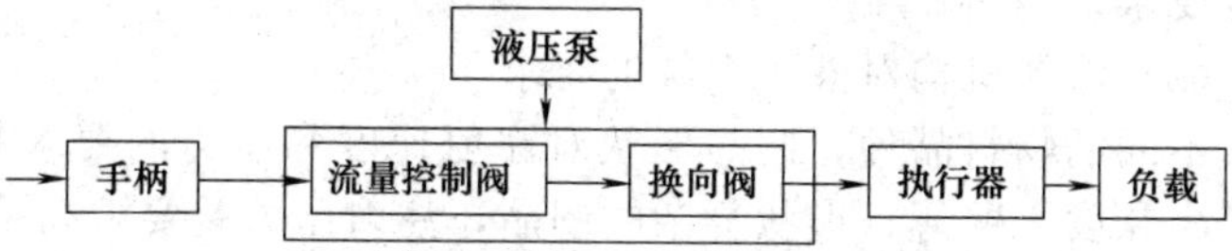
液压控制系统	和液压传动系统一样，系统中也包括动力元件、控制元件和执行元件，也是通过油液传递功率。但不同的是，液压控制系统多为采用伺服阀等电液控制阀组成的带反馈的闭环系统，如图 1-62 所示。闭环系统的作用是将执行元件的输出量（位移、速度、力等机械量）反馈回去与输入量进行比较，用比较后的偏差来控制系统，使执行元件的输出量随入量的变化而变化或保持恒定。它是一种精确控制的液压伺服系统图 1-62　闭环控制原理图 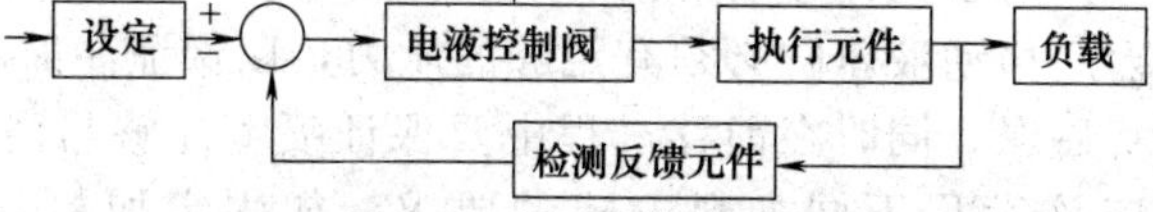

2. 注塑机对液压系统的要求

注塑机的能耗非常大。因此，对于液压马达等执行元件的力和速度要求进行严格准确的计量，以减小能量的损耗。注塑机的压力和流量等都可以通过各种阀进行控制调节，所以对注塑机的液压系统必须进行精心设计。

要了解注塑机对液压系统的要求，首先必须先对注塑机各个部分动作程序和工艺程序进行了解。注塑机的动作程序主要有塑化、注射、合模和顶出，而工艺程序主要有保压压力及合模压力的建立。注塑机的动作程序与工艺程序对液压系统的要求各不一样。因此，实现以上各种功能的相应部分对液压系统的要求也就各不相同。

（1）合模机构对液压系统的要求

首先液压系统要满足合模机构的力学特性。在注射成型中，合模机构的主要作用就是提供足够的锁模力，防止出现模具因胀模力的作用而开缝溢料。因此，合模机构的液压系统必须提供足够的压力以保证不会胀模溢料。

液压系统同时也要满足合模机构在开合模过程中的慢—快—慢的运动特性。合模运动要平稳，模具闭合时不能有冲击。一般都采用双泵并联或多泵分级控制或节流调速等方法，对速度进行调节从而满足不同的速度要求。

（2）注塑机构对液压系统的要求

不同的物料品种，制品形状对注射速度和压力的要求是不一样的。对于高黏度、壁薄、形状复杂的制品，注射压力就要求高一些，反之则可以低一些。注射速度既不能太高也不能太低，太低，流速慢，物料易形成冷接缝，制品外形质量得不到保证；太高，物流易受到强烈剪切和摩擦作用，产生大量的热，易使物料分解、变色。注射压力要能保证塑料充满型腔。保压压力的作用是补充物料因冷却造成的收缩。同时，为了保证塑化的塑料有一定的密度及密实性，注塑机构必须为螺杆后退设置一定的后退阻力。因此，注射液压缸必须能够灵活调整以适应不同速度和压力的要求。

（3）注射座整体移动对液压系统的要求

注射座移动液压缸必须有足够的压力，以保证注射座能够灵活快速地前移、后退，同时在前移过程中要保证喷嘴能够与浇口套紧密靠紧，而且还应该满足不同加料方式的要求，如固定加料、前加料和后加料等。

（4）顶出机构对液压系统的要求

顶出机构在顶出制品的过程中要确保有足够的顶出力，而且运行速度要适当、平稳、可调，以避免损伤制品表面。

总的来说，动作程序要求液压油有较高的流速和较低的油压，而工艺方面则反之。

在考虑各个机构对液压系统的要求之后，还应考虑污染、腐蚀性、液压装置的质量、外形尺寸和经济性、周围环境与占地面积等问题。

注塑机所有的动作程序中，除了螺杆塑化是旋转运动外，其他动作基本上都是往复直线运动，而且螺杆并不需要反转。因此，对于螺杆的旋转往往采用单向旋转液压马达驱动，而其他往复直线运动均采用单活塞杆双作用液压缸。

合模液压缸回路在工作中要实现慢—快—慢的开合模运动，并且要实现长时间的锁模。对于其方向，可以用三位四通的换向阀进行控制；对于其速度，可以用流量进行控制，快速运动时，需要有非常大的流量，慢速时只需要小流量。锁模时，则需要进行增压。

注射液压缸回路在工作过程要实现快速的注射，要求注射液压缸运动的速度较快，但是对液压油工作的平稳性要求不是很高，可以采用旁路节流调速方式。物料预塑时需要有背压的调节，因此在注射液压缸的后退油路上设置背压阀。同时对其方向的控制可以采用三位四通的换向阀进行控制。

液压泵回路在工作过程为注塑机的各个程序动作提供所需的流量和压力。在注塑机的整个工作循环过程中，整个液压系统油路所需流量的变化非常大。注射时速度快，需要液压油流量大；保压时或螺杆塑化时轴向移动速度慢，所需要的液压油流量最小。因此，对于那些需要有大流量的工序动作，可以采用双液压泵供油；反之，则可以采用小泵单独供油。

液压马达回路对速度的平稳性要求不高，只是对转速要求较高，因此可以采用旁路节流调速回路进行控制。

顶出机构对力和速度的平稳性要求都很高，因此可以用容积调速回路进行速度的控制。

当液压系统的各个回路确定后，需要有机地将各个基本回路组合在一起，融为一个整体。如图 1-63 所示为海天公司生产的 HTF 160X 注塑机的注射机构、合模机构以及顶出机构的液压系统原理图。

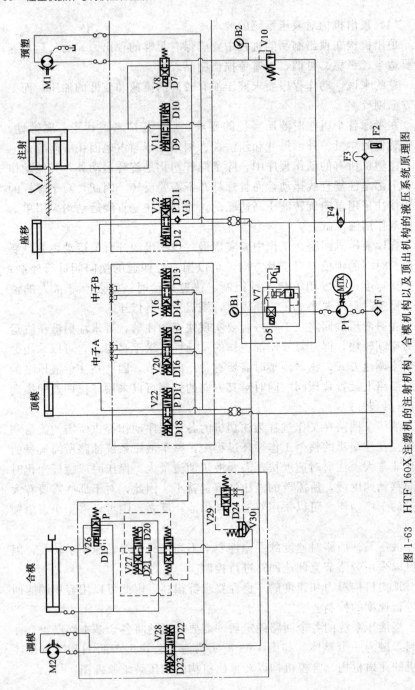

图 1-63　HTF 160X 注塑机的注射机构、合模机构以及顶出机构的液压系统原理图

3. 注塑机常用的液压元件

注塑机所采用的液压元件极其广泛，注塑机的规格型号不同，所采用的液压元件也不尽相同，本节将对注塑机的常用液压元件作以介绍。

（1）液压泵

液压泵的种类很多，按结构形式不同，可分为齿轮泵、叶片泵、柱塞泵和螺杆泵四大类，每一类中还可以分成多种形式。按排量是否可变，可分为定量泵和变量泵。注射机常用的液压泵为叶片泵、内啮合齿轮泵和轴向柱塞泵。具体选用时应根据注射机的技术性能、规格和成本来选择。以下介绍几种注射机用液压泵的典型产品。

① 双作用叶片泵。双作用叶片泵在注塑机中是应用较广泛的一种，它的主要优点是流量均匀、运转平稳、噪声低、结构紧凑。缺点是结构复杂，吸入能力差，对油液的污染较敏感。双作用叶片泵的工作原理如图 1-64 所示。它主要由定子 1、转子 2 和叶片 3 组成。转子与定子同心，定子内表面近似椭圆形状，由两段长半径圆弧、两段短半径圆弧和四条过渡曲线组成。当转子按图示方向旋转时，叶片受离心力和叶片槽底部压力油的作用，紧贴在定子的内表面，当叶片在左上角和右下角时，相邻叶片之间的工作容腔逐渐增大而吸油；当叶片在右上角和左下角时，相邻两叶片之间的工作容腔减小而排油。转子每转一周，每个工作容积完成两个吸、排油液的循环，所以又称为双作用式叶片泵。

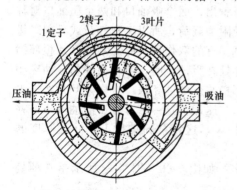

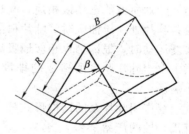

图 1-64 双作用式叶片泵的工作原理　　图 1-65 双作用式叶片泵排量计算简图

双作用式叶片泵的流量推导过程（如图 1-65 所示）同单作用式叶片泵一样。在不考虑叶片的厚度和倾角影响时，双作用式叶片泵的排量为：

$$V=2Z\frac{\beta}{2}(R^2-r^2)B=2\pi B(R^2-r^2)$$

式中　R——定子大圆弧半径；

　　　r——定子小圆弧半径；

　　　B——叶片宽度。

泵的输出流量为：

$$q=Vn\eta_{\mathrm{v}}=2\pi B(R^2-r^2)n\eta_{\mathrm{v}}$$

实际上叶片是有一定厚度的，叶片所占的工作空间并不起输油作用，故若叶片厚度为 b，叶片倾角为 θ，则转子每转因叶片所占体积而造成的排量损失为：

$$V'=\frac{2B(R-r)}{\cos\theta}bZ$$

因此，考虑上述影响后，泵的实际流量为：

$$q=(V-V')n\eta_{\mathrm{v}}=2B\left[\pi(R^2-r^2)-\frac{(R-r)bZ}{\cos\theta}\right]n\eta_{\mathrm{v}}$$

式中　B——叶片宽度；

　　　b——叶片厚度；

　　　Z——叶片数目；

　　　θ——叶片倾角。

从双作用叶片泵的结构中可以看出，两个吸油口和两个压油口对称分布，径向压力平衡，轴承上不受附加载荷，所以又称卸荷式，同时排量不可变，因此又称为定量叶片泵。有的双作用式叶片泵的叶片根部槽与该叶片所处的工作区相通。叶片处在吸油区时，叶片根部与吸油区相通；叶片处在压油区时，叶片根部槽与压油区相通。这样，叶片在槽中往复运动时，根部槽也相应地吸油和压油，这一部分输出的油液正好补偿了由于叶片厚度所造成的排量损失，这种泵的排量不受叶片厚度的影响。

双作用叶片泵的结构形式较多，如图 1-66～图 1-68 所示是几种具有代表性的产品。

如图 1-66 所示是 YB1 型中低压双作用叶片泵，它额定压力为6.3MPa。同类型的双作用叶片泵还有 YB-D 型，它们的结构基本相同，YB-D 的额定压力为 10MPa。这种泵可以用于注塑机高低系统中，作为低压泵使用；也可以用于规格较小、锁模力不大的注射机中，作为锁模液压泵使用。

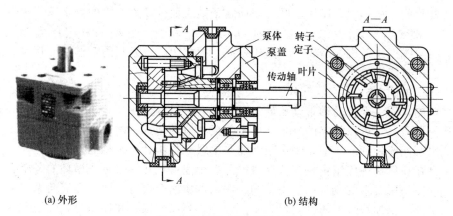

(a) 外形 (b) 结构

图 1-66 YB1 型叶片泵结构

如图 1-67 所示 YB-E 型中高压双作用叶片泵，其叶片采用了子母

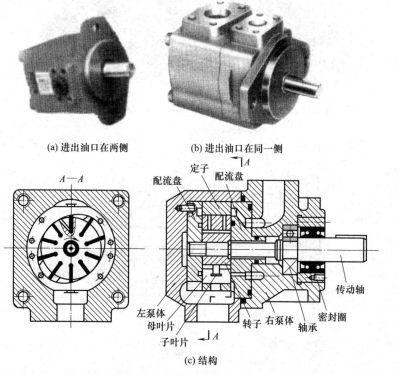

(a) 进出油口在两侧 (b) 进出油口在同一侧

(c) 结构

图 1-67 YB-E 型子母叶片泵结构

叶片的结构形式，以减少叶片压向定子内表面的压力。它的额定压力为16MPa。子母叶片泵还有 YB-F 和 YBVQ 系列，它们的额定压力为21MPa。注射机一般属于中高压系统，因此中高压系列的双作用叶片泵应用较广泛。

如图 1-68 为双联叶片泵，大泵组件和小泵组件同装于一个泵体的两侧，用一个传动轴带动旋转，两泵共用一个吸油口，两侧为排油口，根据需要，可以将泵的进出油口组装成相应的角度。两个出油口分别输出不同流量的液压油，每个泵性能与单级双作用叶片泵相同。双联叶片泵在注射机中应用得较多，这主要是由于注射机在一个工作循环的各个程序中所要求的流量和压力不同。例如，快速合模时，两泵合流向系统供油，以加快合模速度，提高生产效率；当高压锁模和保压时，仅小泵向系统供油，大泵卸荷，以节省能源。

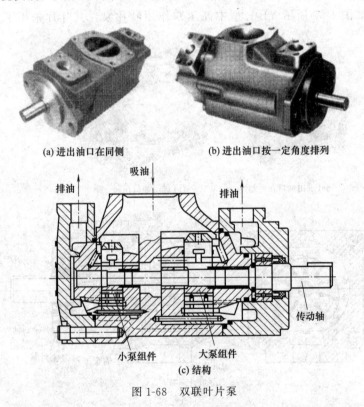

(a) 进出油口在同侧　　　　　　(b) 进出油口按一定角度排列

图 1-68　双联叶片泵

② 内啮合齿轮泵。内啮合齿轮泵按齿廓曲线的形状分为渐开线内

啮合齿轮泵、直线共轭内啮合齿轮泵。渐开线内啮合齿轮泵的结构原理如图 1-69（a）所示，它主要由一对具有渐开线齿形的外齿轮 1、内齿轮 2、隔板 3 组成。外齿轮 1 为主动轮，内齿轮 2 为从动轮。当传动轴带动小齿轮按图示方向旋转时，内齿轮同向旋转，处于位置 a 的齿体逐渐脱离啮合，形成吸油腔，处于位置 b 的齿体逐渐进入啮合，形成压油腔。外齿轮 1 与内齿轮 2 之间用隔板 3 将吸油腔与压油腔隔开。当传动轴带动小齿轮连续旋转时，泵就可以连续的吸油和排油。如图 1-69（b）所示为其外观图。这种泵结构紧凑，尺寸小，质量轻，啮合重叠系数大，传动平稳，流量压力脉动小，噪声小，在高速工作时有较高的容积效率。其缺点是齿形复杂，加工困难，在低速高压下，压力脉动大，容积效率低。

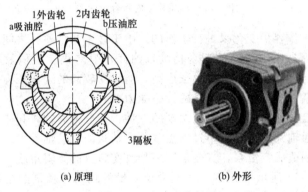

图 1-69　内啮合齿轮泵

内啮合齿轮泵的最大优点是：无困油现象、流量脉动较外啮合齿轮泵小、噪声低。当采用轴向和径向间隙补偿措施后，泵的额定压力可达 30MPa，容积效率和总效率均较高。其缺点是齿形复杂，加工精度要求高，价格较贵。

直线共轭内啮合齿轮泵的结构原理与渐开线内啮合齿轮泵相同，所不同是啮合形式采用了直线共轭内啮合齿轮副，其外齿轮（小齿轮）的齿廓为直线齿形，内齿轮（内齿圈）的齿廓为与之共轭的曲线齿形，如图 1-70（a）所示为齿廓形状示意图，如图 1-70（b）所示为直线共轭内啮合齿轮泵内部结构。这种泵具有压力高、结构简单、流量脉动小、噪声小等优点。另外，这种独特的啮合形式使泵在运转过程中困油容积极小，即使在高速运转，音频仍平稳平和。

③ 倾斜盘式轴向柱塞泵。柱塞泵是利用柱塞在缸体中的往复运动

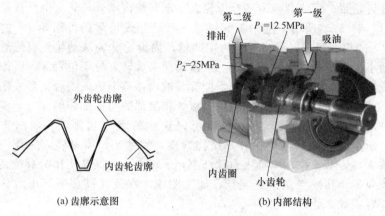

(a) 齿廓示意图   (b) 内部结构

图 1-70   直线共轭内啮合齿轮泵

形成密封工作容积变化来进行工作的。由于柱塞与柱塞孔之间为圆柱表面配合，容易实现较高的配合精度，因此，泄漏小、容积效率高。同时，柱塞与缸体受力状况好，强度高，能承受较高的工作压力。其缺点是结构复杂、价格高、抗油液的污染能力差。

倾斜盘式轴向柱塞泵是柱塞泵的一种，它分为通轴式和非通轴式两种结构，通轴式的传动轴串过斜盘，非通轴式的传动轴不串过斜盘。这种泵可以制造成变量泵，其变量原理是改变斜盘的倾斜角度。

如图 1-71 所示为 SCY14-1 型手动变量的轴向柱塞泵的结构图和外观图。该泵的工作压力为 32MPa，是将定量泵后泵盖换成变量机构而成。

SCY14-1 型斜盘式轴向柱塞泵变量机构的形式较多，常用的还有伺服变量、压力补偿变量、电液比例变量等，但泵的主体结构与其定量泵（倾斜盘固定、无变量机构）的主体部分相同，仅变量机构不同而已。

如图 1-72 所示为斜盘式非通轴轴向柱塞泵的工作原理，它主要由缸体 1、柱塞 2、弹簧 3、配流盘 4、传动轴 5、滑履 9 及倾斜盘 10 等零件组成。柱塞均布在缸体圆周方向的缸孔中，斜盘与缸体斜交，其倾斜角度为 γ，弹簧力和液压力将柱塞端部的滑履紧贴在固定不动的斜盘上，缸体与固定不动的配流盘靠弹簧力紧密贴合，形成端面密封。当传动轴带动缸体按图示方向旋转时，在 A—A 断面的左半部，柱塞逐渐伸出，容积增大，经配流盘左半部的吸油窗口 a 吸油。右半部的柱塞由

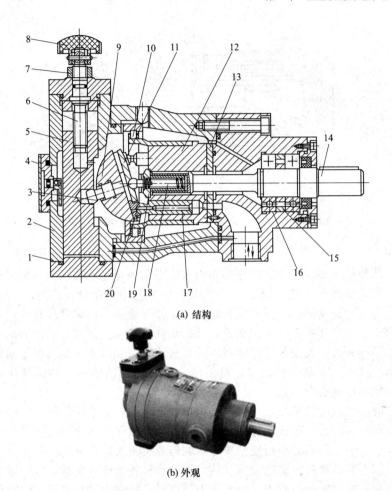

(a) 结构

(b) 外观

图 1-71　SCY14-1 型斜盘式轴向柱塞泵

1—密封圈；2—变量机构；3—销轴；4—刻度盘；5—变量活塞；6—调节螺杆；7—锁紧螺母；
8—手轮；9—斜盘；10—缸外大轴承；11—回程盘；12—缸体；13—配流盘（配油盘）；
14—传动轴；15—档环；16—滚动轴承；17—柱塞；18—中心弹簧；19—内套；20—滑靴

于斜盘的作用而回缩，经配流盘右半部的压油窗口 b 排油。当缸体旋转
一周时，每个柱塞完成一次吸油和压油。当斜盘倾角 γ 固定不变时，
则为定量泵；若倾角可调，则为变量泵；若改变斜盘倾斜方向，就可以
改变排液方向，就成为双向变量泵。

（2）液压马达

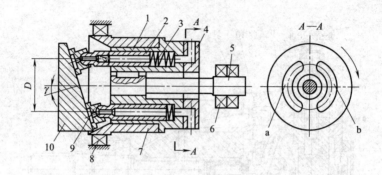

图 1-72　斜盘式非通轴轴向柱塞泵的工作原理

1—缸体；2—柱塞；3—弹簧；4—配流盘；5—传动轴；6—轴承；

7—转子套；8—轴承；9—滑履；10—倾斜盘

　　注塑机采用液压马达的主要作用有两点，一是将液压马达与螺杆连接，驱动螺杆旋转进行预塑；二是在调模装置中采用液压马达进行调模。与齿轮减速器驱动螺杆旋转相比较，使用液压马达驱动螺杆旋转进行预塑，可以达到合理利用能源，节省功耗的目的。例如，当注射的产品处于冷却时，若用齿轮减速器驱动螺杆旋转，此时液压泵站处于间歇状态，这实际上是一种浪费，对采用液压马达驱动螺杆旋转的液压系统，就不存在这个问题。

　　液压马达的种类很多，按其结构形式不同，可分为齿轮马达、叶片马达和柱塞马达；按排量是否可变，可分为定量马达和变量马达。按转速大小，可分为高速小扭矩液压马达和低速大扭矩液压马达。

　　作为驱动螺杆预塑的液压马达，外啮合齿轮马达效率低，很少被采用。叶片马达中虽有应用，但当压力提高时，效率会进一步降低。注射机一般采用柱塞马达，它包括轴向柱塞马达和径向柱塞马达两大类，二者又都可以分为单作用式和多作用式，一般采用低速柱塞马达，它可以直接与螺杆相连接，不需要减速器。轴向式柱塞马达的结构特点与轴向式柱塞泵基本相同，此处不再赘述。

　　（3）液压缸

　　液压缸是注塑机的主要执行元件，注塑机的合模/锁模、注射、注射座的移动、制品顶出等都是由液压缸来完成的。很多情况下标准液压缸的结构尺寸无法满足注射机的安装要求，因此注射机用液压缸大都自行设计制造。就其结构类型而言，主要有以下几种。

① 单杆活塞缸。如图 1-73 所示,单杆活塞缸是在活塞的一端有活塞杆,通常把有活塞杆的液压腔叫做有杆腔,无活塞杆的液压腔叫做无杆腔。为了提高活塞的移动速度,有时将单杆活塞缸连接成差动连接〔如图 1-73(c)所示〕,差动连接在注塑机合模时应用很普遍。如图 1-74 为单杆活塞缸的典型结构。

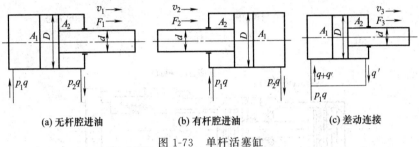

(a) 无杆腔进油　　　　　(b) 有杆腔进油　　　　　(c) 差动连接

图 1-73　单杆活塞缸

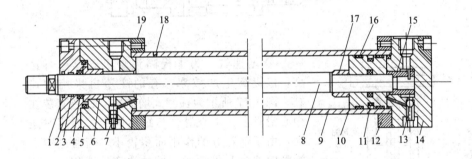

图 1-74　法兰型单杆活塞双作用液压缸

1—防尘圈;2—前盖;3—支撑环;4—活塞杆密封圈;5—前端盖;6—导向环;7—节流阀;8—活塞杆;9—缸筒;10—活塞;11—活塞密封件;12,19—法兰;13—单向阀;14—后端盖;15—缓冲套;16—活塞支撑环;17—缓冲套管;18—排气栓

② 柱塞缸。如图 1-75 所示为柱塞式液压缸。柱塞式液压缸是单作用式缸,柱塞只能向一个方向移动,返程时需要靠外力。柱塞式液压缸柱塞的强度高、刚度大,可提供较大的输出推力和较长的工作行程。

③ 增压缸。为了提高注塑机的锁模力,有的注塑机采用增压缸。如图 1-76 所示为一种由活塞缸 1 和柱塞缸 2 组合而成的增压缸。该增压缸是利用活塞的有效面积大于活塞杆的有效面积,使输出压力 p_2 大于输入压力 p_1。其输出压力 p_2 为:$p_2 = p_1(D/d)^2 = kp_1$;k 为增压比,一般为 1~5。

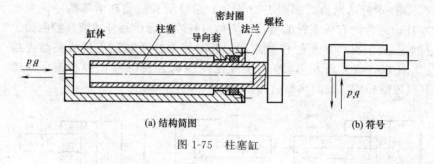

(a) 结构简图　　　　　(b) 符号

图 1-75　柱塞缸

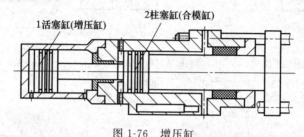

图 1-76　增压缸

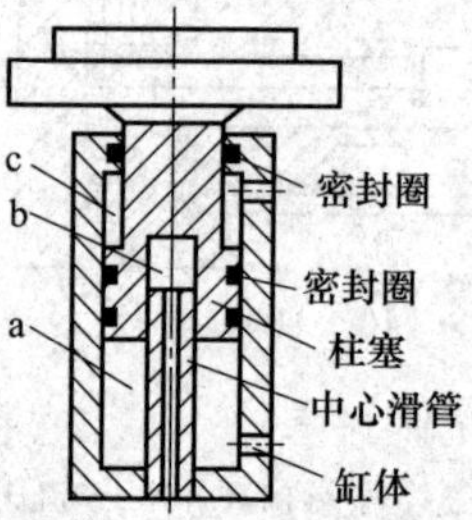

④ 增速缸。为了提高注塑机合模运行速度，以提高生产效率，有的注塑机采用增速缸。图 1-77 所示为柱塞式增速缸。柱塞套装在中心滑管上，中心滑管与缸体固定，无相对运动，由于油腔 b 的作用面积较小，当通过中心滑管向油腔 b 供油时，推动柱塞快速移动，油腔 a 形成真空，通过外接的充液阀（图中未画出），将油箱的油液吸入油缸 a 腔内，油腔 c 排油。当柱塞行程到末端需要加压时，再向油腔 a 提供高压油，柱塞返程时向油腔 c 提供液压油。

图 1-77　增速缸

（4）普通液压阀

普通液压阀也称开关定值液压阀，它们是以手动控制、机械控制、电动控制等输入方式，控制液压系统中液体的流动方向或定值控制液流的压力和流量的液压阀。它包括方向控制阀、压力控制阀、流量控制阀。尽管近代出现了许多新型液压控制阀（电液伺服阀、电液比例阀、电液数字阀、插装阀），但普通液压阀仍然是注塑机液压系统中大量使用的液压阀。普通液压阀结构简单、成本低，但相对电液控制阀来说，达到同样功能的系统，所使用的元件多，控制麻烦。表 1-24～表 1-26

列出了注塑机液压系统中，常用的普通液压阀的职能符号和功能。

表 1-24　注塑机常用的方向控制阀

类别	名称	职能符号	在注塑机中的功能
单向阀	普通单向阀	p_2 p_1	只允许液流向一个方向流动，反向截至 ①用于泵的出口，防止液压油倒流 ②分隔油路 ③作背压阀用 ④作旁通阀用，与其他阀并联组成单向复合阀
	液控单向阀	p_2 K ┆ p_1	可以实现液流的双向流动，但反向开启时，必须通过液压控制来实现。作保压阀使用
	充液阀	p_2 K ┆ p_1	工作原理与液控单向阀相同。用于从油箱向液压缸补充油液，以免吸空。如连接于增速缸、增压缸的自吸腔与油箱之间
换向阀	二位二通电磁换向阀	A P 常闭式(O型) A P 常开式(H型)	与先导式溢流阀组成卸荷回路；与先导式溢流阀组成调压回路；与先导式溢流阀组合成电磁溢流阀
	二位三通电磁换向阀	A B P 一个进油口、两个出油口 A P T 一个进油口、一个出油口、一个回油口	常用于速度换接回路。如差动连接回路等
	二位四通电磁换向阀	A B P T	常用于插装阀的先导控制阀；控制合模液压缸的差动连接等
		A B P T	常用于预塑马达支路的液流换向控制
		A B P T	常用于主回路先导式溢流阀的调压控制

类别	名称	职 能 符 号	在注塑机中的功能
换向阀	二位二通机动换向阀		用来控制机械运动部件的行程。主要用于安全门装置:连接于合模支路的电液换向阀或插装阀的控制油路,当安全门打开时,压下滑阀的阀芯,关断电液换向阀或插装阀的控制油路,使其处于关闭状态,无油液流向合模液压缸而停止合模
	二位四通机动换向阀		
	三位四通电磁换向阀	O型	用于与主管路并联的各支路中。如合模/锁模(小规格注塑机)、调模、顶出、注射座移动等
		Y型	常用于注射支路,当螺杆预塑后退时,能使注射液压缸两腔与液压缸相通
	三位四通电液换向阀	 (a) 详细符号 (b) 简化符号	用于并联支路要求流量较大的场合。如合模/锁模液压缸的换向

表 1-25　注塑机常用的流量控制阀

名称	职能符号	功能
节流阀	 p_2 p_1	调节系统流量
单向节流阀	 p_2 p_1	正向节流,反向无阻力
调速阀	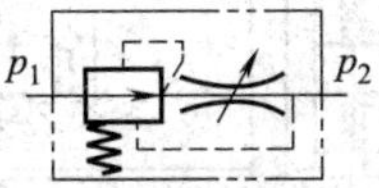 p_1　　p_2　　p_1　　p_2 (a) 详细符号图 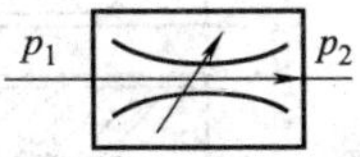　　(b) 简化符号图	与节流作用相同,但由于有压力补偿装置,精度较高,系统中执行元件的速度稳定性好

表 1-26　注塑机常用的压力控制阀

类别	名称	职能符号	功能
溢流阀	直动式溢流阀	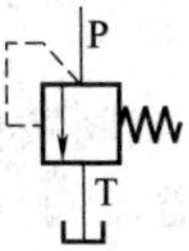 P T	①起过载保护作用,限定系统最高工作压力 ②做背压阀使用
	先导式溢流阀	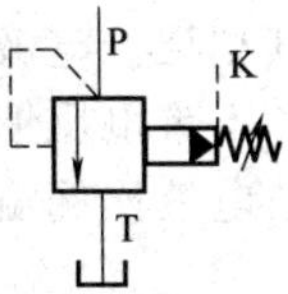 P　　K T	①将其远程控制口与油箱相连接,可作卸荷阀用 ②将其远程控制口与调压阀连接,可实现分级调压
减压阀	先导式减压阀	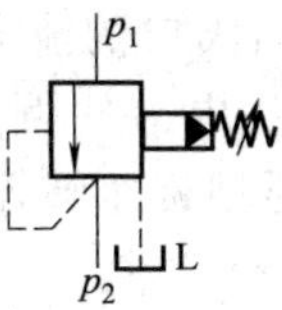 p_1 L p_2	主要用于某一支路的减压

（5）电液比例阀

电液比例阀由电-机械转换器（比例电磁铁）和阀本体两部分组成。比例电磁铁是电液比例阀的主要组成部分，它的作用是将比例控制放大器输出的电信号转换成与其成比例的力和位移，它是在传统的开关型阀用的直流湿式电磁铁的基础上发展起来的。比例电磁铁有耐高压型的和不耐高压型两种。目前，应用最广泛的是耐高压型，如图 1-78 所示。当线圈 2 通电后，轭铁 1 和衔铁 10 中都产生磁通，产生电磁吸力，将衔铁吸向轭铁，由推杆 13 输出推力，大小与输入线圈的电流基本成正比，这一特性使比例电磁铁可作为液压阀中的信号给定元件。

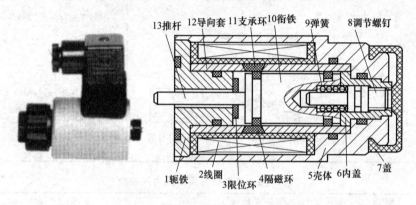

图 1-78　比例电磁铁的外形与原理图

① 电液比例溢流阀。电液比例溢流阀按阀芯驱动方式可分为直控式电液比例溢流阀和先导式电液比例溢流阀（见表 1-27）。直控式电液比例溢流阀控制环节少，结构简单，动作灵敏，输出功率小，用于小流量系统。先导式电液比例溢流阀与其相反。电液比例溢流阀按反馈方式可分为带电反馈的电液比例溢流阀和不带电反馈的电液比例溢流阀，电反馈的电液比例压力阀有压力电反馈电液比例溢流阀和位移电反馈电液比例溢流阀。

② 电液比例流量阀。电液比例流量阀是用比例电磁铁取代传统流量阀的手调机构，以输入电信号控制阀口的流通面积，从而控制流量，其输入的电信号与输出流量成比例。电液比例流量阀有电液比例节流阀、电液比例调速阀和电液比例旁通型调速阀等，也有直动式和先导式之分。

如图 1-82 所示是电液比例调速阀的结构原理图。其节流阀芯 4 由

表 1-27 电液比例溢流阀类型

类别	说明
直控式比例溢流阀	用比例电磁铁代替普通直动式溢流阀的手动机构，便成了直控式比例溢流阀。如图 1-79 所示是力控型直控式比例溢流阀的结构。此结构既可当作先导阀，又可以单独工作。 如图 1-80 所示是位移反馈直控式比例溢流阀。当输入电信号时，比例电磁铁 2 产生相应的电磁力，通过传力弹簧 3 将阀芯 4 压在阀座上，并对弹簧预压缩，此预压缩量决定了阀的开启压力，而压缩量正比于输入的电信号。应注意的是，图 1-80 所示的力控型比例溢流阀的传力弹簧 2 只起传力作用，它不需要压缩，所以刚度可以很大

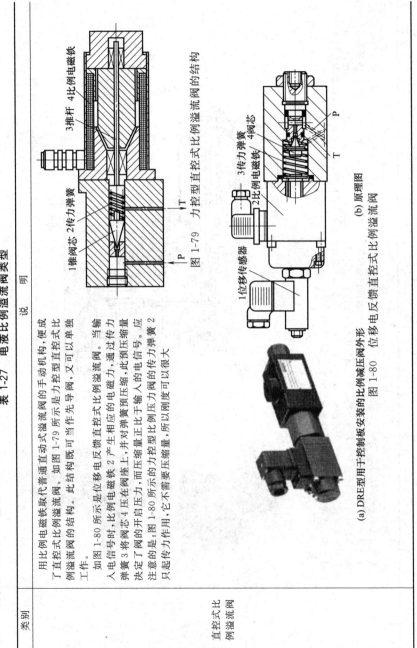

图 1-79 力控型直控式比例溢流阀的结构

1锥阀芯 2传力弹簧 3推杆 4比例电磁铁

1位移传感器 2比例电磁铁 3传力弹簧 4阀芯

(a) DRE型用于控制板安装的比例减压阀外形

(b) 原理图

图 1-80 位移电反馈直控式比例溢流阀

续表

类别	说明
先导式比例溢流阀	先导式比例溢流阀是比例先导阀与主阀组成的。比例先导阀通常采用上述的小型直率式比例溢流阀，主阀结构与传统的先导溢流阀大同小异。如图1-81(c)所示是典型先导式比例溢流阀结构图。它的先导阀是小型直动式比例溢流阀，力控型比例电磁铁的推杆直接作用于先导阀的锥阀芯上。进口压力通过阻尼后作用于先导阀的锥阀芯上，与比例电磁铁的电磁力相比较。图中的安全阀用于过载保护。阀上设有外部先导油口x和外泄口y，根据功用可连接成内控内泄、内控外泄、外控内泄和外控外泄。该阀通常在大流量大功率系统中作溢流阀使用

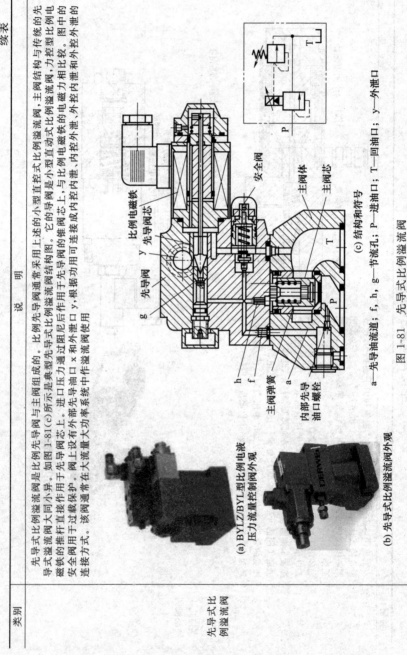

(a) BYLZ/BYL型比例电液压力流量控制阀外观

(b) 先导式比例溢流阀外观

(c) 结构和符号

图1-81　先导式比例溢流阀

a—先导油流道；f，h，g—节流孔；P—进油口；T—回油口；y—外泄口比例电磁铁的推杆 2 操纵，推杆 2 的推力与左端弹簧的弹簧力平衡。当输入的电信号改变时，推杆的推力不同，与阀芯平衡后，节流阀芯的位置也不同，从而可以通过不同的电信号调节节流阀的阀口开度，进而调节流量。由于定差减压阀已保证了节流口前后压差不变，所以其输出流量稳定不变。

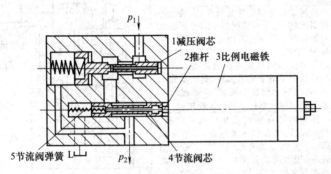

图 1-82　电液比例调速阀的结构原理

（6）插装阀

插装阀是有高压，大流量阀。由于它有诸多优点，如通流能力大、阀芯动作灵敏、密封性能好、结构简单等，因此在大规格的注塑机中，常采用插装阀对系统进行控制。

插装阀的主要产品是二通插装阀，二通插装阀是将插装组件（又称主阀组件）插装在特定设计加工的阀体中，配以盖板和先导元件组成的一种多功能复合阀。因为它有通断两种状态，可以进行逻辑运算，故又称逻辑阀。二通插装阀按功能可以分为方向控制阀、压力控制阀和流量控制阀这三大类。

插装阀的结构组成如图 1-83 所示，它由先导元件、控制盖板、插装组件、插装阀体四部分组成，其说明见表 1-28。

（7）液压辅助元件

液压辅助元件包括油箱、蓄能器、滤油器、油管及油管接头、冷却器和加热器、密封件等。它们是液压系统不可缺少的组成部分，对液压元件和系统的正常工作、工作效率、使用寿命等影响极大，而且对系统的动态性能、工作稳定性、噪声和温升等都有直接影响。

① 蓄能器。蓄能器又称蓄压器式储能器，是一种能把压力油的液压能储存在耐压容器里，待需要时又将其释放出来的装置。它在液压系统中还可以用作短时供油和吸收系统振动、冲击，减少系统发热的液压

表 1-28　插装阀的结构组成

类别	说　明
先导元件	先导元件装于盖板上，它的作用是控制插装组件的工作状态。先导元件通常选用小通径的标准溢流阀，滑阀式电磁换向阀和电磁球阀，通径一般为 6mm 和 10mm
控制盖板	控制盖板是固定插装组件，安装先导控制元件，沟通先导阀与主阀控制腔之间的联系。控制盖板内嵌多种元件，如梭阀、节流塞、单向阀、液控单向阀、先导压力控制阀和流量控制器等。盖板是插装阀中最敏感的部分，阀的功能不同，盖板的结构也不同，常常通过改变盖板的结构来获得不同的工作机能
插装组件	插装组件有锥阀式和滑阀式两种。它由阀芯、阀套和弹簧组成，如图 1-84 所示。它的主要作用是控制主油路的通断、压力高低和流量大小，根据功能不同有多种结构形式 如图 1-84 所示是注塑机常用的插装组件，其中(a)所示是基本型插装组件，多用于换向；(b)所示是带阻尼孔阀芯的插装组件，用于压力和方向；(c)所示为带缓冲节流阀芯的插装组件，用于方向流量阀
插装阀体	插装阀体是一种特定设计加工的阀体，配以插装组件、盖板和先导元件组成的一种多功能复合阀 在大中型注塑机中常采用二通插装阀与换向阀组合，形成多种不同功能的回路

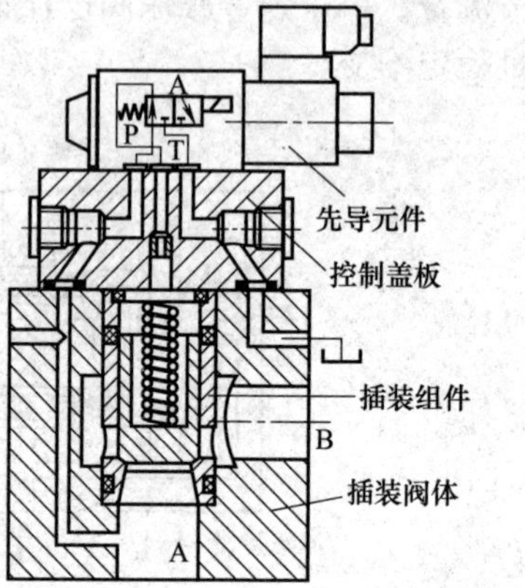

图 1-83　二通插装阀

元件。蓄能器是液压系统中的重要辅件，对保证系统正常运行、改善其动态品质、保持工作稳定性、延长工作寿命、降低噪声等起着重要的作用。

　　蓄能器可分为重锤式、弹簧式和充气式三大类。充气式按液体与气体是否接触又可分为直接接触式、活塞式、气囊式。其中重锤式和直接式已很少采用，注塑机常用气囊式。

　　气囊式蓄能器如图 1-85 所示，气囊将液体和气体隔开，提升阀只许液体进出蓄能器，而防止气囊从油口挤出。充气阀只在为气囊充气时打开，蓄能器工作时该阀关闭。气囊式蓄能器特点是体积小、重量轻，安装方便，皮囊惯性小，反应灵敏，可吸收压力冲击和脉动，但皮囊和壳体制造较难。工作压力 3.5～35MPa，总容量 0.5～200L，适用温度 -10～+65℃。

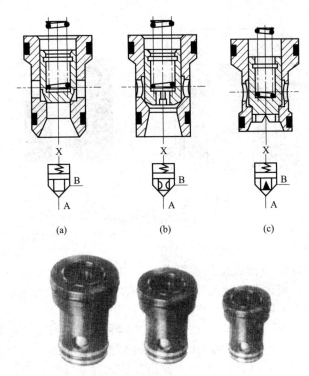

图 1-84 插装组件外观与结构

② 滤油器。滤油器用来过滤混在液压油液中的杂质，使进到系统中的油液保持一定的清洁度，保证液压系统和液压元件可靠工作，防止造成液压元件相对运动表面的磨损、滑阀卡滞、节流小孔或间隙堵塞等现象发生，影响液压系统正常工作和寿命。

滤油器按结构可分为网式、线隙式、纸芯式、烧结式和磁性滤油器等。

网式过滤器的结构如图 1-86 所示。图中可见，它由一层或两层铜丝网包围着四周开有很大窗口的金属或塑料骨架做成。网式过滤器一般装在液压系统的吸油管路，用来滤

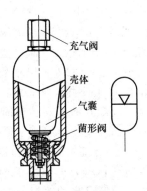

图 1-85 气囊式蓄能器
与职能符号

充气阀
壳体
气囊
菌形阀

除混入油液中较大颗粒的杂质（0.13～0.4mm），保护液压泵免遭伤害。安装时，网的底面不宜与油管口靠得太近，一般吸油口离网底的距

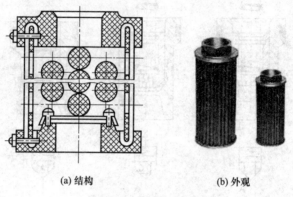

(a) 结构　　　　　　　(b) 外观

图 1-86　网式滤油器

离为网高的 2/3，否则会使吸油不畅。

网式过滤器的特点是结构简单，通油性能好，压力较小（一般为 0.025MPa），可清洗。缺点是过滤精度低，使用时铜质滤网会加剧油液的氧化，因此，需要经常清洗，安装时要考虑便于拆装。

如图 1-87 所示为线隙式滤油器的结构和外观，滤油器的滤芯由铜丝（φ0.4mm）绕成，依靠铜丝间的微小间隙来滤除混入液压介质中的杂质。图 1-87（a）所示为回油管路用线隙式滤油器结构图。滤油器工作时，油液从 a 孔进入滤油器内，经线间的缝隙进入滤芯内部后，再由孔 b 流出。图 1-87（b）为回油管路用滤油器，有外壳。若用于吸油管路时无外壳，滤芯直接浸入油中，其外观如图 1-87（c）所示。回油管路用的线隙式滤油器过滤精度分为 0.03mm 和 0.08mm 两种，压力损失小于 0.06MPa；吸油管路用的线隙式滤油器过滤精度分为 0.05mm 和 0.1mm 两种，压力损失小于 0.02MPa。

线隙式滤油器结构简单，过滤能力大，过滤精度比网式滤油器高，但不易清洗。一般用于低压（<2.5MPa）回路或辅助回路。

③ 冷却器。对冷却器的基本要求是在保证散热面积足够大，散热效率高和压力损失小的前提下，要求结构紧凑、坚固、体积小和质量小，最好有自动控温装置以保证油温控制的准确性。

常用的冷却器有水冷式和风冷式两种。注塑机一般用水冷式。

液压系统中采用得较多的是多管式水冷却器，其结构如图 1-88 所示，它是一种强制对流式冷却器。油液从右侧上部的油口 c 进入，从左侧上部的油口 b 流出。冷却水从右侧端盖 4 中部的孔 d 进入经过

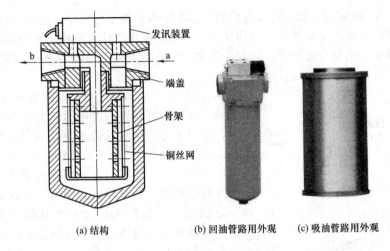

(a) 结构   (b) 回油管路用外观   (c) 吸油管路用外观

图 1-87 线隙式滤油器

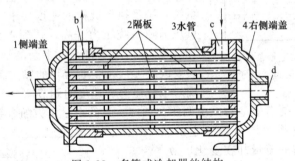

图 1-88 多管式冷却器的结构

许多水管 3 的内部，从左侧端盖 1 的孔 a 流出。油在水管外部流过时，其循环路线因冷却器内设置了三块隔板 2 而加长，增加了热交换效果。水管通常采用黄铜管，便于清洗且不易生锈。管壁厚度一般为 1～1.5mm。

翅片管式冷却器，即在水管外面增加横向或纵向的散热翅片，使传热面积增加，其传热效率比直管式提高数倍，而冷却器的体积和质量相对地减小了。翅片一般用厚 0.2～0.3mm 的铜片或铝片制成。

冷却器一般应安装在回油管或低压管路上，其压力损失一般为 0.01～0.1MPa。

4. 注塑机液压回路分析

（1）压力/流量控制模块

压力/流量控制模块具有控制主系统压力和流量的功能。压力/流量控制模块控制主系统的压力和流量，实现对注塑机执行机构压力和速度的调节。主要有定量泵＋比例溢流调速阀控制回路、变量泵控制回路、定量泵＋变频电动机控制回路。

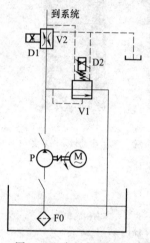

图 1-89　定量泵＋比例溢流调速阀控制回路

① 定量泵＋比例溢流调速阀控制回路。定量泵＋比例溢流调速阀控制回路如图 1-89 所示，定量泵＋比例溢流调速阀控制回路由比例溢流调速阀 V1、比例节流阀 V2、泵 P 及电动机 M 组成。D1、D2 分别是控制流量和压力的电磁铁。当电动机启动后，泵就输出一定的流量，此时 D1、D2 无电信号输入，泵输出流量通过 V1 流回油箱，系统压力为零；如 D1、D2 有电信号输入，则 V1 开始工作，部分油通过比例节流阀 V2 流向系统，满足执行机构的速度要求，同时泵出口压力随系统压力升高，达到 V1 所设定的开启压力时，V1 打开，多余的油流回油箱。只要改变 D1、D2 电信号的输入值，就可实现对系统压力和速度的调节。

该回路能有效地对系统调压和调速。泵的出口压力随着系统压力变化，但泵的排出流量是一定的，而系统所需的流量却在变化，故要产生一定的功率损失。

② 变量泵控制回路。变量泵控制回路如图 1-90 所示，变量泵控制回路由变量泵 P 及电动机 M 组成。变量泵由比例压力阀 V1、安全阀 V2、压力补偿阀 V3、流量补偿阀 V4、比例节流阀 V5 及泵体组成。D1、D2 是分别控制变量泵输出压力和流量的电磁铁。电动机启动瞬间，泵的斜盘摆角处于最大，此时 D1、D2 如无电信号输入，变量泵中

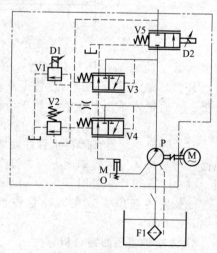

图 1-90　变量泵控制回路

的 V5 处于关闭状态，泵体输出流量流向 V4 的控制腔，推动 V4 阀芯移动，使泵体输出流量流向变量泵斜盘的控制腔，当泵体出口压力克服斜盘复位弹簧力时，斜盘角度变小，直至为零，泵排入系统中的流量为零。D1、D2 如有电信号输入，V1、V5 工作，同时 V3、V4 也起作用，使斜盘角度变大，输到系统的流量随之变大，同时泵的出口压力克服 V1 的设定值。只要改变 D1、D2 的输入值，就可实现对系统调压和调速。

变量泵控制回路能有效地对系统进行调压和调速，且变量泵的出口压力和输出流量随着系统压力和流量的变化而变化，但由于变量泵中的比例溢流阀起稳定调压作用，因此，仍需少量油溢流。空载时，电动机仍带动液压泵转动，产生一定的功率损失。变量泵系统是一种节能型动力控制系统，控制技术比较成熟，应用广泛。

③ 定量泵＋变频电动机控制回路。定量泵＋变频电动机控制回路如图 1-91 所示，定量泵＋变频电动机控制回路由定量泵 P、变频电动机 M、传感器 F1 和 F2 以及安全阀 V1 组成。该回路通过变频器控制变频电动机的转速和转矩，再通过定量泵对系统实施调压和调速。当变频电动机所控制的频率发生变化时，输出转速随之变化，泵输出流量也随之改变。通过传感器 F1 检测变频电动机的转速，与设定转速进行比较，偏差作为反馈调节信号，直至泵输出流量与设定

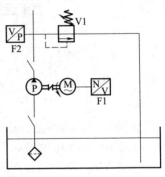

图 1-91　定量泵＋变频电动机控制回路

值一致或在允许偏差之内。当变频电动机被控制的输入电流发生变化时，输出转矩随之变化，泵输出压力也变化，通过传感器 F2 检测的系统压力，使泵输出压力与设定值一致。

由于系统的调压和调速全由变频电动机完成，避免了液压系统的溢流现象，且压力、流量采用闭环控制，所以定量泵＋变频电动机控制回路是非常节能的动力控制系统。但该回路中变频器工作过程易受外界干扰，其控制技术比较复杂，要结合变频控制技术、传感器技术、电动机技术等，进一步研究、发展。

（2）注射/预塑控制模块

注射/预塑控制油路模块具有控制注射/射退、预塑、射台前进/后退、预塑背压的功能。注射/预塑控制模块主要控制注射、预塑动作，

有滑阀式控制回路和插装式控制回路两种。

① 滑阀式控制回路。滑阀式控制回路如图 1-92 所示，三位四通电磁换向阀 V1，叠加单向阀 V2，控制整移液压缸（射台）的前进/后退；三位四通电磁换向阀 V3 控制注射/射退；二位四通电磁换向阀 V4 控制预塑，溢流阀 V5 控制预塑背压。滑阀式控制回路简单，宜用于小型注射机。

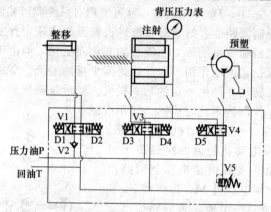

图 1-92　注射/预塑滑阀式控制回路

② 插装式控制回路。插装式控制回路如图 1-93 所示，三位四通电磁换向阀 V1 和叠加单向阀 V2 控制整移液压缸的前进/后退；插装阀 V3、V4、V5、V6，三位四通电磁换向阀 V7 以及二位四通电磁换向阀 V8、V9 控制注射/射退；插装阀 V13 和二位四通电磁换向阀 V14 控制预塑；比例压力阀 V11 和二位四通电磁换向阀 V12 控制背压。

物料的熔融和混合作用通过调节螺杆的转速和背压来控制。在很多情况下，需调节背压控制熔融黏度。背压通过调节插装阀 V6 的压力来控制。此压力由比例阀 V11 和换向阀 V12 联合控制。

注射后，需有保压动作，向模具补缩。如在料筒熔料有背压的情况下打开模具，熔料将会从喷嘴口射出，料筒内的熔融料必先释压再打开模具。该功能通过控制 V9 上的电磁铁 D6 实现，保压结束，输入电信号给 D6、阀 V9 换向，注射液压缸的杆腔油压随系统压力同步降低。

插装式控制回路比较复杂，但系统控制灵活，通流量大，适宜中大型机器。

（3）合模控制油路块

合模控制油路模块具有控制合模、模具保护、高压锁模、开模的功能。合模控制油路块控制合模动作，实现机器的开合模功能，有滑阀式

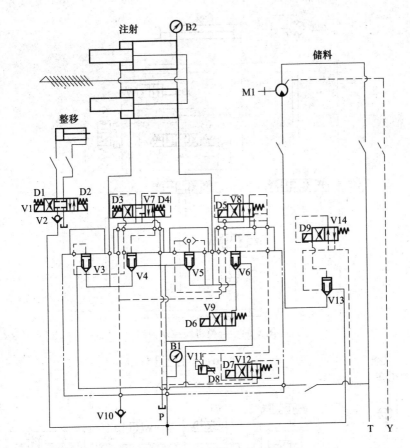

图 1-93 注射/预塑插装式控制回路

V10—单向阀；B1—系统压力表；B2—背压压力表；P—压力
油；T—回油；Y—泄油；M1—液压马达

控制回路和插装式控制回路之分。

① 滑阀式控制回路。滑阀式控制回路如图 1-94 所示，该回路中三
位四通电磁阀 V1 控制调模，三位四通电液阀 V2 和机械行程阀 V4 控
制开合模，二位四通电液阀 V3 控制合模差动，二位四通电磁阀 V5 和
插装阀 V6 控制开模背压。合模滑阀控制回路设计简单、安装方便，应
用于小型机。

② 插装式控制回路。插装式控制回路如图 1-95 所示，该回路中三
位四通电磁换向阀 V1 控制调模，电磁换向阀 V2、V4、V6，插装阀

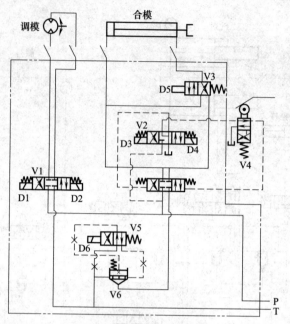

图 1-94　合模滑阀控制回路

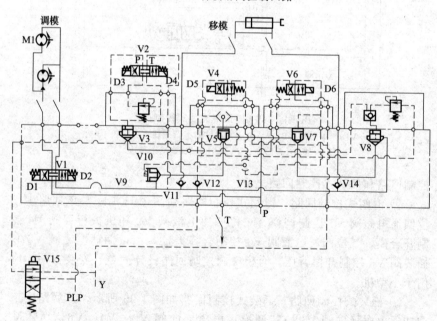

图 1-95　合模插装式控制回路

V3、V5、V7、V8 和机械行程阀 V15，单向阀 V11、V12、V14 及梭阀 V13 控制开合模动作。P、T、PLP、Y 分别表示压力油、回油、先导压力控制油和先导回油。D1～D6 表示电磁铁，M1 为调模液压马达。另外，单向阀 V11、V14 在机器开合模快速时起补油的作用，保证动作平稳。

5. 注塑机典型液压系统举例

(1) 滑阀控制的典型液压系统

滑阀控制的液压系统一般用于小型注塑机，大型注塑机一般采用插装控制回路。图 1-63 所示为 HTF 160X 液压系统图，是滑阀控制的典型液压系统。该系统的主回路控制模块，采用定量泵与电液比例阀组成的控制回路，1YA 控制流量，2YA 控制压力，系统的流量和压力可以进行成比例的调节；注射/预塑控制模块和合模模块采用滑阀式控制回路，14YA 通电时为差动快速合模。表 1-29 为电磁铁动作顺序表。

表 1-29 HTF 160X 电磁铁动作表

电磁铁代号	关模				注座前进	注射	保压	预塑	射退	注座后退	开模			顶针		中子		中子		调模	
	慢速	快速	低压	高压							慢速	快速	慢速	顶出	顶退	中子A进	中子A退	中子B进	中子B退	调大	调小
1YA	☆	☆	☆	☆	☆	☆	☆	☆	☆	☆	☆	☆	☆	☆	☆	☆	☆	◎	◎	☆	☆
2YA	☆	☆	☆	☆	☆	☆	☆	☆	☆	☆	☆	☆	☆	☆	☆	☆	☆	◎	◎	☆	☆
3YA						☆															
4YA									☆												
5YA						☆	☆														
6YA					☆			☆													
7YA										☆											
8YA																			◎		
9YA																		◎			
10YA																	☆				
11YA												☆									
12YA											☆										
13YA													☆								
14YA	○																				
15YA	☆	☆	☆	☆																	
16YA											☆	☆	☆								
17YA																				☆	
18YA																					☆
19YA														☆							

注："☆" 为标注正常功能时通电，"○" 为标准时可选功能时通电，"◎" 为选购件功能时通电。

(2) 齿轮减速器驱动螺杆预塑的液压系统

如图 1-96 所示，是采用齿轮减速器驱动螺杆旋转进行预塑的液压系统，其合模机构采用液压机械式，合模液压缸的活塞杆与曲肘连杆机构相连接，推动曲肘连杆机构移动进行合模，当模具合拢时，继续向锁模液压缸提供压力油，使曲肘连杆机构产生弹性变形而达到锁模的目的。这种锁模机构具有力的放大效应，是靠曲肘连杆机构产生弹性变形，将液压缸推力放大而进行锁模的，随着曲肘连杆机构产生弹性变形量的增大，锁模力也进一步增大。合模过程中模板的移动速度，与曲肘连杆机构的位置有关，模板的移动速度是逐渐减小的，当模板合拢时移动速度已经很慢，这样可以保护模具避免损伤。

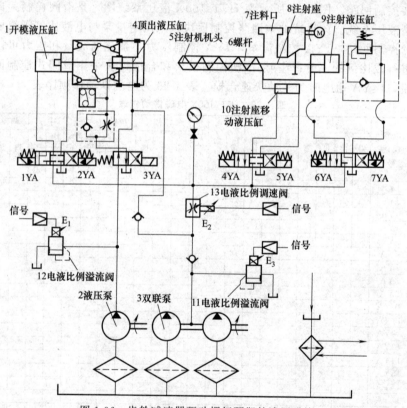

图 1-96　齿轮减速器驱动螺杆预塑的液压系统

元件及其功能说明见表 1-30。

这种采用齿轮减速器驱动螺杆旋转进行预塑的注塑机，塑化方式简单、易维修、寿命长；但螺杆的转速不能连续调节，且液压泵站的能源不能有效的利用。在新型注塑机中已较少采用。

表 1-30　元件及其功能说明

类　别	说　明
合模	电磁铁 E_1、E_2、E_3 得电,电磁铁 1YA 带电,电液换向阀左位工作,液压泵 2 与双联泵 3 的压力油同时通过电液比例调速阀 13 到达开模液压缸 1 的左腔,推动活塞带动曲肘连杆机构快速合模,此时缸体右腔的液压油通过差动连接返回左腔,以加快合模速度。当电液比例溢流阀 12 的电磁铁 E_1 失电时,双联泵的压力油推动缸体慢速合模。锁模时,电液比例溢流阀 11 使双联泵卸荷,仅液压泵 2 提供高压油,压力大小由电磁铁 E_1 控制
注射座前移	电磁铁 E_1、E_2 得电,电磁铁 5YA 带电,电液换向阀右位工作,单泵的压力油通过电液比例调速阀 13 到达液压缸 10 的无杆腔,推动活塞向左移动,完成注射座前移动作
注射	电磁铁 E_1、E_2、E_3 得电,电磁铁 7YA 带电,电液换向阀右位工作,双联泵及单泵的压力油通过电液比例调速阀 13 到达液压缸 9 的无杆腔,推动螺杆 6 向左移动,进行注射 注射过程可实现三级注射速度,即: ①电磁铁 E_1、E_2、E_3 得电,双联泵及单泵同时供油,推动螺杆 6 快速向左移动 ②电磁铁 E_2、E_3 得电,双联泵供油而单泵不供油 ③电磁铁 E_1、E_2 得电,双联泵不供油而单泵供油,推动输料器螺杆 6 缓慢向左移动
保压	E_3 失电,电液比例溢流阀 11 使双联泵卸荷,电磁铁 E_1、E_2 得电,双联泵不供油而单泵供油
预塑	E_1、E_2 得电,5YA 带电,注射座在液压缸 10 的作用下,始终位于前端位置,保持喷嘴与模具浇口接触。预塑时,螺杆在储料推力的作用下逐渐后退,与此同时,注射液压缸右腔的液压油在螺杆反推力的作用下,经 Y 型换向阀的中位流回油箱,其背压大小由背压阀控制,液压缸左腔形成真空,液压箱的液压油在大气压的作用下经换向阀的中位进入缸的左腔
注射座后退	E_1、E_2 工作,4YA 带电,单泵供油,注射座在液压缸 10 的驱动下后移
开模	电磁铁 E_1、E_2、E_3 得电,双联泵和单泵同时工作,电磁铁 2YA 带电,换向阀右位工作,压力油进入合模缸有杆腔驱动合模机构开启
顶出	此时 E_1 带电,3YA 带电,液压油经两位四通换向阀进入顶出液压缸 4 的无杆腔,活塞杆伸出,完成顶出动作
螺杆后退	E_1、E_2 带电,单泵供油,此时 6YA 带电,换向阀左位工作,油液进入注射液压缸 9 的有杆腔,驱动螺杆后退。正常工作时,螺杆后退是由螺杆预塑的储料压力形成的,并与预塑背压平衡。在拆卸螺杆和清除螺杆包料时也需要螺杆后退,此时是由液压控制的

二、注塑机电控系统

1. 注塑机电控系统的组成与类型

（1）注塑机电控系统的组成

如图 1-97 所示，注塑机电气控制系统是一套以控制器为控制核心，由各种电器、电子元件、仪表、加热器、传感器等组成，与液压系统配合，正确实现注塑机的压力、温度、速度、时间等各工艺过程以及调模、手动、半自动、全自动等各程序动作的系统。

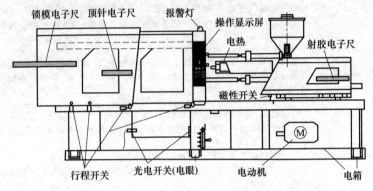

图 1-97　注塑机主要电气控制系统

（2）注塑机电控系统的类型

常用的注塑机控制系统有四种，即传统继电器型、单扳机控制型、可编程控制器（PLC）型和微电脑 PC 机控制（电脑控制）型。随着技术的发展，继电器型控制系统逐步被 PLC 型和微机控制型所取代。

（3）注塑机电控系统元器件的组成

注塑机电控系统元器件的组成见表 1-31。

表 1-31　注塑机电控系统元器件的组成

类别	说　明
检测系统电器	行程开关、接近开关、位移及速度传感器、光电开关、热电偶、压力传感器、压力继电器、应力传感器，如图 1-98 所示
执行系统电器	电磁阀线圈、加热线圈、电动机、接触器、报警灯、蜂鸣器
逻辑判断及指令形成系统电器	各类通用或者专用控制器、显示器、继电器、按钮、拨码开关、电源器
其他电气系统主要电器	刀闸开关、空气开关、低压断路器、快速熔断器、变压器、导线、电阻、电容、过渡电器、冷却风扇、电流表

2. 电控元器件的代号及功能符号

（1）常用电控元器件代号

图 1-98 为电控系统元器件。注塑机常用电器元件代号见表 1-32。

图 1-98 电控系统元器件

表 1-32 注塑机常用电器元件代号

代 号	名 称	代 号	名 称
TB1	接线座	LS19	压力继电器
DISC1	三相断路器	POT1	电子尺
DISC2	小型断路器	POT2	电子尺
DISC3	小型断路器	POT3	电子尺
DISC4	小型断路器	EMG1	紧急停止按钮
DISC11	小型断路器	EMG2	紧急停止按钮
DISC12～15	小型断路器	HTR11	电热圈 $\phi 60 \times 30$
M1	接触器	HTR12	电热圈 $\phi 120 \times 50$
CR3	继电器	HTR21	电热圈 $\phi 120 \times 50$
T1	变压器	HTR22～53	电热圈 $\phi 120 \times 50$
FU1～FU5	保险丝	T/C1	小型热电偶
SSR1～5	固态继电器	T/C2	热电偶
PS1	开关电源	T/C3	热电偶
PS2	开关电源	T/C4	热电偶
EX37H	32 点数字量输入板	T/C5	热电偶
VIO32C	32 点输出板	T/CO	热电偶
PRS1	近接开关	FAN1、2	电风扇
PRS2、3	近接开关	RECP1	插头插座
LS3	行程开关	RECP2、3	插头插座
LS4～7	行程开关	A1、A2	电流表
LS18	液位计	Z1、Z2	突波吸收器

（2）常用电控元器件功能符号

注塑机常用电控元器件功能符号见表 1-33。

表 1-33　注塑机常用电控元器件功能符号

说　明	符　号	说　明	符　号
导线连接		电热偶	HTR
连接点	●	闪光灯	LT
端子	○	保护接地	
端子板	TB 1 2 3 4	接框架	
导体	——	插头插座	
单元框架		突波吸收器	
备注		限位开关（常开接点）	LS
接地		限位开关（常闭接点）	LS
重闭时延迟常闭触头	TR	紧急停止开关（常开接点）	ENG
热过载继电器常开触头	DL	紧急停止开关（常闭接点）	ENG
热过载继电器常闭触头	DL	接触器	M
两个独立绕组的变压器		三极开关（带隔离功能）	DISC
三相电动机	M 3~	三相断路器	DISC
风扇	FAN	熔断器	FU

说　明	符　号	说　明	符　号
带熔断器开关	FU	得电延迟时间 继电器	TR
开关电源	PS	火电延迟时间 继电器	TR
固态继电器	SSR	电磁阀	D
热电偶	T/C	常开触头	
接近开关 （常开接点，三线）	PRS	常闭触头	
接近开关 （常闭接点，三线）	PRS	闭合时延迟常 开触头	TR
压力开关 （常开接点）	LS	闭合时延迟常闭触头	TR
压力开关（常闭接点）	LS	重闭时延迟常 开触头	TR
压力开关（常开接点）	LS	位置尺	POT
钥匙开关（常闭接点）	LS	热敏开关	θ
继电器、接触器	CR.M	热过载继电器	OL

3. 注塑机电控系统

注塑机的电控系统分为运动控制部分和温度控制部分。

（1）注塑机运动控制部分

电控系统是注塑机的核心部分，它控制着注塑机的各种程序及动作，例如对时间、位置、压力和速度等进行控制。电控系统主要由处理器及其接口电路、各种检测元器件和液压驱动放大电路组成。按其组成可分为电动机控制和注塑过程控制两部分。

① 电动机启动控制。注塑机的电动机多采用交流异步电动机，异步电动机在原理上讲启动只有两种方式：直接启动和降压启动。直接启动转矩大，对电网冲击影响大，只能在中小型电动机的启动上得到应用。在不允许直接启动的情况下，就需要采用降压启动方式，降压启动一般有星形/三角启动、自耦变压器降压启动及软启动器启动方法等。在注塑机行业，一般对于功率小于 11kW 的电动机采用直接启动，大于 11kW 的电动机通常采用 Y-△降压启动。

采用 Y-△降压启动时，启动电流是直接启动的 1/3，但转矩也降低 1/3，适用于电动机在空载式轻载情况下启动。

② 注塑机动作顺序控制。顺序控制器是注塑机电控制系统核心。注塑机主要用液压系统和控制器的执行机构（电动机、阀门等）按一定顺序来完成注塑工艺过程。顺序控制器由继电器发展为 PLC 控制器，已在注塑机上得到了大规模的应用。

注塑机基本动作循环可以用图 1-99 表示。

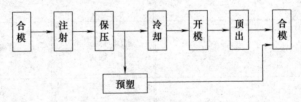

图 1-99　注塑机工艺生产简图

注塑机的成型动作一般包括合模、喷嘴前进、注射、保压、预塑、射退、喷嘴后退、冷却、开模、顶出等过程。这些动作的完成均由电磁阀控制液压回路完成。注塑机的工作方式有自动运行和手动运行两种，自动运行由合模开始一步一步进行，每个动作执行指令使电磁阀动作，并用行程开关和工艺行程时间来判断每一步是否完成，只有前一个动作完成，才能进入下一个动作，下一步是否开始取决于上一步的逻辑结果和这一步的附加条件。除了自动运行方式外，可以采用手动运行方式进行设备的调试和单件生产，注塑机的每一个动作都设置一个按键，当某个按键按下时，机器执行该按键对应的动作。

动作以机构执行位置或者时间为执行条件，执行位置的确认通过行程开关、接近开关或位移传感器来检测，时间的确定一般由计时器来实现。现在，越来越多的注塑机采用 PLC 和微机系统来代替继电器执行顺序控制，因而相应地采用压力传感器和位移传感器来代替行程开关和接近开关。

③ 注塑过程控制。注射速度、保压压力、熔胶背压是注射部分首先要控制的三个变量，其控制精度直接影响制品的质量。现代较为先进的注塑机具备了 5～10 级的注射速度和多段保压以及熔胶背压控制。一般通过位移/速度传感器、压力传感器、闭环注射控制器和高响应伺服阀的配合使用，实现注射成型过程中熔胶背压、注射速度和保压工况的精确控制。还有比较简单的办法是采用闭环比例阀，通过比例阀本身阀芯位置的闭环控制来提高控制精度，但阀芯位置是一个中间变量，因此控制精度稍差。

注塑机的可控变量有两种：一类是基本以模拟量形式的输入变量，如料筒各段温度、聚合物熔体温度、螺杆温度、模具温度、注射系统压力、螺杆转速等；另一类是数字量形式的输入变量，如螺杆后退停止位置，注射座前后位置，模板向前、向后运动和超行程等。根据这些输入变量，可以对注塑参数和温度进行控制。

注塑参数的控制主要有对注射速度与注射压力的控制、PVT 保压过程控制、缓冲量控制、背压控制等。

注射速度控制包含两种含义：一是对螺杆（或柱塞）推进物料的速度进行控制；二是对螺杆推进速度同时进行位置和速度值的多级切换，称为多级注射速度切换或控制。同样，注塑机的注射压力控制也包含两种含义：一是对螺杆推进物料的压力进行控制；二是对螺杆推进压力同时进行位置和压力值的多级切换，称为多级注射压力切换或控制。在注塑机上采用速度传感器进行速度检测，并进行数字量的设定，通过电液比例系统实现注射速度控制。就注射压力而言，从注射压力到保压压力是采用位置切换，而在保压阶段时就从位置切换转入用时间切换多级保压压力。

对于 PVT 保压控制过程，用压力和温度传感器对型腔压力和型腔温度及喷嘴处的物料温度进行检测，并作为反馈信号输入给控制装置进行 PVT（P 为型腔压力、V 为比体积、T 为型腔中物料温度）逻辑运算，发出指令对比例压力电磁阀进行比例调节，使注射与保压时的系统油压按 PVT 特性曲线的指令变化。模内熔体的温度是时间函数，它是通过传感器进行不间断检测获取的。

缓冲量控制是对螺杆头部余料的控制，具有缓冲与控制注塑量精度的作用。它是通过位移传感器对螺杆位置的检测，并根据前次螺杆位置检测的记忆信号进行运算后，确定下次螺杆位置的设定值来实现控制的。

背压控制是为了减少轴向温差，通过预选油压多级控制实现。当螺杆预塑时，在物料的作用下要后退，使注射液压缸腔的回油经过背压阀流回油箱。这样，通过调整背压阀在螺杆不同位置时的泄油压力来实现螺杆头部熔体压力的调节，影响熔体的剪切热使其轴向温差得到调节。

（2）注塑机温度控制部分

注塑机温度控制由加热和冷却两部分组成。

冷却系统用来冷却液压油、料口以及模具。冷却系统是一个封闭的循环系统，将冷却水分配到几个独立的回路上去并能对其流量进行调节。通过检测水的温度，实行闭环调节。

温度加热控制主要包括对料筒温度、料口处温度、喷嘴温度、模具温度、油温进行控制。

注塑机料筒温度就是料筒表面的加热温度，是塑化装置的唯一外部供热部分。注塑机料筒的加温及温度控制直接影响注塑制品的质量，例如制品表面的残余应力、收缩率及制品质量稳定性等均与此有关。而制品质量稳定性已成为衡量精密注塑制品品质好坏的一个重要指标，引起工业界的高度重视。料筒温度控制装置的可靠性及温控精度是直接影响制品质量的关键因素。注塑料筒的加热段一般分三段到六段，通过一次仪表（热电偶）和二次仪表对加热电阻圈的控制与调节组成闭环控制回路。塑化阶段，当料筒内被加工物料产生的剪切热较小时，可近似地认为熔料温度主要取决于料筒外加热温度的控制。通过采用电阻加热方式及分段控制方法来保证料筒具有理想的温度分布及温度控制精度。同时，温度控制系统应具有足够快的升温速度，以满足注塑加工工艺、保证制品质量和提高生产率的要求。

经塑化后的熔料温度对制品性能的影响是多方面的，主要包括：制品表面残余应力，随熔料温度上升明显下降；制品熔接缝处熔料的张力特性；熔料温度升高可使制品密度增大、收缩率降低；熔料温度场分布影响制品残余应力与变形；熔料等温填充成为压力控制和使制品质量提高的先决条件之一。

注塑机料口处的温度控制直接影响到固体料的摩擦系数和输送效率。此温度是用热电偶检测并通过控制循环冷却水流实现的；注塑机喷嘴温度控制的好坏不仅会影响到注塑过程能否稳定工作，而且直接影响高温熔体通过喷嘴时的剪切热和剪切流动。喷嘴温度的控制通过热电偶完成。

注塑机模具温度指与制品相接触的模腔表面温度，它影响充模、冷却和保压过程。模具温度的控制也是通过热电偶来完成的；注塑机的油温是指液压系统工作油的温度，它对液压系统的稳定性及注塑制品质量有着重要的影响，因而在注塑机系统中必须配有油温控制装置，通过温度传感器的检测来实现系统对油温的加热和冷却控制。

① 温度控制的继电器实现。温度控制器的继电器电路如图 1-100 所示，通过热电偶采集温度信号送入温度控制器 TC 中，经过比例放大环节输出控制温度控制器中内部继电器动作，其触点动作输出控制加热电阻丝或发热筒的加热交流接触器 KM 通电，其相应触点接通，则加热电阻离开加热，当温度达到设定的温度后，温度控制器内部继电器触点断开，则相应加热交流接触器 KM 断电，其触点断开，加温工作停止。

对于多个加热源，其控制电路直接并联，加热电路可在任一支路并联。为了减少运行故障，可将加热交流接触器 KM 用无机械触点的固态继电器代替。

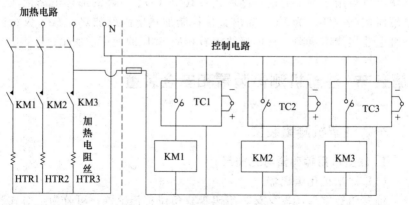

图 1-100　温度自动控制的断电器实现图

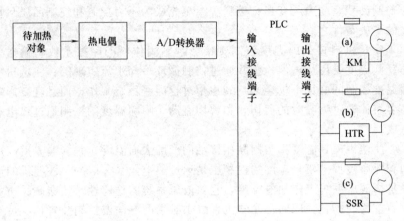

图 1-101　PLC 温度控制的系统原理图

② 温度控制的 PLC 实现。PLC 控制自动加热可直接用温度控制器实现，也可只用热电偶检测温度，通过 PLC 编程来实现直接加热电阻丝使温度达到设定值。

用温度控制器实现自动温度控制，其加热电路可直接用图 1-101 左边所示，而控制电路的硬件连接可采用如下方法：温度控制器的电源正常接线，其继电器输出直接连接 PLC 的输入端即可。控制由程序实现，例如 TC1 接 PLC 的 X000，KM1 接 PLC 的 Y000，则 X000 的接通、断开直接控制 Y000 的接通、断开。

只用热电偶实现 PLC 自动控制温度的系统原理如图 1-101 所示，其输出可采用 3 种中的任一种形式，其中（a）、（c）的加热电路接线同继电器控制；（b）为 PLC 输出直接控制加热电阻丝加热；（c）仅为固态继电器接线示意图，具体接线需看相应 SSR 的使用说明书。

第五节 注塑机测量装置和安全装置

一、注塑机测量装置

1. 注塑机用编码器与光栅尺

（1）注塑机用编码器

轴转角数字编码器又称为编码盘式角位移传感器，可分为绝对式和增量式（脉动式）两种。前者需要一个计数系统，旋转的码盘通过敏感元件给出一系列脉冲，在计数器中对某个基数进行加或减，从而记录旋转的角位移量；后者不需要基数，它能在任意位置给出一个跟位置相应的固定数字码。

① 绝对式编码器。绝对式编码器有接触式、磁电式和光电式等类型。它们的工作原理均相同，差别仅是敏感元件。应用较多的光电式编码器，其工作原理如图 1-102 所示。图中 L.S.B 表示低数码道，1.S.B 表示 1 数码道，2.S.B 表示 2 数码道……黑色部分表示高电平"1"，实际应用时将这些部分挖掉，让光源透射过去，以便通过接受元件转换为电脉冲；白色部分表示低电平"0"，实际应用中这部分遮断光源，以便使接受元件转换为低电平脉冲。在 AO 直线上，每个数码道设置一个光源，如发光二极管。编码盘的转轴 O 可直接利用待测物的转轴。待测的角位移可由各个码道上的二进制数表示，如 OB 直线上的三个数码道所代表的二进制数码为"010"。但在直线 OA 位置时，二进制数码可能产生较大误差；在低数码道 L.S.B 时，这种误差仅为"1"与"0"之间的误差，而在数码道 2.S.B 时，可能出现"000""111"和"110"等误差。这种现象称为错码，应在码盘设计中通过编码技术和扫描方法解决。

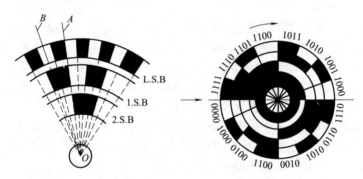

图 1-102 光电式编码器工作原理

绝对式码盘的主要性能参数是分辨率，即可检测的最小角度或 360°的等分数。若码盘的码道数为 n，则其在码盘上的等分数为 $2n$。当 $n=20$ 时，则对应的最小角度单位为 1.24″。

绝对式编码器的码盘结构如图 1-103 所示。

② 增量式编码器。增量式编码器（脉冲式编码器）由检测头、脉冲编码盘以及发电发光二极管检测电路组成。检测头由光波长为 910～

940nm 的 CaAs 红外发光二极管（LED）作光源，峰值波长为 860～900nm 的硅光敏三极管（3DU）作光电接收元件。检测头有遮断型（透射型）和反射型两种。前者将脉冲编码盘置于发光元件与受光元件之间，当码盘转动时，检测光路时通时断，形成光电脉冲；后者将发光元件与受光元件均置于码盘的一侧，利用码盘本身反射或外加反射，检出光电脉冲。前者结构简单，检出信号强，故常被采用。

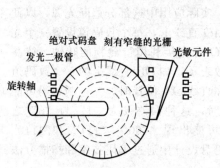

图 1-103　绝对式编码器的结构

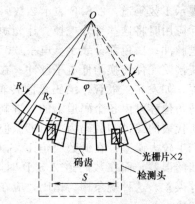

图 1-104　脉冲编码盘的结构

脉冲码盘安装在编码器的转轴上，并置于发光元件和受光元件之间。当转轴旋转时，受光元件检测出刻有齿槽的编码盘的角位移，可得到两组相位相差 90°的脉冲信号，经放大整形后，脉冲编码器输出两路方波信号。利用这两路方波信号可辨向，实现可逆计数。亦可通过外接电路倍频，从而得到二倍频或四倍频信号。

脉冲编码盘是一个刻有齿槽的金属薄圆盘，如图 1-104 所示。左边光栅中的孔与右边光栅中的孔的相位错开 1/4 节距，从而使两组发光元件和受光元件能检出相位相差 90°的信号，以便辨向。

增量式编码器输出 A、B 两组相位相差 90°的方波。正转时，B 超前 A 90°；反转时，A 超前 B 90°。因此，检测位置时，可利用正、反两路计数器脉冲辨向；检测转速时，用一组矩形脉冲即可。这种非接触式编码器有寿命长、功耗低和耐振动等优点，较广泛地应用于角度距离、位置、转速等的检测与控制中。

（2）注塑机用光栅尺

近年来，光栅被广泛地用作反馈元件和位移检测元件。它是一种将机械位移或模拟量转变为数字脉冲的检测装置，特点是检测精确度高

（可达±1μm）、响应速度快、量程范围大、可进行非接触测量等。此外，它还易于实现数字测量和自动控制并广泛用于数控机床和精密测量中。

光栅检测装置主要由光源、透镜、标尺光栅（长光栅）、指示光栅（短光栅）和光敏元件等组成，如图1-105所示。

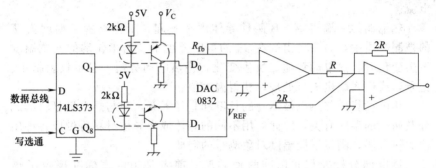

图1-105 光栅检测装置构成

光栅是在一块长方形的光学玻璃或金属镜面上均匀地刻上许多与运动方向垂直的线纹，常用的光栅每毫米刻有50条、100条或200条线纹。相邻线纹之间的距离称为栅距，栅距可以根据测量精度确定。标尺光栅安装在机床的移动部件上，而指示光栅安装在机床的固定部件上。两块光栅的刻线密度必须相同，且相互平行并保持0.05～0.1mm的间隙。

在实际应用中，常常把光源、指示光栅和光敏元件等组合在一起，将其称为读数头。读数头又称为位移光电变换器，它是位置信息的检出装置，与标尺光栅配合产生莫尔条纹，光敏元件通过测量莫尔条纹的变化给出位移的大小和方向。

2. 温度检测传感器及其放大电路

（1）温度检测传感器

热电偶作为温度检测传感器，其优点有如下几点：

① 测量精度高。因热电偶直接与被测对象接触，不受中间介质的影响。

② 测量范围广。从−50～+1600℃均可连接测量，特殊热电偶最低可测到−269℃（金铁镍铬），最高可达+2800℃（钨-铼）。

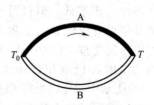

图1-106 热电偶原理

③ 构造简单。使用方便。热电偶通常是由两种不同的金属丝组成，不受大小和开头的限制，外有保护套管，用起来非常方便。

通常，热电偶是将两种不同材料的导体或半导体 A 和 B 焊接起来，构成一个闭合回路，如图 1-106 所示。当导体 A 和 B 的两个执着点之间存在温差时，由于热电效应，两者之间产生电动势，在回路中形成电流。

热电偶的一端将 A、B 两种导体焊在一起，工作端置于温度为 T 的被测介质中，另一自由端在 T_0 的恒定温度下。当工作端的介质温度发生变化时，热电动势随之发生变化，将热电动势输入显示仪表指示、记录，或送入微机进行处理，获得温度值。

热电动势值与热电极本身的长度和直径无关，只与热电极材料的成分及两端的温度有关，因此，用不同的导体或半导体材料可做成各种用途的热电偶，满足不同温度对象测量的需要。

热电偶分标准与非标准两种类型。前者是指国家标准规定了热电势与温度的关系和允许误差、有统一标准的热电偶及其配套的显示仪表；非标准化热电偶没有标准化和统一分度表，用于特殊场合测量。

注塑机的料筒温度、油温、模具热流道的温度控制，都需要用热电偶进行检测再送入计算机中。

（2）热电偶放大电路

AD693 芯片为美国 AD 公司生产的，集信号放大、补偿、V/I 变换等功能为一体的单片集成电路。它主要由 V/I 变换器、信号放大器、基准电压源以及辅助放大器组成，用于二线制 4～20mA 传输电路（如图 1-107 所示）。AD693 第 14 脚提供一个 6.2V 的基准电压源，利用基准电压源和辅助放大器可以给压力传感器提供不大于 6.2V 的恒压激励电源，可调电阻 R_3 和电阻 R_5 用来调整输出零点。

如图 1-108 所示为热电偶直接接 AD693 变换成 4～20mA 传送的应用电路。AD693 用于构成温度冷结点自动补偿桥路。AD92 比 AD590 误差小、成本低，但仅适于 −25～+125℃测温应用。图 1-108 所示中的补偿偏置电阻 R_{COMP} 和 R_Z 按表 1-34 中的条件选取阻值。热电偶信号电压跨度按 12.207mV 来设计，AD592 中电流在 R_{COMP} 上的电压降作为温度补偿电压，500Ω 电位器用于调零。表 1-34 中 30mV 是图 1-108所示中第 15 和 16 脚开路时的输入跨度，60mV 是图中第 15 和 16 脚相连接时的输入跨度。

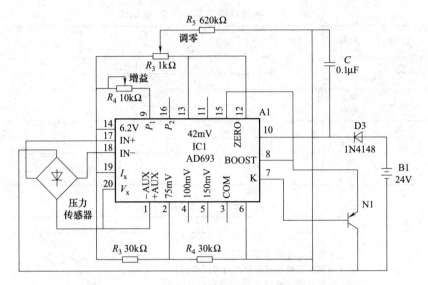

图 1-107　二线制 4~20mA 传输电路

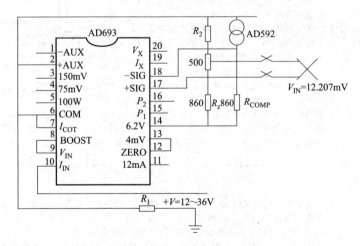

图 1-108　热电偶直接接 AD693 变换成 4~20mA 传送的应用电路

3. 注塑机参数检测装置实例分析

由注塑机的自动控制与调节系统可知，在系统控制中必须对注塑机有关部位的压力与位移进行检测，实行反馈控制。注塑机常检测的参数有五个（见表 1-35）。

表 1-34　补偿电阻 R_{COMP} 和 R_z 选取值

极性	材料	型号	环境温度/℃	R_{COMP} /Ω	R_z /Ω	温度范围/℃	
						30mV	60mV
+	铁 康铜	J	25	51.7	801	546	1035
−			75	53.6	294		
+	镍铬 镍铅	K	25	40.2	392	721	
−			75	42.2	374		
+	镍铬 铜镍	E	25	60.4	261	413	787
−			75	64.9	243		
+	铜 铜镍	T	25	40.2	392	使用增益大于 2	
−			75	45.3	340		

表 1-35　注塑机常检测的参数

类　别	说　明
料筒与喷嘴压力的检测	为了观察充模过程中或计量过程中熔体的压力波动或喷嘴到模腔的沿程压力损失，常在料筒及喷嘴处安装压力传感器对其压力进行检测，并通过二次仪表进行描述，也可以以喷嘴压力检测信号做出反馈信号对注射与保压压力进行控制 　由于喷嘴和注塑料筒中的熔体温度很高，有时达 300℃ 以上，在注射致密物料时，螺杆头部压力可达 177MPa(1800kgf/cm²) 以上，这就要求传感器具备耐高温和高压的特性，这种传感器称为高温熔体压力传感器 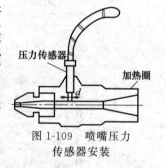 图 1-109　喷嘴压力传感器安装 　如图 1-109 所示为喷嘴压力传感器的安装结构。传感器在喷嘴的径向有定位台阶，在 d 处应紧密配合。这类传感器内放一种极好的压力传递介质，在检测中能承受很宽的温度范围，并保持稳定性在温度瞬间变化时不受影响
模腔压力检测	模腔压力检测是将压力传感器置入模腔中，检测充模熔体的压力并通过二次仪表与油路系统压力检测相配合，实现对模腔压力的反馈控制。还可通过 CRT、显示或打印输出模腔压力曲线，以描述充模过程，如图 1-110 所示。也可以用来作为注射压力与保压压力控制的反馈信号，或通过 CRT 显示对系统压力进行监测 　模腔压力检测是由专用的模腔压力传感器来完成的，这类传感器一般要能经受住 39MPa(400kgf/cm²) 以上的压力和 150℃ 以上的熔体温度。由于尺寸较小，考虑在模具上安装方便可行，模腔压力传感器在模具上安装的位置一定要正确，且配合要紧密，以不产生预应力、与熔体直接接触为宜，还要防止溢料

类　别	说　　明
模腔压力检测	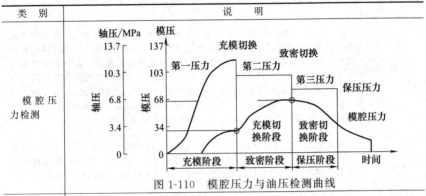 图 1-110　模腔压力与油压检测曲线
油路系统压力检测	为实现压力反馈控制,常在注射液压缸设置压力传感器,对注射压力进行控制与调节。注塑机油压的检测可采用常规压力传感器来完成,注塑机油路系统工作压力一般在 15.7MPa($160kgf/cm^2$)以下,油温一般在 55℃ 以下。适应这类介质和工作条件的压力传感器较多。 　　注塑机油压系统常用的压力传感器有电阻应变式,国产的型号有 CYZ 型、BPR-10 型。如图 1-111(a)、(b)所示分别为 CYZ 型压力传感器的工作原理图和结构图,这种压力传感器由敏感部分和放大部分组成。敏感部分主要包括应变筒和直径 0.05 的长码丝。应变筒外壁涂有薄绝缘层,绕有 4 组卡玛丝,构成电桥。当应变筒无压力时,电桥处于平衡状态,无信号输出;当有压力时,空心部分发生径向位移,使外壁两组卡玛丝阻值发生变化。实心部分是用于补偿用的卡玛丝,其阻值不变。电桥处于不平衡状态时便有输出,最大压力为 25MPa($250kgf/cm^2$)时,电桥输出约 15mV,电桥后部配有直流放大器,输出可达(5±0.1)V。 　　将此类压力传感器装在注塑机油路系统中,并匹配二次仪表就可以实现对压力的动态测量和控制 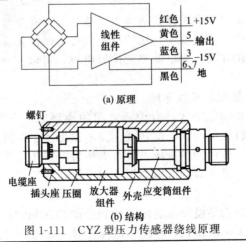 图 1-111　CYZ 型压力传感器绕线原理

续表

类　别	说　明
扭　矩 检　测	为了防止注塑机预塑时"冷启动"，即在温度没有达到塑料指定工艺温度时就给螺杆转动发出指令，强迫螺杆在低温下转动。这时由于未完全熔化的物料将螺杆抱住，使螺杆产生很大的扭矩，甚至有折断螺杆的危险。在预塑过程中由于工艺温度控制得不好或者螺杆转速过高也会产生超载情况。为克服这些不正常现象，往往在螺杆驱动轴上加装测量扭矩变形的传感器元件，如在驱动轴上粘贴应变片，某些实验注塑机在螺杆与驱动轴之间装上扭矩传感器来监测并进行模拟输出。当检测值超过允许值时就报警或者停机
位　移 检　测	注塑机为了实现多级控制，必须对位置进行较精确的检测。常检测的对象有螺杆位置、注射座位置、启闭模位置及顶出位置。这种对位移检测的元件称为位移传感器，能将各种执行元件的位移量转变成精确的电信号，通过仪表与设定位移信号进行比较，实现多级切换 　　目前，注塑机上常用的位移传感器有差动变压器和感应同步器等检测元件。以注塑机常用的 WY 型差动变压器式位移传感器为例，这类传感器的量程一般为 5～50cm，灵敏度为 1.5～10mV/(mm·V)[满量程输出直流电压（满行程毫米数×初级电压伏数）]，工作温度为 -40～$+85$℃ 　　位移传感器除用来检测螺杆位置之外，还常用于注塑机的合模机构，用来检测锁模时拉杆的微应变，通过微应变测出锁模力，并对其加以控制。由于拉杆变形很小，所以需要微位移传感器。国产的微位移传感器有 YHD 型。这种传感器的量程为 0～100mm，全程输出 4000～20000$u\varepsilon$，非线性＜0.1%，使用温度范围为 -30～$+60$℃。与之相匹配的二次仪表可用静动态电阻应变仪、数字电压表、光线示波器、x-y 函数记录仪以及打印机、磁带记录器等，其原理是采用差动变电阻式应变电桥原理。微位移传感器可以自动地进行温度补偿和提高应变电桥输出的灵敏度

二、注塑机安全保护装置

　　注塑机的安全与保护措施主要涉及人身安全与保护措施、设备安全与保护措施、模具安全与保护措施。安全保护装置主要由安全门、行程开关、限位开关、光电检测元件等组成，可以实现电气-机械-液压的连锁保护。

1. 注塑机的危险区域

　　注塑机的危险区域有模板之间的成型区、喷嘴及注射装置的运动区、合模机构运动区、加料区、型芯顶出区、料筒加热区和卸料区，在危险区域操作可能会造成人员重大伤害，因此应采取相应的保护措施。

　　注塑机最危险的区域如图 1-112 所示。

　　(1) 危险区域 A

　　合模机构动模板与前固定模板之间的区域，因产生巨大的锁模力，易产生重大挤压伤亡。在此区域操作时应做好以下安全保护措施：①进

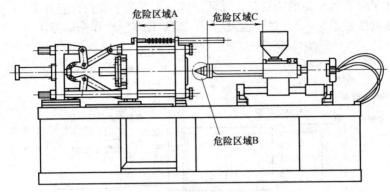

图 1-112 注塑机最危险区域示意图

入时必须首先打开安全门；②身体进入时必须停止电机运转，排除油路中的残余压力；关闭总电源，并在开关处悬挂"禁止通电"等字样的警示牌。

（2）危险区域 B

喷嘴部分会产生因喷嘴高温及熔融树脂的喷出而造成烫伤。在此区域操作时要戴好手套，戴上防护眼镜的防护工具；另外，脸不要靠近喷嘴。

（3）危险区域 C

注射装置的料筒部分会因注射料筒表面的高温和加热端子带电，而造成烫伤和触电伤亡。在此区域操作时要戴好手套，注意高温，以防烫伤；另外，要关闭电源，以防触电。

2. 注塑机的安全保护装置

注塑机的安全保护装置主要由安全门、行程开关、限位开关、光电检测元件、机械保险装置、模具保护装置、电气安全装置和液压安全装置等组成。其模区危险区域的安全保护装置，可以实现电气-机械-液压的连锁保护。

通常安全保护装置的设置与分布如图 1-113 所示。

（1）模区的安全装置与防护

模区的安全保护主要包括安全门装置、机械保险装置，其说明见表1-36。

（2）喷嘴、料筒的安全装置与防护

① 喷嘴危险区域的安全保护。为了防止操作人员接触灼热的喷嘴和被喷出的高温熔体灼伤，在喷嘴工作区设置了金属防护罩。防护罩上

安装了带有观察窗的活动门，在活动门罩上安装了安全行程开关。当打开喷嘴防护罩时，"注射座前进""注射""预塑"动作全部停止。

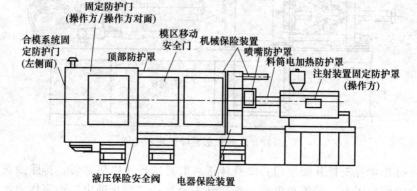

图 1-113　安全保护装置设置示意图

表 1-36　模区的安全保护装置

类　别	说　明
安全门装置	在模区危险区域中设有安全门，以防止操作者的任何部位进入危险区域。只有当安全门完全关上后才能进行合模动作。安全门可以根据设备规格的大小做成整体一块或前后两块。安全门一般用手动，在大中型设备中，也有用气动的 ①前安全门。当前安全门未关上时，任何危险动作将停止，如"合模""注射座前移""注射"。危险动作的停止是通过机械、电气、液压系统起作用的 ②后安全门。当后安全门打开时，通过行程开关控制合模电磁换向阀，使其处于关断状态，合模动作停止
机械保险装置	机械保险装置是为了防止电气安全装置或液压安全装置失灵时起保险作用。常见的机械保险装置有螺纹式保险装置和竹节式保险装置，如图1-114所示。当安全门关上时，通过门上的联动装置使保险块抬起，不妨碍保险杆的运动，使合模之类的动作能够正常进行。当前安全门打开时，保险块落下[见图1-114(a)]或落入竹节式保险杆的凹部[见图1-114(b)]，阻止保险杆前进，进而阻止动模板前进，起到保险作用

②　料筒危险区域的安全保护。为了防止人员接触灼热的料筒和加热端带电的部分，在料筒的加热区设置了固定防护罩。

（3）模具的安全装置与防护

为了提高注塑机的生产效率和保护模具，注塑机在合模过程中要求速度是有变化的，当模具快要合拢时要求降低动模板的移动速度，以免撞伤模具，而且当模内留有制品或残留物以及嵌件安放不正确时，是不

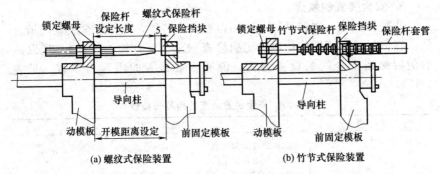

图 1-114　机械保险装置示意图

允许升压锁模的，以免损伤模具。一般对模具的安全保护是采用低压试合模，即将合模压力分为二级，在合模过程中采用低压，当模具完全贴合确认无误后，才能升压锁模。

（4）电气安全装置

电气安全装置包括紧急停车按钮和基本的接地线。

注塑机通常都在机器的操作部位或接近操作人员的明显部位设有深红色凸起的紧急停车按钮，在生产或试模、检修等场合，如果发生人身或设备的损伤等特殊情况，只需触击紧急停车按钮，即可迅速停车。紧急停车按钮分别设置在操作面板上和非操作面固定模板的防护板上。

当按下紧急停车按钮时，操作面板上会显示出错信息"放开手动急停键"。将按钮外圈旋转一定角度，按钮复位，然后运转重新开始，消除出错消息。

（5）液压安全装置

液压安全装置除了安全门液压保护装置外，整个液压系统还设置了过载保护安全阀以限定系统的最高工作压力。当系统压力超载时，安全阀会自动打开，以保护设备和人身的安全。生产厂商已将安全阀的最大允许值调好锁闭，用户不能随意调节。

（6）固定安全门

注塑机对其他可能出现伤害事故的区域也设置了相应的安全保护设施。这些危险区域及其防护包括合模机构运动部分（如曲肘连杆机构）的固定安全门、注射装置运动部分的固定安全门。固定安全门一般采用螺钉等紧固件固定在设备上，只能在检修设备时才能拆下，不允许在拆掉固定安全门时操作设备。

3. 安全装置的检查

注塑机在第一次调试时，必须检查安全装置，确保安全装置灵敏有效。在以后的生产操作中也要定期检查（至少每月检查一次）。现以装有前后两块安全门的设备为例，说明主要检查的内容与步骤（见表1-37）。

表 1-37 安全装置检查的内容与步骤

类　别	说　明
安全门装置的检查	①启动液压泵电机 ②关上所有安全门 ③"点动"模式下，按合模按钮，动模板能正常合模 ④"点动"模式下，按开模按钮，使动模板置于开模的极限位置 ⑤打开前安全门 ⑥"点动"模式下，按合模按钮，动模板应无合模动作；否则应检查找原因，排除故障，且应重点检查安全门的机动换向阀 ⑦"点动"模式下，按脱模按钮、塑化按钮、注射按钮，应无相应动作；否则应应找原因，排除故障，且应重点检查安全门的限位开关 ⑧后安全门的检查与前安全门的检查类似
机械保险装置的检查	①在动模板置于开模极限位置后，关闭液压泵电机 ②开、关前安全门。当前安全门打开时，保险块应能自由落入正确位置，以起到阻挡动模板前进的目的；当前安全门关闭时，通过安全门上的联动装置，使保险块抬起，不妨碍动模板移动。否则应调整机械保险装置
紧急停车装置的检查	按"急停"按钮，液压泵电机停止，表明紧急停车装置正常
安全门机动换向阀的检查	开、关前安全门，机动换向阀的阀芯应能灵活压下和弹起
其他固定安全门与防护罩的检查	其他固定安全门与防护罩应紧固完好。包括合模装置的固定安全门、喷嘴和加热料筒的保护罩、注射装置部分的其他防护罩

第二章
注塑机的选用、安装及调试

第一节 注塑机的选用及调试

一、注塑机的选择

如何选择合适的注塑机来进行生产是一个极为重要的问题。一般来说，注塑行业客户能够依靠生产经验自行选择合适的注塑机来进行生产。但是在某些时候，例如进行新材料、新制品成型时，就不能依靠已有经验来选择注塑机的机型了。客户需要设备生产厂商的协助才能决定采用哪一个规格的注塑机，有时客户甚至可能在只有产品的样品或构想时，就询问厂商机器是否能生产，或是哪一种机型比较适合。此外，某些特殊产品还可能需要搭配特殊装置，如蓄压器、闭回路、注射压缩等，才能更有效率地生产。

如何选择合适注塑机的一些关键因素应考虑：制件成型所需的模具尺寸（宽度、高度、厚度）、重量、特殊设计，所用塑料的种类及数量（单一原料或多种塑料），注塑成品的外观尺寸（长、宽、高、厚度）、成型要求，如品质条件、生产速度等条件。有了这些数据，便可以按照表 2-1 给出的步骤来选择合适的注塑机。

表 2-1　注塑机的选择方法

类　别	说　明
由产品及塑料决定机种及系列	由于注塑机有非常多的种类，因此一开始要根据产品形式，所用原料、颜色等条件，正确判断此产品应由哪一种注塑机，或是哪一个系列来生产。此外，某些产品成型需要高稳定(闭回路)、高精密、超高射速、高射压或快速生产(多回路)等条件，也必须选择合适的系列来生产

类　别	说　明
由模具尺寸判定机台的相关尺寸	由模具尺寸判定机台的拉杆间距、模厚、模具最小尺寸及模板尺寸是否适当,以确认模具是否能够安装。需要注意的是: ①模具的宽度及高度需小于或至少有一边小于拉杆间距 ②模具的宽度及高度最好在模板尺寸范围内 ③模具的厚度需介于注塑机的模厚之间 ④模具的宽度及高度需符合该注塑机建议的最小模具尺寸
由模具及成品判定开模行程及脱模行程	开模行程至少需大于两倍的成品在开关模方向的高度,且需含竖流道(Sprue)的长度;脱模行程应足够将成品顶出
由产品及塑料决定锁模力吨数	当塑料以高压注入型腔内时会产生一个胀模的力量,因此注塑机的锁模单元必须提供足够的锁模力,使模具不至于被胀开。锁模力的计算过程如下: ①由制品外表尺寸求出制品在开关模方向的投影面积 ②计算撑模力量 $$F = Anp$$ 式中　F——撑模力量,N; 　　　A——制品在开关模方向的投影面积,mm^2; 　　　n——型腔数; 　　　p——模内压力,MPa。 ③模内压力随原料而不同,一般取 $350 \sim 400 kgf/cm^2$($34.3 \sim 39.2MPa$) ④机器的锁模力需大于胀模力量。为了保险起见,锁模力通常需在撑模力的 1.17 倍以上 至此,初步决定了夹模单元的规格,并大致确定了机种吨数。接下来必须进行下列步骤,以确认哪一个注射单元的螺杆直径比较符合所需
由制品重量及型腔数判定所需注射量并选择合适的螺杆直径	①计算成品重量时需考虑型腔数(一模几腔) ②注射量的确定。首先要确定注射量的大小。注射量是指机器在对空注射条件下,注射螺杆作一次最大注射行程时,注射装置所能达到的最大注出量。该参数在一定程度上反映了注塑机的加工能力 注射量=制品重+浇注系统重量 通常,所有实际注射量参数都是以聚苯乙烯作例子来计算的,在实际情况中从两种情况来考虑。当注塑制品是用聚苯乙烯(PS)制造时,注塑机应具备的注射量为 W_{PS} $$W_{PS} = (1.1 \sim 1.3) \times (制品重 + 浇注系统总重)$$ 当制品的品质要求较高时,上式中的系数应取大值,反之可取小值;当制品是其他塑料(命名为 X 塑料)制造时,应先计算出该种塑料的理论注塑量 W_x $$W_x = (1.1 \sim 1.3) \times (制品重 + 浇注系统总重)$$ 然后根据此塑料的密度换算成 PS 材料的实际重量 W_{PS},换算公式是: $$W_{PS} = 1.05 W_x / \rho$$ 式中　ρ——某种塑料的密度,g/cm^3; 　　　1.05——PS 的密度,g/cm^3。

类　　别	说　　明
由制品重量及型腔数判定所需注射量并选择合适的螺杆直径	选择螺杆直径可根据注射量的定义，由注射量的计算公式获得： $$W_{PS} = \frac{\pi}{4} D_S^2 S$$ 　式中　W_{PS}——注射量，mm； 　　　　D_S——螺杆直径，mm； 　　　　S——螺杆注射行程，mm。 　根据计算结果与产品样本对比，即可选用适合的注塑机 　常用塑料的密度见表 2-2 【例1】　设一聚乙烯(PE)注塑制品，已计算出制品本身重 185g，估计浇注系统重 20g，换算 W_{PS} 值 　用以下公式先计算出： $$W_x = 1.2 \times (185 + 20) = 246g$$ 　从表 2-2 中查出 PE 的密度为 0.92g/cm³ $$W_{PS} = 246 \times 1.05/0.92 = 280.8g$$ 　对照参数表，就可以选购合适的注塑机了
锁模力的确定	锁模力(又称合模力)是注塑机的重要参数，即注塑机施加于模具的夹紧力。锁模力与注射量一样，在一定程度上反映了机器加工制品的能力的大小，经常用来作为表示机器规格的大小的主要参数。根据注塑制品的模板(头版或二板)上的垂直投影面积，计算锁模力： $$P = K_p S$$ 　式中　P——锁模力，t； 　　　　S——制品在模板的垂直投影面积，cm²； 　　　　K_p——锁模力常数，t/cm²。 　常用塑料所对应的 K_p 值见表 2-3 【例2】　设某一制品在动模板或定模板的垂直方向上的投影面积为 410cm²，制品材料为 PE，计算需要的锁模力 $$P = K_p S = 0.32 \times 410 = 131.2t$$ 　对照机型表，就可以选到合适吨位的注塑机。需要注意的是：如果锁模力不足，制品会产生飞边或不能成型；如果锁模力过大，会造成系统资源的浪费，并且会使液压系统元件在高压下长时间工作，导致过早老化，机械结构过快磨损
由塑料判定螺杆压缩比及注射压力等条件	有些工程塑料需要较高的注射压力及合适的螺杆压缩比设计，才有较好的成型效果。因此，为了使制品成型得更好，在选择螺杆时，需要考虑注射压力的需求及压缩比的问题。一般而言，直径较小的螺杆可提供较高的注射压力 　螺杆为了克服熔料流经喷嘴、流道和型腔等处的流动阻力而在熔料上施加压力。对于某一种机型的螺杆，最大注射压力是一定的。注射压力如果设定过高，制品可能产生毛边，造成脱模困难，影响制品的外表质量，还会产生较大的内应力；注射压力过低，则易产生物料充不满型腔，甚至不能成型 　一般加工精度低、流动性好的塑料，如低密度聚乙烯、聚酰胺，注射压力可选≤70～80MPa；加工中等黏度的塑料，如改性聚苯乙烯、聚碳酸酯等，形状一般但有一定的精度要求的制品，注射压力选 100～140MPa；加工高黏度工程塑料，如聚砜、聚苯醚之类等薄壁长流程、厚度不均和精度要求严格的制品，注射压力大约在 140～170MPa；加工优质、精密、微型制品时，注射压力可用到 230～250MPa 以上 　常用塑料的注射压力范围见表 2-4

续表

类　别	说　明
注射速度的确认	有些成品需要高注射速度才能稳定成型,如超薄类成品。在此情况下,需要确认机器的注量是否足够,是否需搭配蓄压器、闭回路控制等装置。一般而言,在相同条件下,可提供较高注射压力的螺杆,通常注射速度较低。相反,可提供较低注射压力的螺杆,通常注射速度较高。因此,选择螺杆直径时,注射量、注射压力及注射速度需进行综合考虑及取舍
其他参数的确定	在购买注塑机时,除主要考虑的注射量与锁模力之外,还要考虑的主要技术参数有:①顶出力及顶出行程,此参数对制品的取出有意义。②液压系统的压力。即在液压缸工作时,液压泵不超载时能产生的最大工作压力。当液压系统压力较大时,注塑机各部分的工作压力在制品的外形尺寸不变时,将产生更大的力。但系统压力过大,对液压阀、管路及油封的要求都相应提高了,制造、维护都比较困难。③总功率。注塑机工作时所消耗的总能量,主要有电动机功率、各加热圈的总功率及一些辅助设备消耗的功率。④外形尺寸及机重。此参数对注塑机装运及安装摆放有参考意义。⑤控制系统的确定。控制系统包括电脑及液压系统 　　此外,也可以采用多回路设计,以同步复合动作缩短成型时间。经过以上步骤之后,原则上已经可以决定符合需求的注塑机。但是,有一些特殊问题还必须再加以考虑 　　①"大小配"的问题。在某些特殊状况时,可能模具体积小但所需注射量大,或模具体积大但所需注射量小。在这种情况下,预先设定的标准规格可能无法符合需求,而必须进行所谓"大小配",亦即"大壁小射"或"小壁大射"。所谓"大壁小射"指以原先标准的合模系统搭配较小的注射螺杆,反之,"小壁大射"即是以原先标准的合模系统搭配较大的注射螺杆。在搭配上,合模与注射有可能相差好几级 　　②"快速机"或"高速机"的观念。在实际运用中,越来越多的客户会要求购买所谓"高速机"或"快速机"。一般而言,其目的除了产品本身的需求外,其他大多是要缩短成型周期、提高单位时间的产量,进而降低生产成本,提高竞争力。通常,要达到上述目的,有几种做法: 　　a. 注射速度加快。将电动机、液压马达及液压泵加大,或加蓄压器(最好加闭回路控制) 　　b. 加料速度加快。将电动机、液压马达及液压泵加大,或将加料液压马达改小,使螺杆转速加快 　　c. 多回路系统。采用双回路或三回路设计,以同步进行复合动作,缩短成型时间 　　d. 增加模具冷却水路,提升模具的冷却效率

　　通过以上步骤,便可以选择到合适的注塑机了。机器性能的提升及改造固然可以增加生产率,但往往也增加投资成本及运转成本,因此,投资前的效益评估需仔细衡量,才能以最合适的机型产生最高的效益。

表 2-2　常用塑料的密度　　　　　　　　　　　　　　g/cm³

塑料名称	密度	塑料名称	密度
硬聚氯乙烯(PVC)	1.35～1.45	高密度聚乙烯	0.94～0.965
改性有机玻璃(372)(PMMA)	1.18	聚乙烯(PE)	0.92
改性聚苯乙烯(204)(PS)	1.07	聚丙烯(PP)	0.9～0.91
超高冲击型 ABS	1.05	聚砜(PSF)	1.24
低温冲击型 ABS	1.02	尼龙 1010(未增强)(PA)	1.04～1.06
高强度中冲击型 ABS	1.07	尼龙 1010(玻璃纤维增强)(PA)	1.23
耐热型 ABS	1.06～1.08	尼龙 66(PA)	1.14～1.15
聚苯醚(PPO)	1.06～1.07	聚碳酸酯(未增强)(PC)	1.20
聚甲醛(POM)	1.41	聚碳酸酯(增强)(PC)	1.4
聚对苯二甲酸乙二醇酯(PET)	1.4		

表 2-3　常用塑料所对应的 K_p 值　　　　　　　　　　t/cm²

塑料名称	K_p	塑料名称	K_p
PS	0.32	尼龙	0.64～0.72
PE	0.32	赛钢(Acegal)	0.64～0.72
PP	0.32	玻璃纤维	0.64～0.72
ABS	0.30～0.48	其他工程塑料	0.64～0.8

表 2-4　常用塑料的注射压力范围　　　　　　　　　　MPa

塑料	易流动的厚壁制品	中等流动程度,一般制品	难流动,薄壁窄浇口制品
ABS	80～110	100～130	120～150
聚甲醛	85～100	100～120	120～150
聚乙烯	70～100	100～120	120～150
聚酰胺	90～110	110～140	＞140
聚碳酸酯	100～120	120～150	＞150
有机玻璃	100～120	120～150	＞150
聚苯乙烯	80～100	100～120	120～150
硬聚氯乙烯	100～120	120～150	＞150
热固性塑料	100～140	140～175	175～230
弹性体	80～100	100～120	120～150

二、注塑机的安装与调试

1. 注塑机的安装

(1) 起吊注意事项

① 起吊前应使动模板处于最小模厚的锁模位置。

　　② 小型注塑机一般为整体式，可整体起吊；大型注塑机（包括某些中型注射机）一般通过定位销和定位螺栓设计制造成组合式，不允许整体起吊，应将合模部分和注射部分分离后按部分起吊。

　　③ 起吊所用起重机、钢丝绳和吊钩必须有足够的承载能力。

　　④ 起吊时钢丝绳与设备接触的部位应用布或木块进行隔离，以免损坏设备。

　　（2）环境要求

　　注塑机安装时，要注意周围环境，操作方便，采光、通风要好。一般要求如下：

　　① 安装时的周围环境温度 0～40℃。

　　② 相对湿度 75％ 以下，不得有结露。若湿度太高，会使电气元件的绝缘性能下降，或提前老化。

　　③ 海拔高度 1000m 以下。

　　④ 不得在灰尘多、腐蚀性气体浓度高的场所安装注塑机。

　　⑤ 安装注塑机的场所，应远离会发生电气或磁场干扰的设备（如焊接机等）。

　　⑥ 安装注塑机时要注意考虑到设备的维修、模具的拆卸、原料和成品的堆放空间。

　　⑦ 厂房的空间高度应能允许有模具吊装的空间。

　　（3）安装基础

　　根据注塑机规格型号不同，安装基础的深浅、地脚螺栓的有无和数量的多少也不一样。一般情况下，小型注塑机（包括部分中型机）只需混凝土地基＋柔性的可调垫铁，不需地脚螺栓；而大型注塑机（包括部分中型机）则需混凝土地基＋可调垫铁＋地脚螺栓。

　　2. 安装中的调校

　　在安装过程中，要调校、检查注塑机的有关精度，以满足其使用性能要求。

　　（1）合模部分导轨平行度的调校

　　用精密水平仪在两条淬火的导轨上作纵向水平度粗调（升降可调垫铁，使水平仪的气泡稳定在中间），另用一只平行直尺横跨两条导轨，将水平仪放置于平行直尺上，作横向水平度粗调，调校示意如图 2-1 所示。对大中型组合式注塑机，还应用水平仪对注射座导轨的平行度进行调整，并装上连接合模装置和注射装置的定位销，拧紧其连接螺栓及螺母。

（2）动模板导向柱水平度的检验与调整

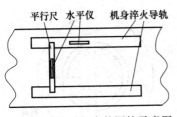

图 2-1 导轨平行度的调校示意图

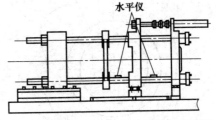

图 2-2 模板导向柱水平度的调校示意图

用精密水平仪在导向柱上进行纵向和横向水平度调整（如图 2-2 所示），水平仪先横向放置，再纵向放置，反复进行测量调整，直至符合要求为止。横向测量时同样需要一把横跨两导向柱的平行直尺。

允许公差：横向≤0.16mm/m；纵向≤0.24mm/m。

（3）模板间平行度的检验与调整

动模板和固定模板基准面的平行度制造商在出厂时已调好，一般比较稳定，但由于运输和安装的原因，可能会导致该参数发生变化，因此在安装后要进行检查和调校，该参数的调校应由专业人员进行。动模板与前固定模板的平行度公差见表 2-5。

表 2-5　动模板与前固定模板的平行度公差　　　mm

导向柱间距	合模力为零时的公差值	合模力最大时的公差值	导向柱间距	合模力为零时的公差值	合模力最大时的公差值
≥200～250	0.20	0.10	>630～1000	0.40	0.20
>250～400	0.24	0.12	>1000～1600	0.48	0.24
>400～630	0.32	0.16	>1600～2500	0.64	0.32

（4）喷嘴与模具定位中心孔同轴度的调整

喷嘴与模具定位中心孔同轴度的调整应在模板、机身的横向和纵向水平度调整完后进行。其调整方法如图 2-3 所示。

① 松开注射座导杆前、后支架与机身连接的紧固螺钉；松开注射座导杆前支架两侧水平调整螺栓上的锁紧螺母。

② 用 0.05mm 以上精度的游标卡尺，分别在沿直径的水平方向和垂直方向上测量 L_1、L_2、L_3、L_4，测量时注意调节水平调整螺栓，使 $L_1=L_2$；调节上下调整螺钉，使 $L_1=L_4$。其测量误差值不大于表 2-6 所给出的同轴度的 1/2。

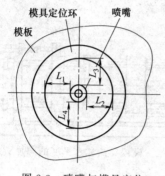

图 2-3　喷嘴与模具定位
环同轴度测量尺寸

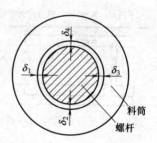

图 2-4　螺杆与料筒间
隙测量尺寸

表 2-6　喷嘴与模具定位中心孔同轴度公差　mm

模具定位孔直径(D)	$\phi80\sim100$	$\phi125\sim200$	$\phi315$ 以上
同轴度公差	$\leqslant\phi0.25$	$\leqslant\phi0.30$	$\leqslant\phi0.40$

在调整喷嘴与模具定位中心孔同轴度时，由于注射座导杆的变化，可能会产生扭曲，引起螺杆和机筒的间隙发生偏移而产生磨损，因此，在调整喷嘴与模具定位中心孔同轴度的同时，还必须兼顾测量、调整注射座导杆的水平度；用塞尺测量螺杆尾部与料筒的间隙，使 $\delta_1=\delta_3$，$\delta_2=\delta_4$（如图 2-4 所示）。

3. 冷却水管道的连接

注塑机冷却水管道一般有三条回路，分别是液压油冷却回路（接油冷却器）、机筒冷却回路和模具冷却回路。从供水水源引出的管道分为两条，一条与油冷却器连接，另一条连接分配器，再由分配器分别与机筒和模具连接。供水源向冷却分水块供水后，经分流后向模具和螺杆料筒冷却装置供水，实现有效的温度控制，如图 2-5 所示。

① 安装运输时拆下的全部零件，如料斗、储料桶（自动上料仓）等。

② 按国家相关标准和用户要求安装连接电源电缆、其他电气线路。

③ 所有安装事宜结束后，检查液压泵转向。具体操作如下：油箱加注液压油达油标以上位置，加注液压油时油箱必须清洁，否则应清洗；打开电源开关；使用操作面板上的液压泵电机开关，点动一下液压泵电机后，立即关闭，查看液压泵转向是否正确，若不正确应及时调换液压泵电机的接线。

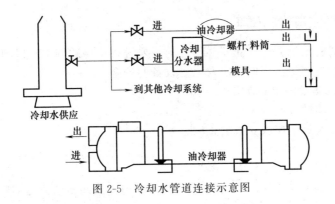

图 2-5　冷却水管道连接示意图

4. 注塑机液压油的加装

加装液压油前应检查液压油箱是否干净。加油时，应从带有通气及油过滤器的注油口注入，第一次注入到油标的最高位置，开机运转片刻，根据油量减少的情况，再注入液压油到油标正中水平位置。液压油的黏度指数在 90 以上，40℃时运动黏度在 $32mm^2/s$ 以上，如国产 N46、N68 等。不宜选用容易起泡的液压油，禁止混用不同种类、不同牌号的液压油。应选用含有耐用剂和防氧化、防腐蚀添加剂的液压油。

5. 注塑机的润滑

注塑机的活动部位必须使用润滑油和润滑脂润滑。自动润滑系统由电动机驱动中央润滑系统，将润滑油自动送到需润滑的部件，可以调节润滑时间及间歇时间。

手动润滑系统用手动液压泵打油进行润滑，先将选用的润滑油装入手动液压泵，然后手动打油数次，再检查各润滑点供油是否正常。对集中润滑系统要确保润滑油路没有堵塞和漏油。润滑油的选择应以高品质为准则，油中应含有钾及防氧化与防腐蚀的添加剂，如防腐精炼矿物油。润滑油的黏度要合适，黏度过低，润滑油在润滑部位容易流失；黏度过高，润滑油会在部件上难以流动。在使用润滑系统装置时，还要注意系统油位情况，否则会因油位过低而缺油，或油位过高溢出而漏油。

对于润滑脂润滑点，可利用润滑脂枪将润滑脂加到适当的、要润滑的地方及常用油嘴、油杯中。对于机器的动板衬套的滑动表面，调模部件和注射部件的螺纹、滑脚、注射座导杆等均应保持清洁，并涂润滑脂，常用的润滑脂有锂基脂、钙基脂和二硫化钼。

三、注塑机的试车

注塑机安装完毕，正式生产之前，要进行严格的调试，以确保注塑机的性能能满足生产的要求及人身设备的安全。

1. 试车前的准备工作

（1）调试人员着装

调试人员工作服要着装正确、齐全。

（2）试车前的检查

试车前检查并确认下列各项：

① 机器已安装好，水平度已调整好，地脚或调整垫块已锁紧。

② 运输时拆下的零部件已正确安装；拆开的电线和油管、接地线已正确连接；冷却系统连接、安装正确，液压油冷却器已注入冷却水，冷却水阀门已打开。

③ 所有连接螺栓、螺钉、螺母、管接头等都已紧固。

④ 油箱所加注的液压油已达到油位计刻度线以上，且所注入的液压油已超过 3h。

⑤ 为运输和起吊而附加的零部件已拆下。

⑥ 各运动表面已清洁并进行了润滑。

⑦ 供电线路的电压、频率应与电机相符。

2. 空负荷调试

注塑机的空负荷调试主要包括液压油的预热与料筒加热、手动调试、半自动和全自动调试等，以检验整机性能，为负荷试车和正式生产作准备（见表 2-7）。

表 2-7　注塑机的空负荷调试

类　别		说　明
液压油预热与料筒加热	接通电源	合上机器的电源开关，接通整机电源。一般注塑机在配电箱中有几只保护开关，只有将其全部合上才能接通所有回路电源。因此需要打开配电箱门，按说明书电气图的元件布置图，合上配电箱处的小型断路器，就可接通所有电源回路。此时操作面板上液晶显示屏会出现文字提示或图形提示，表示电脑已开始工作
	液压油预热	启动液压泵电机，对液压油进行预热。液压油会较快达到 45℃左右，即注塑机的可操作温度。 　　注射机液压油的正常工作温度一般为 45～55℃，油温过低或过高都不利于注塑机的正常工作。注塑机一般都设有油温监控系统，当液压油的温度超过系统油温时，机器会报警停止工作，并给出屏幕显示

续表

类　别		说　明
液压油预热与料筒加热	料筒加热	①进入温度设定画面,设定好料筒的各段温度(塑料不同,温度也不同) ②按电加热键,料筒开始加热。一般加热到温度设定值需 30min ③温度未达到设定值时,严禁作"预塑"和"注射"动作
手动、半自动、全自动调试	手动调试	进入动作参数设定画面,为各动作设定一组压力、速度参数。首次开机时应设定一组压力较低、速度较慢的参数 在手动状态下,按各动作键,观察各动作能否实现、是否平稳,确认正常后,再按工况要求重新设定参数。按各动作键观察各动作,响应灵敏则表示手动功能正常
	半自动工作循环调试	在模具开启状态下按半自动键,并开关一次安全门,机器自动启动半自动工作循环,观察机器半自动工作循环是否正常 一个循环结束后如未发生故障,再开关一次安全门进行第二个循环 正常工作 3～5 个循环后,方可确认半自动功能正常
	全自动工作循环调试	按全自动键,并开关一次安全门,则机器进入全自动工作循环,正常工作 3～5 个循环后,方可确认全自动功能正常

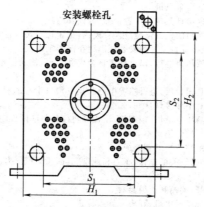

图 2-6　前固定模板示意图

3. 模具装夹

负荷试车前要将模具装夹、固定到模板上,为调试注射制品和正常生产做好准备。模具装夹的准备工作与装模步骤见表 2-8。

表 2-8 模具装夹的准备工作与装模步骤

类　别	说　明
装模前的准备工作	装模前的准备工作主要包括模具尺寸的测量,以确定模具能否装夹到模板上;机械保险装置的调整,以确保机械保险装置安全可靠。 ①测量模具的长度、宽度,与图 2-6 中所示的拉杆内间距 S_1、S_2 比较,以确定模具能否装到模板内;测量模具厚度,与模板最大和最小间距相比较,以确定模具厚度是否合适 ②测量模具定位环外径和模板定位孔内径,以确认是否匹配 ③测量模具浇口大小、浇口与前固定模板模具安装平面的距离,与模具安装尺寸对照,确认模具与模板、模具与喷嘴能否良好配合 ④测量模具与模板顶出孔尺寸,以确认能否匹配 ⑤根据模具的厚度,用手动调模方式初调模具厚度,然后根据开模后制品顺利脱模落下所需要的空间距离,设置开模间距,并设置好顶出杆行程 ⑥调整机械保险装置。常见的机械保险装置有竹节式和螺纹式,如果保险装置为竹节式则不需要调整;如果为螺纹式则需在设置好上述开模间距后,在开模到位的情况下,按如下步骤进行:松开动模板上的机械保险杆螺母,通过其中一个螺母旋退、一个旋进,使保险杆左右移动,使保险杆的设定长度＝开模距离设定长度－保险块厚度－5mm 左右,然后锁紧保险杆 ⑦准备好压板、压板垫块、紧固螺栓、螺母、平垫、弹簧垫圈、扳手、管钳等,以备装夹模具使用
装模步骤	装模全过程应在手动模式下进行,凡人手伸入合模区时,必须关闭液压泵电机。装模步骤如下: ①启动液压泵电机 ②手动开模,使模板开启 ③将注射座全程后移 ④关闭液压泵电机 ⑤调整顶出杆数目和位置,使之与模具匹配 ⑥吊起成组的模具慢慢放入合模区,把定位环装入前固定模板的安装孔内,用螺栓、压板等将模具的安装板固定在前固定模板上 ⑦启动液压泵电机,以点动进行合模和调模,使动模板与模具逐步接触直至紧贴 ⑧在模具闭合后,进行喷嘴中心和模具浇口中心的对中和可靠接触调校,要确保二者对中和接触良好 ⑨关闭液压泵电机,用螺栓、压板等将模具与动模板固定;拧紧所有压板上的螺母确保开模时模具不会松动 ⑩卸下吊装所用的钢丝绳 ⑪设定好开、关模位置,压力和速度,其高压锁模压力设定为制品成型所需要的压力 ⑫设定开、关模和调模参数 ⑬启动液压泵电机,开模至终点位置 ⑭用水平仪复查拉杆水平度 ⑮关上安全门,按下二次调模功能键,进入自动调模状态 ⑯安全门再开、关一次,注塑机将进入自动调模状态,调模后将恢复为手动 ⑰按合模键进行关模操作,合模结束后,关闭液压泵电机 ⑱复查所有紧固模具的螺栓 ⑲连接有关模具的其他管路,如冷却水管等

4. 注射成型制品的调试

注射成型制品的调试步骤如下：

① 将料筒温度设定为所注射塑料的合适温度，达到设定温度15min后，开始下一步工作。

② 打开料筒盖进行加料，加料后盖好料筒盖。对设有自动加料机的注塑机，按加料机操作要求向料斗送料。

③ 根据制品的质量、原料的密度、注塑量设定好预塑结束位置、预塑背压压力和螺杆转速；根据成型要求设定好注射和保压的相关参数。

④ 启动液压泵电机，按下合模键直至合模结束。

⑤ 按下"射座进"键，使注射座向前移动。注意控制喷嘴与模具浇口缓慢贴紧。

⑥ 按下"预塑"键，螺杆旋转预塑、后退至设定位置后自动停止储料（有的塑料预塑时喷嘴需要离开模具）。

⑦ 按下"注射"键，开始注射，结束后转入保压至结束。

⑧ 松开"注射"键，按下"预塑"键，开始下一模的储料。

⑨ 当冷却时间足够时，按下"开模"键，开模后按"顶出"键，打开安全门取出制品。

⑩ 观察制品的成型质量，有针对性的调整各有关参数。重复步骤③～⑨，直至生产出合格的制品。

⑪ 制品经检验合格，方可启动半自动或全自动程序，进入批量生产。

5. 试车结束工作

① 注塑完毕，关闭料筒电加热系统、关闭挡料板、清除料筒内的残余熔融料（对空注射几次）。

② 手动低压进行合模，并将注射座和螺杆退回停止位置。

③ 关闭液压泵电机、关闭总电源。

四、电源引入

注塑机的电气设备使用三相交流电源。对于三相交流电源，每相配置一个符合额定值的熔丝。连接电力电缆到电气箱中的电源进线为三相四线，电压为380V，频率为50Hz，地线系统一般采用重复接地。要求地线连接牢固，接地电阻低于10Ω。电器的元器件及过载保护开关根据机器负载选定，一般注塑机内部的主电路、控制电路在出厂时均已安装好，只需安装电路的进线、开关，连接到注塑机的总电源箱即可，常称作电源接驳。为了防止电网、电路故障，保障操作人员的生命安全，在安装机器时，应做好接地和安装漏电保护器。常用的三相四线制电网供电系统采用交流中性点接地和工作接地方式。按接地电阻的最大允许值，规定如下：

① 保护接地（低压电力设备）：4Ω。

② 交流中性点接地（低压电力设备）：4Q。

③ 常用的共同接地（低压电力设备）：4Ω。

④ PE 或 PEN 线重复接地：10Ω。

⑤ 防静电接地：100Ω。

可通过技术标准进行参考，做好机器的接地。所有固定在机器周围并与主机连在一起的金属部件均需接地，使得机器上的每个金属元件都保持相同的电位，提高其安全水平。安装漏电保护器是为了防止电路中某一电线与机器上的某一金属相碰或者电气设备处于较差的绝缘状态。此时，电流便会对地短路，整个机器会带上一定的电压，漏电保护器就会立刻自动断电，从而保护操作人员的安全。其他不同的供应电压应在选择设备时加以说明。电源部分的连接应由有经验的电工来执行，特别注意所使用的熔丝安培数和正确的相位序列。如果液压泵的电动机旋转方向相反，只要将电源进线接线板上的其中两相火线调换一下连接即可。必须测量电源电压，输入电源电压的范围为额定电压的±10%，频率为额定频率的±1Hz。如果发现电压偏差超过上述范围，应在正常后进行操作。

为了防止发生漏电事故，应使用符合要求的连接导线。连接导线的截面积要求见表 2-9。导线的一端接到机器的接地柱上，另一端接到接地杆或焊到一块铜板上，然后将接地杆或铜板深埋在不容易干燥的土地中。

表 2-9　接地导线截面积

电机功率/kW	<15	15～37	>37
接地导线截面积/mm²	14	22	38

电源接通后，必须检查液压泵电动机的运转方向，液压油必须完全注满，在开动液压泵前，要确保油箱中油已充满。

五、液压油的使用

1. 加入液压油

用专用滤油车通过加油口，注入全新清洁的液压油直到液位计的上限为止。电气布线工作完成以后，仔细检查机器各部位是否存在阻止部件运动的障碍和危险。确认安全后开动机器，检查油箱油位。如果油位低于中间刻度时，需再注入液压油，使得液位计指示的油位高于中间刻度。一般要求油量达到油箱容积的 $3/4\sim4/5$。

有关液压油的供应量，应参考油箱容积，实际的供应量可能大于此数量。不同品牌或不同型号的液压油不能混用。液压泵电动机在加入液压油之后 3h 内不能启动，以利于油液中的气体排出。

2. 过滤

（1）油过滤器

油过滤器为吸油过滤器，安装在油箱侧面泵进口处，如图 2-7 所示，用来过滤、清洁液压油。在拆卸和更换过滤器滤芯时，应遵循下述说明。有的过滤器放在油箱内，清洗时直接把过滤器拆出来即可清洗。

油过滤器的使用说明见表 2-10。

表 2-10 油过滤器的使用

类别	说　明
使用及保养	据实验与研究结果证明,液压设备的故障 80% 以上都是由污染油液所引起的,考虑到油液的清洁度要求,机器安装了旁路过滤器,外形如图 2-8 所示,适宜清洁要求较高的机器安装,避免油液污染,减少机械磨损及故障 机器运行时间越长,油液污染越严重。过滤器通过其内部的滤芯起到滤油作用,在机器运行一段时间后必须更换,以利于过滤器的正常工作 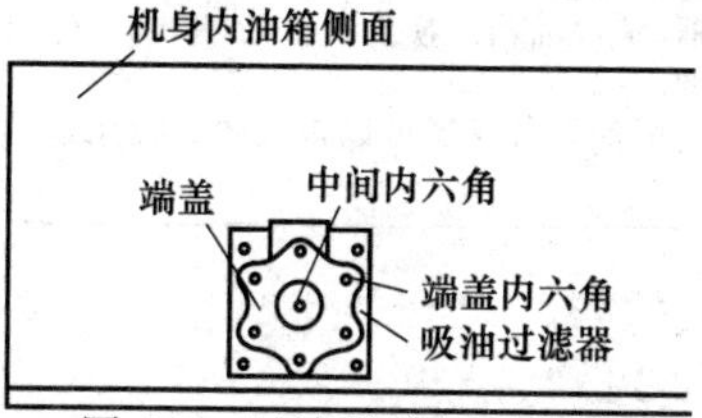 图 2-7 过滤器位置示意图 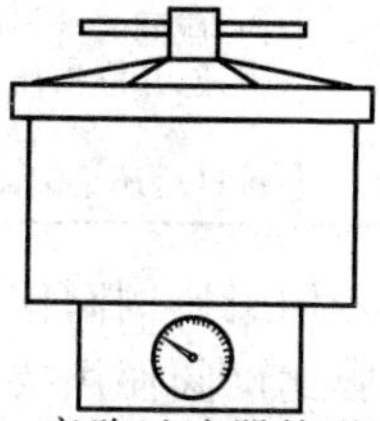　　图 2-8 旁路过滤器外形示意图 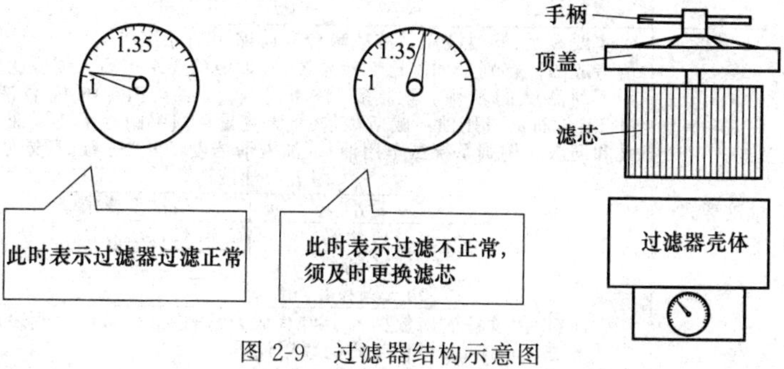 图 2-9 过滤器结构示意图

续表

类别	说明
使用及保养	过滤器下端设有压力表,如图 2-9 所示。过滤器的额定允许压力为 0.5MPa,在机器的运行过程中,当表的指针在小于 0.5MPa 的范围内时,表示过滤情况正常;当表的指针在大于 0.5MPa 的范围内时,表示滤芯堵塞,此时用户应更换滤芯,以免因影响过滤器的正常工作而最终影响机器的正常运行 当更换滤芯时,机器应停止工作,将过滤器顶盖上的手柄拧掉后上提,然后拔出滤芯。换上新的滤芯,按原样安装拧紧后,即可开机工作
拆卸	先拆去机身侧面的封板,拧松过滤器中间的内六角螺钉,使过滤器与油箱中的油隔开,然后拧下端盖的内六角螺钉,拿出过滤器,最后再拆开使滤芯和中间磁棒分离
清洗	用轻油、汽油或洗涤油等,彻底除去滤芯阻塞绕丝上的所有脏物和中间磁棒上的所有金属物。将压缩空气从内部充入,并将脏物吹离绕丝
安装	把滤芯放入过滤器内,先拧紧端盖内六角螺钉,再拧紧中间内六角螺钉
注意	①油过滤器卸下时,切勿启动驱动液压泵的电动机 ②当采用压缩空气吹气时,不能使吹气泵固定得过紧 ③如果绕丝有损坏,一定要更换过滤器 ④在拆卸和安装时,必须小心以免损坏绕丝 ⑤在安装过滤器后启动液压泵电动机,液压泵空载工作 10min,待工作正常后才可负载工作
换油	换油可使用油桶手摇泵或虹吸装置,注油口抽真空从油箱中吸油。剩余的残油通过油箱上的排油口排出,为此,位于油箱底部的排油螺栓必须拧开,清空油箱中的异物,同时也要清理油液冷却装置和油路。旧油、残留油会导致新油的加速老化 打开油箱侧盖板和顶盖板,清空油箱中的所有异物,如果过滤器安装在油内,应同时拆下吸油过滤器,清洗油箱。换上吸油过滤器,旋好排油螺栓,封好盖板,注满液压油达到标准 污染控制:必须妥善处置旧油。过滤器可以被回收。使用过的吸油过滤器,可以返还给油品供应商

(2) 伺服比例阀使用要求

伺服比例阀使用要求见表 2-11。

表 2-11　伺服比例阀使用要求

类　别	说　明
油液要求	实践表明,导致液压系统故障和寿命缩短的原因,70%~80% 是由油液质量所造成的。特别是伺服比例阀系统,对油液的要求更高。伺服比例阀系统可使用下列品牌的油液:嘉士多(46 抗磨液压油)、BP(46 抗磨液压油)、美孚(DTE25 抗磨液压油)、威斯达尔(海天变量泵伺服阀专用液压油——海天变量泵和伺服比例阀系统试车用油)。油液清洁度≤NAS6 级,具体见附表所列 附表　油液清洁 {{TABLE}} 注:检测设备输出数据为 ISO 代码,代码中 3 位数值分别表示每毫升油液中 $2\mu m$、$5\mu m$、$15\mu m$ 颗粒杂质的数据代码 NAS 为美国国家航空及宇航行业标准

附表　油液清洁

标准	清洁度要求
ISO 代码	<17/15/12
NAS 等级	≤6
>$10\mu m$ 颗粒数/mL	<70

续表

类　别	说　明
调试要求	调试前,应确认伺服比例阀在运输过程中没有受到损坏,并应确认阀插头及伺服比例阀控制卡上控制信号线没有脱落。必须进行系统清洁度检查,确认干净后通过专用滤油车(5μm)加入以上品牌的液压油。加入油箱后的油液清洁度必须达到NAS6级。试车过程中,应进行油温预热,使油液工作温度在30～50℃之间(最佳38～45℃)。当高压过滤器堵塞报警时,需立即停车更换滤芯,严禁私自拔掉高压过滤器堵塞的报警插头

（3）空气过滤器

空气滤清器安装在油箱顶上。清洗时，先松开封盖，再更换空气滤清器的滤芯，然后再旋上封盖。油箱的空气滤清器应按照计划进行维护，封盖必须旋紧，否则油会溅出。没有固定好空气过滤器的机器，不能使用。滤芯不能回收，只能更换新的滤芯。

第二节　注塑机操作的基本事项

一、注塑机的操作方式

1. 注塑机的操作方式

一般注塑机的操作方式有四种：点动、手动、半自动和全自动（见表2-12）。正常生产时，一般选用半自动或全自动操作方式。操作开始时，应根据生产需要选择操作方式（手动、半自动或全自动），并拨动开关至相应位置。半自动及全自动的工作程序已由液压、电气控制系统预先设定，操作人员只需在控制面板上设定工艺参数即可，简单、方便、实用而又易于掌握。当一个周期中各个动作未调整妥当之前，操作方式应该先选择手动操作，确认各个动作正常之后，再选择半自动或全自动操作。

表2-12　注塑机的操作方式

类　别	说　明
点动操作	点动又称为调整。按下某一按钮后,注塑机的动作将根据按钮按下时间的长短运行,放开按钮,动作停止。装卸模具、螺杆或检修机器、调整各个动作之间的配合及对空注射时,采用点动操作,正常生产时不能使用。特别要注意的是,点动时,机器上各种保护设置都暂时停止工作,例如,在不关安全门的情况下,模具仍然可以跟随模板开启和闭合,所以必须谨慎小心,而且应有熟练的操作者现场指导,方可进行
手动操作	某一动作部件的运动是由手指按动某一按钮而启动的,直至完全完成程序动作,若不再按动此按钮,动作不再重复。在模具安装好后试生产时应用,可检查模具的装配质量和模具的锁模力大小。自动生产有困难时也可使用手动操作

类　别	说　明
半自动操作	注塑机可以自动完成一个工作周期的动作。在将安全门关闭后,工艺过程中的各个动作按照一定的顺序,由继电器和限位开关组合控制自动进行,直至制品塑制成型。每个周期完毕后,操作者必须拉开安全门取出产品,再关上安全门,机器才能继续下一个周期的生产。当注塑机各个工作部件均调整至正常工作状态时,能够准确地完成各自的工作操作。批量生产某一塑件时,可采用半自动操作。半自动操作可减轻体力劳动和避免操作失误,是生产中常常采用的操作方式
全自动操作	注塑机在完成一个工作周期的动作后,可自动进入下一个工作周期。注塑机的全部动作过程都由控制系统控制,使各种动作均按事先编好的程序循环工作,不需要操作工人具体进行操作。在正常的连续工作中无须停机进行控制和调整。使用全自动操作必须满足两个先决条件,即: ①产品能自动从模具上脱落 ②具有模板闭合保护和警示装置 同时,在操作过程中还要注意以下几点: ①中途不要打开安全门,否则全自动操作中断 ②要及时加料 ③若选用电眼感应,应注意不要遮蔽电眼 实际上,在全自动操作中通常也是需要中途临时停机的,如给模具喷射脱模剂等

2. 注塑机的运行和停机

(1) 注塑机运行过程中的注意事项

① 注塑机合模前,操作人员要仔细观察顶杆是否复位、模具型腔内是否有产品或异物,如发现产品、机械或模具有异常情况,应立即停机,待查明原因、排除故障后再开机生产。

② 对空注射喷出的熔体凝块,要趁热撕碎或压扁,以利于回收再用;一般不要留存1.5cm厚以上的料块。

③ 生产过程中的水口料或自检废品应放入废料箱,废料箱严禁不同品种、颜色的废料以及其他杂物混入。生产时,如水口料掉在模具流道中或产品掉在型腔内,只可以用胶棒小心敲出或用烫料机清理,严禁采用铁棒或其他硬物伸进模具钩、撬,以免碰伤、划伤模具;特别是高光镜面模具的成型零件,不得用手触摸,若有油污必须擦拭时,只能用软绒布或者脱脂棉进行。

④ 当需要进行机器或模具的检修时,而人的肢体又必须进入模具或模具合模装置内时,一定要关闭液压泵马达,以防机器误动作伤人或损坏机器、模具。

⑤ 停机时间较长后,重新生产前要进行对空注射时,车间人员人应远离喷嘴,以防止喷溅、烫伤事故的发生。

⑥ 每次停机时，螺杆必须处于注射最前的位置，严禁预塑状态下停机，停机后应关闭全部电源。

⑦ 因模具原因造成产品质量问题，需要检修模具时，必须保留两件以上未做任何修剪（带有水口料）的制品，以方便检修模具、查找原因。

⑧ 每次更换模具后，都要试注三件完整的制品进行质量首检，所有合格制品都需轻拿轻放，不得碰撞，装箱不能太紧，避免挤压擦伤。

（2）注塑机的停机操作

注塑机在很多情况下都需要停机，如订单完成、模具或设备出现故障、缺少材料等，停机不是简单地把机器关掉一走了之，而是要遵循一定的程序，并做好相应的工作后才能一步一步地关掉机器，下面是停机操作的一些步骤及相应注意事项。

① 停机前保留 3～5 模次制品作为样品，该样品作为下次生产的参考或作为模具、机器设备修模的依据。

② 注塑机停机时将料筒内的存料尽可能减到最少，为此，应先关闭料斗上的供料阀门，停止塑料的供应，如果是订单完成，正常生产停机的话，可以将料筒内的塑料全部注塑完毕，直至塑化量不足，机器报警为止。如果是模具故障导致的故障停机，应将螺杆空转一段时间，将料筒内的料对空注射干净，以免螺杆加料段螺槽在停机后储满粒料，而这部分粒料在料筒停止加热后，受余热作用会变软粘成团块，在下次开机时会像橡胶一样"抱住"螺杆，随螺杆一起转动而不能前进，阻止新料粒的进入。极端情况下，积存的冷粒料块还会卡住螺杆，使螺杆难以转动，此时只好大大提高料筒温度使其熔融，而过高的温度又可能导致塑料烧焦碳化。当热敏性高的塑料在螺杆槽与料筒内壁间隙中形成碳化物质时，情况则更为严重，将螺杆牢牢粘着不能转动，拆卸也甚为吃力。

③ 如果停机时间超过 15min，则应用 PP 清洗料筒，特别是热敏性塑料更应及时停机清洗料筒。

④ 停机前，如果只是短时间停机（模具、机器、塑料等均正常），模具动、定半模应先合拢，两者间保留 0.5～2mm 的间隙，而千万不能进行高压锁模将模具锁紧，因为模具长期处于强大的锁模力下，将使拉杆长期处于巨大拉力而产生变形，如果是较长时间停机，则最好是将模具拆下。

⑤ 射台（注射座）后退接近底部。

⑥ 将注塑机的马达关闭。

⑦ 将料筒电源关闭。

⑧ 将注塑机总电源关闭。

⑨ 将模温机、机械手、干燥机、自动上料机、输送带等辅助设备的电源关闭。

⑩ 关闭高压空气及冷却水的阀门，需注意的是，关闭冷却水时要注意入料口处的冷却水需待料筒温度降至室温时才能关闭。

⑪ 关闭车间电控柜内该注塑机的电源。

⑫ 将零件自检，将不合格品做好标识并放置到指定的位置。

⑬ 清扫机台，做好"5S"工作。

⑭ 做好注塑机的维护保养工作，特别是哥林柱（注塑机合模拉杆）、导轨等活动部位要及时涂敷润滑油，易生锈部位应清洗干净后涂敷防锈油等。

⑮ 做好各项记录，如生产记录、设备停机原因、设备点检记录、维护保养记录等，以备下一次生产时参考。

总的要求是，停机后总体状况应做到机台内外无油污、灰尘，无杂物堆置，设备周围打扫干净，无污物垃圾，工装设备擦洗干净，摆放整齐，无损伤缺少。

3. 注塑机的加料方式

注塑机的加料方式有三种：前加料、后加料和固定加料（见表2-13）。一般根据喷嘴和物料情况选择合适的加料方式。

表 2-13　注塑机的加料方式

类　别	说　明
前加料	每次注射完成，塑化达到预塑要求后，注射座后退，直至下一工作循环时再前进，使喷嘴与模具接触，进行注射。这种方法用于喷嘴温度不易控制、背压较高、防止回流的场合
后加料	注射完成注射座就后退，然后再进行预塑，待下一工作循环开始时，注射座再前进进行注射。这种方法用于喷嘴温度不易控制及加工洁净塑料
固定加料	在整个注塑成型过程中，喷嘴与模具一直保持接触。这种方法适用于喷嘴温度易控制及塑料成型温度范围较广的情况

二、注塑机的操作过程及料筒的清理

1. 注塑机的操作过程

注塑成型过程是一个循环过程。在注塑成型过程中，注塑机完成预塑化、合模、注射座前移、注射、保压、注射座复位、制品冷却、开模、制品顶出等动作组成的周期性过程（见表2-14）。如图2-10和图2-11所示分别为注塑成型周期图和注塑机工作周期图。

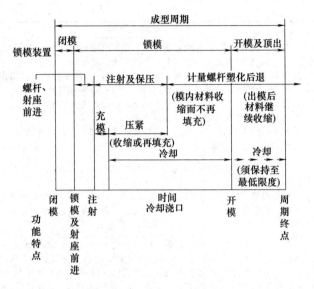

图 2-10　注塑成型周期图

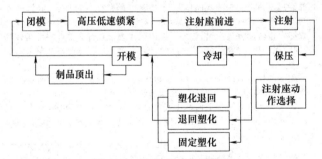

图 2-11　注塑机工作周期图

表 2-14　注塑机的操作过程

类别	说　明
合模和锁模	注射周期通常以合模动作作为起点。在合模过程中为适应工艺的需要,有速度和压力变化。模具闭合过程中的移动速度应是慢→快→慢的变化过程。在合模开始时,为防止动模板惯性冲击,需低压、低速启动。慢速启动后,模具首先以较低的压力快速闭合,以缩短工作周期;当动模与定模快要接近时,为防止冲击,合模装置的动力系统在电气和液压系统的控制下,自动切换为低压、低速(即低压试合);在确认动、定模之间的型腔无异物存在时,动模将继续向前移动,当碰至限位开关时,切换低压程序,进入高压锁模程序,使模具紧闭,达到所调整的锁模力(即高压锁紧)

类别	说　明
注射	当确认模具合紧后,注射过程开始。注塑机选择塑化退回或退回塑化的预塑化方式,注射装置前移使喷嘴和模具的主流道衬套贴合。当喷嘴与主流道衬套配合紧贴后,注射液压缸便接通液压油,使与注射液压缸活塞杆相接的螺杆以高压、高速度向前移动进行注射,将螺杆头顶部(即存料区)的塑料熔体压注入型腔中。此时,螺杆头部作用于熔体上的压力称为注射压力。当注射速度逐级变化时,为多级注射速度又称多级注射 若选择固定塑化的预塑化方式,因喷嘴始终与主流道衬套贴合在一起,当模具锁紧后便进入注射过程
保压	当塑料熔体被注射到型腔后,由于型腔壁的温度较低,注入型腔内的塑料熔体便产生冷却收缩。此时,螺杆对熔料应保持一定的压力,使其头部的熔料能及时补充型腔中因收缩而缺少的熔料。此时,螺杆作用于熔体上的压力称为保压压力。在保压过程中,螺杆因补缩的作用而会有一定量轴向位移。正确选择保压压力和保压的作用时间是保证制品质量的关键
制品冷却和预塑化	熔料的温度继续下降,浇口处的熔料首先凝固。这样,型腔内的熔料便没有从浇口处回流的可能了。此时保压阶段便结束,注射液压缸的保压液压油被卸去。制品在型腔内继续冷却、固化定型,制品的冷却时间取决于制品的厚度、模具的温度等因素。同时,螺杆在驱动力(由液压马达或电动机提供)的作用下开始转动进行预塑化 预塑过程中,在螺杆转动的作用下,来自料斗的塑料被向前输送。在料筒外部加热及螺杆转动的共同作用下,塑料开始塑化。塑化后,熔体进入料筒的存料区。由于螺杆头部存料区熔体的压力作用,螺杆向后退。因此在预塑阶段,螺杆一边转动一边后退,螺杆后退的距离表示螺杆头部存料区熔体体积的大小(即一次注射量)。当螺杆后退到计量位置时,螺杆便停止转动,准备下一次注射 制品的冷却时间通常与螺杆预塑化时间是重叠的。为了提高注塑机的生产率,务必使螺杆在冷却时间内完成预塑化工作 当选择塑化退回或退回塑化方式时,在螺杆塑化结束后,喷嘴与模具主流道衬套分离,保证喷嘴不会因长时间接触模具主流道衬套而形成冷料。这时,必须要求注射装置后退
开模、顶出制品	经过一定时间的冷却定型后,合模装置便开启模具,由脱模机构将塑件顶出

2. 注塑机料筒的清理

注塑机料筒的清理见表 2-15。

表 2-15　注塑机料筒的清理

类别	说　明
采用料筒清理剂	当注射制品所用原料更换比较频繁,或者料筒中残料与新换料的塑化温度范围相差较大时,为了节省原料和提高工作效率,采用料筒清理剂是比较经济的。专用清理剂是一种类似橡胶料的物质,在料筒中高温不熔融,在螺杆的螺纹槽中呈软化胶团状。专用清理剂在螺杆的螺纹槽中迁移时,可把残料带走,使料筒内得到清理

类别	说　明
采用换料顶出法	当准备新换原料的塑化温度范围高于料筒中的残料时,可把料筒和喷嘴加热升温至新换原料的最低塑化温度,然后加入新换料并连续对空注射,直至料筒中没有残料;如果料筒中残料的塑化温度范围高于准备更换的新料时,应先将料筒加热升温至料筒中残料的塑化温度范围,然后加入新换料,进行残料的清除 料筒中残料和更换原料的塑化温度范围及清除残料用温度值见表 2-16 和表 2-17
采用过渡换料顶出法	表 2-18 为过渡换料顶出法的料筒清理温度。用过渡换料顶出法清除料筒中的残料,比用换料顶出法多一道工序。这种方法适于对残料塑化温度低于换料塑化温度且极易分解的残料的清除。方法是:先用热稳定性比较好的高密度聚乙烯或聚苯乙烯,按表 2-18 中过渡塑化温度加热,直至基本清除料筒中残料,再用准备生产用料,按此料的最低塑化温度加热,最后全部清除残料即可继续生产

表 2-16　换料塑化温度高于残料塑化温度时料筒清理加热温度　　℃

残料名称	残料塑化温度	换料名称	换料塑化温度	清理温度	残料名称	残料塑化温度	换料名称	换料塑化温度	清理温度
LDPE	160~220	HDPE	180~240	180	PA66	260~290	PET	280~310	280
		PP	210~280	210	PC	250~310	PET	280~310	260
PS	140~260	ABS	190~250	190	ABS	190~250	PPO	260~290	260
		PMMA	210~240	210	PPO	260~290	PPS	290~350	290
		PC	250~310	250	PPO	260~290	PSF	310~370	310
PA6	220~250	PA66	260~290	260					

表 2-17　换料塑化温度低于残料塑化温度时料筒清理加热温度　　℃

残料名称	残料塑化温度	换料名称	换料塑化温度	清理温度	残料名称	残料塑化温度	换料名称	换料塑化温度	清理温度
HDPE	180~240	LDPE	160~220	180	PA66	260~290	PA6	220~250	260
PP	210~280	LDPE	160~220	210	PMMA	210~240	PS	140~260	210
		HDPE	180~240	210	PC	250~310	PS	140~260	250
ABS	190~250	PS	140~260	190	PET	280~310	PC	250~310	280

表 2-18　过渡换料顶出法的料筒清理温度　　℃

残料名称	残料塑化温度	过渡料名称	料筒温度	过渡料塑化温度	生产料名称	料筒温度
PVC-U	170~190	HDPE	180	180~240	PCTFE	270
		HDPE	180	180~240	PA66	260
		PS	170	140~260	ABS	190
		PS	170	140~260	PC	250
		HDPE	180	180~240	PET	280
POM	170~190	HDPE	180	180~240	PPO	260
		HDPE	180	180~240	PET	280
		PS	170	140~260	ABS	190
		PS	170	140~260	PC	250
		PS	170	140~260	PMMA	210

三、工艺参数的选择

1. 塑化部分工艺参数的选择

(1) 螺杆转速

在注塑成型过程中，往复螺杆式注塑机的螺杆旋转速度称为螺杆转速。螺杆转速直接影响物料的输送、塑化、热历程和剪切速率，因此，它是影响塑化能力、塑化质量和成型周期等的重要参数。

螺杆转速和塑化能力、塑化质量、成型周期等的关系为：随着螺杆转速的提高，塑化能力提高，塑化质量有所下降，而由于拖拽流量的增大，熔融温度的均匀性则有所改善。同时，由于转速的增大，物料的剪切速率显著提高，由于剪切作用放出大量的热量，所需外部加热减少。如图 2-12～图 2-14 所示显示了螺杆转速与塑化能力、塑化质量、螺杆转矩及熔体温度的关系。

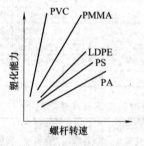

图 2-12 螺杆转速与塑化能力关系

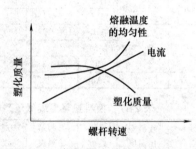

图 2-13 螺杆转速与塑化质量关系

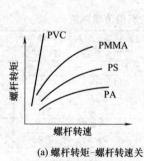

(a) 螺杆转矩-螺杆转速关系

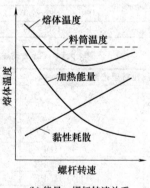

(b) 能量-螺杆转速关系

图 2-14 螺杆转速与转矩和能量的关系

对于具体塑料，螺杆转速必须小于该料所允许的最大转速，超过该值，塑料就有可能发生降解。该临界值的具体求法如下：根据塑料生产厂家提供的该料所允许的剪切速率 $\dot\gamma$ 计算螺杆转速。计算公式为：

$$n = \frac{60h\dot\gamma}{\pi D}$$

式中　　n——螺杆转速，r/min；

　　　　D——螺杆直径，cm；

　　　　$\dot\gamma$——物料所允许的最大剪切速率，s^{-1}；

　　　　h——物料从螺杆表面到料筒内表面的厚度，cm。

在调节螺杆转速时，应遵循从低速到高速的原则，逐渐提高螺杆转速，直到达到最佳效果。为了适应工艺的需要，在整个循环过程中，螺杆转速应当是变化的。如图 2-15 所示为螺杆转速多极控制程序图。

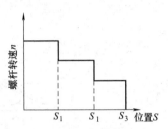

图 2-15　螺杆转速的多极控制

（2）塑化压力

注塑机的螺杆在旋转的过程中把熔融物料源源不断地推向料筒头部，料筒头部的熔融物料同时会产生一个使螺杆后退的反压力，这个反压力就称为塑化压力，也叫背压。背压的大小等于螺杆与料筒之间的摩擦力和液压缸活塞后退过程中的回油阻力之和。因此，可以通过调节液压缸内回油压力的大小（即调节液压系统中的溢流阀）来调整背压的大小。

塑化压力对物料塑化质量的影响如下：塑化压力提高能提高熔体温度，使料温和颜料混合均匀，且能排除熔体内的气体，改善原料的塑化质量，从而保证注塑制品的质量。然而，随着背压的提高，原料在料筒内的塑化时间延长，降低了加工效率，还会增加熔料分解的可能性。塑化压力太低，导致空气进入螺杆前段，注射时引起空气被加热和压缩，造成制品上产生黑褐色云状条纹并伴有细小的气泡。一般，在保证制品质量的前提下，塑化压力越低越好。如图 2-16 所示为背压

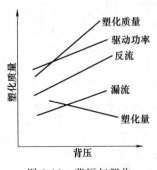

图 2-16　背压与塑化质量之间的关系

与塑化质量之间的关系。

　　塑化压力的设置随制品质量要求与塑料种类的不同而不同。对于热敏性塑料，为了防止其在料筒内停留时间过长而产生分解，应选取较小的塑化压力；对于热稳定性较好的塑料，可取较大的塑化压力，以提高塑化质量；对于有填料的制品，为了达到较好的塑化效果，也需要提高塑化压力。背压-行程-熔体温升关系曲线如图 2-17 所示。背压对熔体温度的影响如图 2-18 所示。

　　为适应工艺条件的需要，在成型过程中，一般要对背压进行多级控

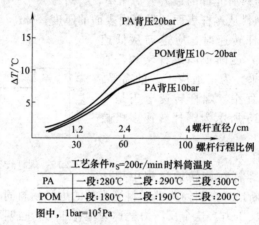

工艺条件 n_S=200r/min 时料筒温度

PA	一段：280℃	二段：290℃	三段：300℃
POM	一段：180℃	二段：190℃	三段：200℃

图中，1bar=10^5Pa

图 2-17　背压-行程-熔体温升关系曲线

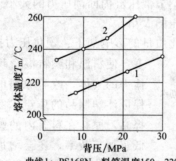

曲线1：PS168N，料筒温度150～220℃，螺杆直径D=60mm，预塑行程85mm，螺杆转速120r/min。
曲线2：PS143E,料筒温度150～200℃，螺杆直径D=45mm，预塑行程85mm，螺杆转速310r/min。

图 2-18　背压对熔体温度的影响

制。如图 2-19 所示为背压的多级控制。

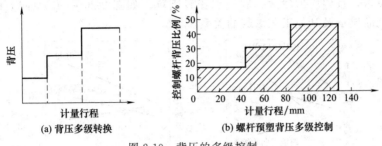

图 2-19 背压的多级控制

2. 注射部分工艺参数的选择

（1）注射量

理论注射量的大小用物料熔融状态时质量（g）或容积（cm³）表示。目前，国内和世界各国一般用容积（cm³）标注方法。

螺杆式注塑机的理论注射量等于螺杆端截面积与螺杆最大行程的乘积。其理论注射量计算公式为

$$Q_L = \frac{\pi D^2}{4} S$$

式中　Q_L——注塑机的理论注射量，cm³；

　　　　D——螺杆直径，cm；

　　　　S——螺杆行程，cm。

在生产实际中，实际最大注射量一定小于理论值。这是因为料筒和螺杆之间存在间隙，在间隙会产生漏流，在压力作用下会产生沿间隙流动的压力流。因此，应当对其进行修正。由于受到加工塑料性能、注塑机性能、模具结构和工艺参数等的影响，注射量的修正系数并不能取一个常数，一般在 0.7～0.9 的范围内选取。

在选择注射量时，既不能选得太大，以免造成能源浪费，又不能选得太小，以防止塑料充模过程中产生各种缺陷。尤其要注意的是，充模结束后在螺杆轴向方向上还应有 1.5～2.5mm 的余料量，以便补缩和保压之用。

（2）注射压力

注射时螺杆头部作用于熔体单位面积上的压力为注射压力。其作用是克服塑料从料筒向型腔的流动阻力，使熔料以一定的速率充满型腔。

在塑料注射成型中，注射压力的选择是十分重要的。压力过低，物

料不能充满型腔，不能达到所要求的制品形状。压力过高，制品容易产生飞边，且内应力较大，脱模也比较困难。如图 2-20 所示为注射压力与制品质量及其他工艺参数的关系。

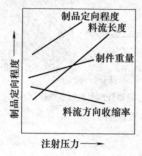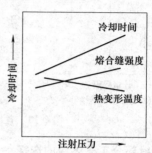

(a) 注射压力与制品定向程度的关系　　(b) 注射压力与制品冷却时间的关系

图 2-20　注射压力与制品质量及其他工艺参数的关系

选择注射压力时，要综合考虑塑料性能、注塑机类型、制件精度、模具结构和温度以及其他的工艺条件，其中最重要的是流道结构。表 2-19 和表 2-20 分别为不同情况下的注射压力。

表 2-19　部分塑料注射压力范围　　　　　MPa

塑料名称	加工条件			塑料名称	加工条件		
	厚壁制品	一般制品	薄壁窄浇口制品		厚壁制品	一般制品	薄壁窄浇口制品
ABS	80～110	100～120	130～150	PC	100～120	120～150	>150
POM	85～110	100～120	120～150	PMMA	100～120	120～150	>150
PE	70～100	100～120	120～150	PS	80～100	100～120	120～150
PA	90～100	100～140	>140	PVC	100～120	120～150	>150

表 2-20　制品流长比与注射压力的关系

塑料名称	流长比(L/δ)	注射压力/MPa	塑料名称	流长比(L/δ)	注射压力/MPa
PA6	320～200	90		130～90	90
PA66	130～90	90	PC	150～120	120
	160～130	130		160～120	130
PE	140～100	50	POM	210～110	100
	240～200	70	SPVC	280～200	90
	280～250	150		240～160	70
PP	140～100	50	HPVC	110～70	70
	240～200	70		140～100	90
	280～240	120		160～120	120
PS	300～260	90		170～130	130

（3）注射速率

单位时间内注射到型腔中的熔体体积叫注射速率。它等于柱塞或螺杆的截面积与其运动速度的乘积。注射速率不同于注射速度，注射速度表示螺杆每秒钟沿着螺杆轴向的前进位移。

在塑料注射成型中，注射速率的选择是十分重要的。注射速率低，熔体充满型腔的时间就长。熔料流动过程中随着温度的降低，会在料流前方形成冷料，影响制品质量，有时甚至出现充模不满现象。注射速率过高，将对物料产生很高的剪切速率，使熔体温度急剧升高，有可能发生烧焦现象，同样影响制品质量。

注射速率的确定应综合考虑制品的结构、形状和尺寸，以及浇注系统、塑料性质和有关流速的影响。注塑机一般采用多级注射方式。为了防止充模时发生喷射现象，刚开始的注射速率必须慢，当熔体沿着型腔内壁流动时，为了提高生产率，注射速率提高，型腔快要充满时，为了防止胀模力的急剧升高，注射速率减小。所以，最常见的多级注射速率一般采取慢→快→慢的方式。如图 2-21 所示为注射速率对其他因素的影响曲线。

3. 合模部分的工艺参数

（1）锁模力

在充模和保压补缩过程中，由于型腔内的熔体存在压力，将产生使模具分开的胀模力。为了使模具不被顶开，合模系统必须对模具施以足够的夹紧力，这个夹紧力即为锁模力。

锁模力不足，在成型过程中会导致模具离缝，产生溢料，制品上出现飞边；锁模力过大，会

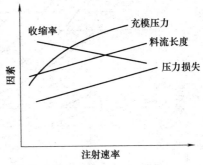

图 2-21　注射速率对其他因素的影响曲线

使模具产生变形，影响制品质量，同时还会引起不必要的能量消耗。因此，注塑机的最大锁模力应大于成型工艺所需的锁模力，但又不能太大，一般为工艺所需锁模力的 1～1.2 倍。锁模力的校核公式如下：

$$F_s \leqslant kpA \times 10^{-3}$$

式中　F_s——实际成型工艺所需要的锁模力，kN；

　　　　k——安全系数，一般取 $k=1\sim1.2$；

　　　　p——型腔内的平均压力，MPa；

A——制件在模具分型面上的投影面积，mm^2。

型腔内的平均压力 p 与注射压力、熔料黏度、喷嘴结构和浇注系统的结构有关。注塑过程中，熔料经料筒、喷嘴、浇注系统后进入型腔，其注射压力一部分损失在喷嘴、浇注系统，其余即为型腔内的熔体压力。根据生产情况来看，一般认为模具型腔压力在 20～45MPa 范围内。表 2-21 列出了不同塑件要求和树脂特性时的型腔内平均压力。

表 2-21　不同塑件要求和树脂特性时的型腔内平均压力　MPa

塑件要求、树脂特性	型腔内平均压力	塑件要求、树脂特性	型腔内平均压力
易于成型、薄厚均匀的日用品	25～30	黏度一般的高精度形状复杂塑件	35～40
一般的民用制品	30～35	高黏度树脂制成的高精度塑件	45

由于表 2-21 提供的数据较为粗略，在生产实践中，一般根据流长比和制品厚度来确定型腔内的平均压力，如图 2-22 所示。

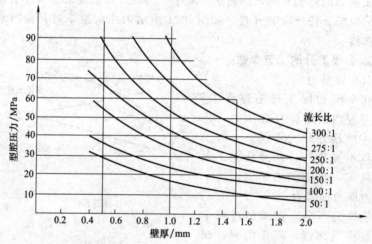

图 2-22　型腔压力与壁厚及流长比的关系

其中，流长比的计算公式为：

$$i = l/\delta$$

式中　i——流长比；

　　　l——熔料流动的极限长度，mm；

　　　δ——制品厚度，mm。

在锁模力大致确定后，就要根据计算值进行调整。对于液压式合模机构，通过调节液压系统的液压来实现锁模力的调整；对于液压机械式合模机构，则通过调节液压与合模机构刚性系统的变形来实现。

（2）顶出力

将塑件从型芯上顶出所需要的力即为顶出力。由于制品在冷却成型时要发生收缩，因此会对型芯产生一定的抱紧力。为了实现顺利脱模，必须对制品施以适当的顶出力，以克服收缩作用产生的抱紧力。

制品的顶出力、顶出速度和顶出行程应根据制品的结构、形状和尺寸、制品材料及工艺条件进行调整。顶出力太小，无法顶出制品；顶出力太大且顶出速度过高，制品会发生翘曲变形，甚至破裂。

制品的顶出力可由下式计算：

$$P = \frac{AE\Delta S\mu}{d\left(\dfrac{d}{2\delta} - \dfrac{d}{4\delta}v\right)} = \frac{AE\Delta S\mu}{\dfrac{d^2}{2\delta}\left(1 - \dfrac{v}{2}\right)}$$

式中　P——顶出力，N；

E——塑料的弹性模量，MPa；

A——模具与制品分型边界的接触面积，cm^2；

μ——塑料与模具材料之间的摩擦因数；

d——型芯上制品周长当量直径，cm；

δ——制品厚度，m；

v——塑料的泊松比；

ΔS——制品沿当量直径方向的热收缩量，m。

（3）开（闭）模速度

动模板在模具开启过程或关闭过程中的移动速度称为注塑机的开（闭）模速度。为了保证制品质量和延长模具寿命，开模时，应慢速开模，以防止制件被拉伤，然后快速移动以提高效率；合模时，为提高效率应快速移动动模板，当动、定模快要接触时再慢速移动，以减少冲击作用。

4. 温度参数调整

（1）料筒温度

根据料筒内塑料的塑化机理，通常对料筒进行分段加热。在计量段，为了提高固体输送效率，防止架桥现象的发生，温度的设定要低一些，同时要在加料口附近设置水冷却装置；在熔融段，固体物料逐渐熔化，为了加速熔化，该段温度要比加料段高 5～10℃；在计量段，为了提高塑化质量，温度又要比前段高出 5～10℃。虽然每段温度都比前段高，但料筒全长温度应逐渐升高，以使料筒内原料逐渐升温，达到均匀塑化。

　　料筒各段的温度控制对制品用料的塑化质量和制品成型质量有较大影响。为了保证注塑制品的质量，使生产能顺利进行，温度值的选取应按原料性能、设备条件和制品结构特点等条件在生产时酌情调节控制。一般情况下，对于制品结构复杂、壁厚较小、熔体黏度较高的情形及充模流程较长的情形，应适当提高料筒温度。螺杆式注塑机的料筒温度应比柱塞式注塑机温度低10～30℃，因为在螺杆式注塑机成型过程中，塑料塑化过程中需要的热量由两部分构成，一部分是由螺杆转动产生的摩擦热，另一部分是由外加热圈加热产生的热。

　　（2）喷嘴温度

　　喷嘴温度对成型条件以及塑件的物理力学性能影响很大。喷嘴温度升高，流体黏度下降，易于充模，同时塑件表面光泽度提高，熔接强度增强。但喷嘴温度过高，将导致物料的过热降解，降低制品的物理力学性能。喷嘴温度过低，将导致因熔料凝固而堵塞喷头，使生产无法正常顺利进行。

　　喷嘴温度的选择与物料特性、喷嘴结构、模具结构及工艺条件有关。对于直通式喷嘴，为了防止"流涎"现象，喷嘴温度应低于料筒计量段的温度；对于锁闭式喷嘴，由于结构复杂，流动阻力大，为了使成型过程顺利，喷嘴温度应高于料筒温度。如果物料的黏度高或注射压力低，也应适当提高喷嘴温度；反之，则降低喷嘴温度。

　　一般可通过对空注射或塑料直观分析获得喷嘴的最佳温度。常见塑料成型时的料筒、喷嘴温度见表2-22。

表 2-22　常见塑料加工时的料筒和喷嘴温度　　　　　　℃

塑料	料筒温度			喷嘴	塑料	料筒温度			喷嘴
	第一段	第二段	第三段			第一段	第二段	第三段	
PE	160～170	180～190	200～220	220～240	PA6	210	220	230	230
HDPE	200～220	220～240	240～280	240～280	PA66	220	240	250	240
PP	150～210	170～230	190～250	240～250	PUR	175～220	180～210	205～240	205～240
PS					CAB	130～140	150～175	160～190	165～200
ABS	150～180	180～230	210～240	220～240	CA	130～140	150～160	165～175	165～180
SAN					CP	160～190	180～210	190～220	190～220
SPVC	125～150	140～170	160～180	150～180	PPO	260～270	300～310	320～340	320～340
RPVC	140～160	160～180	180～200	180～220	PSU	250～270	270～290	290～320	300～340
PCTFE	250～280	270～300	290～330	340～370	10	90～170	130～215	140～215	140～220
PMMA	150～180	170～200	190～220	200～220	TPX	240～270	250～280	250～290	250～300
PON	150～180	180～205	195～215	190～215	线性聚酯	70～110	70～100	70～100	70～100
PC	220～230	240～250	260～270	260～270	醇酸树脂	70	70	70	70

（3）模具温度

注射到模具内的熔料，在冷却定型时要释放出大量的热。为了满足各种塑料冷却定型对温度环境的要求，需对模具温度进行控制。模具温度是指与制品接触的型腔表面温度。

模具温度直接影响制品在型腔内的冷却速度，因而对制品的内在性能和表面质量有很大影响。适宜的温度控制有利于熔料流动、充模和缩短成型周期。模具温度过高，制品收缩率大，外形难以保证；模具温度偏低，不利于物料流动，充模困难且制品表面粗糙，影响制品质量。

确定模具温度时，要充分考虑塑料特性、制品结构、模具结构等因素。对于黏度高的塑料，应选较高的模温。同时，对于薄壁和结构复杂的制件，也应选较高模温，以便物料流动，使充模顺利进行。部分塑料成型时的注射温度和模具温度见表 2-23。

表 2-23　部分塑料成型时的模具温度与注射温度　　　　　℃

塑料	注射温度	模具温度	塑料	注射温度	模具温度
ABS	200～270	50～90	GRPA66	280～310	70～120
AS	220～280	40～80	矿物纤维 PA66	280～305	90～120
ASA	230～260	40～90	PA11,PA12	210～250	40～80
GPPS	180～280	10～70	PA610	230～290	30～60
HIPS	170～260	5～75	POM	180～220	60～120
LDPE	190～240	20～60	PPO	220～300	80～110
HDPE	210～270	30～70	GRPPO	250～345	80～110
PP	250～270	20～60	PC	280～320	80～100
GRPP	260～280	50～80	GRPC	300～330	100～120
TPX	280～320	20～60	PSF	340～400	95～160
CA	170～250	40～70	GRPBT	245～270	65～110
PMMA	170～270	20～90	GRPET	260～310	95～140
聚芳酯	300～360	80～130	PBT	330～360	200
SPVC	170～190	15～50	PET	340～425	65～175
HPVC	190215	20～60	PES	330～370	110～150
PA6	230～260	40～60	PEEK	360～400	160～180
GRPA6	270～290	70～120	PPS	300～360	35～80
PA66	260～290	40～80			120～150

（4）油温

注塑机液压系统的油液温度即为油温，它对注塑成型也有影响。当油温升高时，油液黏度降低，易增加油液的泄漏量，使得液压系统的压力和流量发生波动，引起注射压力和注射速度不稳定，从而造成注射过程不稳定，由此影响成型制品的质量，因此要控制油温。一般油温控制在 55℃以下，可通过控制冷却水的流量来实现对油温的控制。

四、模具的安装与调试

1. 模具装模前的准备

模具装模前的准备说明见表 2-24。

表 2-24　模具装模前的准备

类别	说　明
校核设备与模具配合的参数	①检验一次注射成型所需的熔料量(一般以体积作为计量单位)与注塑机的注射量是否匹配。一次注射成型所需的熔料的体积应等于型腔容积与浇注系统容积之和。其计算公式如下： $$V_s = nV_i = V_j$$ 式中　V_s——一次注射成型实际所需的熔料量，m^3； 　　　V_i——单个型腔的容积，cm^3； 　　　n——模具中的型腔个数； 　　　V_j——浇注系统的容积，cm^3。 通常情况下，成型模具的熔料量(容积)应不大于注塑机一次注射量的 80%，即： $$V_s \leqslant 0.8V_1$$ 式中　V_1——注塑机的理论注射量，cm^3。 ②检验成型工艺要求的锁模力与注塑机的锁模力是否匹配。可按公式($F_s \leqslant kpA \times 10^{-3}$)进行校核 检验模具的总厚度是否在注塑机的模板行程范围内,注塑机拉杆距离能否保证模具安全吊入注塑机的两模板内 ③检验注塑机上喷嘴的圆弧半径是否略小于成型模具的衬套孔处圆弧半径,模板上定位套与模具上定位圈能否很好地配合,模板上螺纹孔的布置与成型模具的安装要求是否相一致 ④根据模具的实际厚度,用手动调模方式粗调模具厚度,然后根据开模后制品能顺利脱模所需的空间距离设置开模间距。用手动调模方式使开模间距达到设定值,方法为:松开移动模板上的机械保险杆螺母,使保险杆左右移动并调整到开模位置,以便打开安全门时,装在固定模板顶部的机械保险挡板会楔入保险杆,而且保险杆右端的撞头刚好靠近保险挡板,然后锁紧保险杆螺母 ⑤根据模具参数设置好顶针行程,以便在调整模具厚度时不致使模具受到损伤
检查模具	检查内容包括:模具的总体尺寸是否符合装配图设计要求,模具的外形是否有尖角存在;模具上是否有与起吊相关的配置;成型零件、浇注系统等表面应光洁、无凹坑、划痕;闭模后,分型面之间不得有间隙;与模具相关的各接头、阀门、控制元件、传感元件是否齐备;冷却水路要畅通、不漏水,阀门控制正常,附件使用良好;模具的各气动、液压系统工作要正常,模温控制要达到工艺要求;各滑动零件配合间隙要适当,起止位置的定位要正确;在保证定位及导向正确的前提下,活动型芯、顶出与导向机构等运动时应平稳、灵活,动作互相协调可靠

类别	说　明
检查设备	检查设备的油路、水路、电路是否正常,最好能在安装模具之前开机空运行几下,观察各项参数、动作是否正常
检查吊装设备	检查吊装设备是否安全可靠,工作范围是否满足要求
其他准备工作	准备好模具压板、压板垫块、压紧螺栓、螺母、平垫圈、弹簧垫圈及各种工具,并把工、夹、量具分门别类放在工作台上的显眼位置

2. 模具安装方法和步骤

模具安装方法和步骤见表 2-25。

表 2-25　模具安装方法和步骤

类别	说　明
清理杂物	清理杂物,保证模板和模具的装配平面及定位孔清洁
开机	打开总电源,把操作开关调整至点动操作方式,启动主电动机,使动、定模板处于开启状态
吊装模具	吊装模具主要有整体吊装和分体吊装两种方法: ①整体吊装。将模具吊入设备的拉杆、模板中后,按照模具总图要求调整至模具安装方向;把模具的定位环装入定模板的定位孔内,使模具平面与定模板的安装面相贴;用螺栓、模具压板、压板垫块、平垫圈、弹簧垫圈等把模具的定模部分固定在注塑机的定模板上(此时压紧力不必很大);启动主电动机,以点动方式合模,使动模板与模具逐渐接触,直至贴紧;在模具完全闭合后,进行喷嘴中心与模具浇口中心的对准和可靠接触的调校,要确保喷嘴中心准确地对准模具浇口中心;在实际接触之前,应交替地旋转注射座开关至中间位置和前进位置,如果喷嘴没有正确地对准浇口中心,可根据实际情况进行调整,直至对准为止;拧紧定模板上的模具压板螺栓,锁紧定模板上的模具,初步固定动模;重复低压、慢速开闭模具数次,检查导柱与导向套的合模定位是否正确,滑动状态是否轻快自如,如符合要求,可压紧动模板。 整体吊装过程中需注意:装模需手工进行,吊装操作前应关闭液压泵电动机,以确保操作人员的安全;起吊时,应确定模具不会分离;螺栓的长度以螺栓直径的 1.5~1.8 倍为宜;移动喷嘴前,应先观察喷嘴的长度与模具进料口的深度是否有冲突,若冲突,可能导致喷嘴或电热圈损坏。 ②分体吊装。如果吊运装置吨位不够,可以把模具分开吊运安装。其方法为:动、定模分开吊运前,作好它们的配合标记;先把定模吊入拉杆模板间,按总装图要求调整好安装方向,把模具的定位环装入定模板的定位孔内,使模具平面与定模板的安装面相贴;用螺栓、模具压板、压板垫块、平垫圈、弹簧垫圈等把模具的定模部分固定在注塑机的定模板上(此时压紧力不必很大);再将动模部分吊入,按照先前做好的标记,将其与定模合紧;启动主电动机,以点动方式合模,使动模板与模具逐渐接触,直至贴紧;随后的工作与整体吊装相同。 除了这两种吊装方法外,还有人工吊装。其安装方法和整体吊装相同,只是模具的吊入方式不同,在注塑机下面两根拉杆上垫上两木板,模具从设备侧面装入。在此操作中,应注意保护合模装置和拉杆,以防止拉杆表面拉伤、划伤。 分体吊装一般用于大型模具,人工吊装一般用于小型模具,而整体吊装可用于中、小型模具

类别	说　明
调节顶出距离	模具紧固后,慢速开模,直到动模板的最大行程,把顶出杆的位置调整到使模具的顶出板与动模板之间有≥5mm的间隙,做到既能顶出制件,又能防止模具损坏。对于依靠顶出力和开模力实现抽芯动作的模具,应注意顶出杆的动作要和抽芯动作协调,以保证两机构工作的准确性,避免工作时产生相互干涉的现象
调节锁模松紧度	一般情况下,模具合紧后,分型面间的间隙应在0.02~0.04mm范围内。因此,要适当控制锁模松紧度,满足既要防止溢料,又要保证型腔排气状况良好的要求。对于全液压式合模机构,应首先观察锁模压力是否在预定的工艺范围内,从低值开始,逐渐增大压力到锁模松紧度合适为止;对于液压肘杆式合模机构,可根据锁模压力的大小或经验来判断,以合模运动时曲肘连杆的肘部能否伸直为准
安装模具的辅助配件	按照模具的总装图,正确连接各电热及控制元件,液压、气动和冷却循环管路,然后进行调试,检查电阻加热和仪表控制的准确性,液压、气动用工作压力的调试及动作的灵活可靠性,以及管路连接是否出现渗漏现象等

3. 模具的调试

在注塑成型中,制品质量受到诸多因素的影响,如注塑机、原材料性能、模具结构和工艺等。为了得到符合设计要求的制品,模具在正式交付以前,需要在相应的注塑机上进行调试,并根据试模后的制品,检查其质量和尺寸是否符合图样规定的各项技术要求,根据出现的问题,分析产生的原因,设法对工艺条件进行调整和对模具进行修整。

试模的目的主要有两个:一是对模具设计的合理性进行评价,检验模具质量,看其是否具有批量生产性;二是对成型工艺条件进行探讨,制定符合该生产线的最佳工艺参数,为正常生产打好基础。

由于模具的成本很高,如果不慎修改错误,损失将会很大,故修改模具的风险性较大。因此,试模的原则为:先假设模具设计制造是合理的,根据注塑机性能和材料的性质确定理论工艺参数,然后慢慢调整,找到最佳工艺条件,保证物料塑化良好。当仅仅调整工艺条件不能得到理想制品时,再考虑修改模具。在前面已确定的最佳工艺条件下,根据制品缺陷,修改流道、型腔,以获得符合设计要求的塑料制品。

由于制品质量受注塑设备、原料性能、工艺方法及模具结构等诸多因素的影响,因此要求模具调试人员具有相关的知识,熟悉注射工艺,对注塑机的各项操作灵活自如,对塑料原料的性能全面了解,并能综合分析这些问题,以便在调试过程中对出现的问题能够及时分析和解决。

模具的调试方法见表2-26。

表 2-26　模具的调试方法

类别	说明
试模材料	因为模具的结构是根据制品结构和原料的物理力学性能设计的,所以应选用规定的材料进行试模。试模前,检查所加工材料的规格、型号、牌号和添加剂、色母粒等是否与图样的规定一致,应对选用物料的性能及工艺特性进行全面了解,对于湿度大的原料,加工前要进行烘干处理
模具的安装	模具的安装参见表 2-25
试模操作方式	注塑机的操作方式有点动、手动、半自动、全自动四种,试模时选用手动操作方式
预置工艺条件	在首次注射时,根据制件的特点及原料的特性,选择合理的工艺条件
调整工艺条件	工艺条件中最主要的影响因素是压力、速度和温度。调整时,应按压力在先、时间居中、温度居后的顺序进行。这是因为压力的变化很快就能从制品上反映出来,而温度达到新的平衡需要一段时间,所以温度的调整在短时间内是很难看出效果的。在调整时,应固定其中两个条件,让第三个条件变换。每次调整工艺条件后,应打出 5~8 个制品,并对其进行编号,以便今后分析 　注意:在遵循总原则的前提下,对不同形状、结构的塑料件,其注射工艺条件在设置时有一定的侧重。对于薄壁、成型面积较大的板状制件,需要较大的注射压力来保证充满型腔;对于型腔复杂,依靠各类加强肋使制件整体加强的框架形制品,推荐用高温、低中压注射工艺条件
修整模具	当所有的工艺条件都经过调整后,而制品的质量仍然不是很理想时,可以初步断定制品质量不佳的原因是模具的问题。此时,要根据制品的形状、尺寸、外观来修改模具,以达到制品的设计要求,修模方案要根据具体情况具体分析
再次调试	模具修改完成后,需对其修改结果进行检验。如果效果不好,需再次对工艺条件、模具进行调整、修改,直到制品质量合格为止。一般需要重复调试数次才能达到满意效果
模具调试记录	模具调试过程中记录原始数据不仅可以帮助模具调试人员分析试模过程中出现的问题,以便其对模具进行修整和对工艺参数进行设定,而且还可以从原始数据中找出规律,便于试模经验的积累。为此,每次试模必须做好原始记录。具体项目如下: 　①试模时间、人员及环境情况 　②试模所用原料的规格、牌号、生产厂家,是否经过干燥处理及其他处理 　③试模所用设备的规格、型号和生产厂家 　④模具的名称及生产厂家 　⑤试模过程记录,包括工艺参数的调整、操作过程及试模过程中出现的问题、解决办法及措施等 　⑥模具调试过程中生产的制品的具体情况,如出现何种缺陷,经过修改后的结果如何等。记录制品的存放条件,包括室温、湿度等

五、注射成型注意事项

注塑机操作和模具操作的注意事项见表 2-27。

表 2-27　注塑机操作和模具操作的注意事项

类别		说　明
注塑机操作注意事项	开机前	①检查电器控制箱内是否有水、油进入,若电器受潮,切勿开机,由维修人员将电器零件吹干后再开机 ②检查供电电压是否符合要求,一般不应超过±15% ③检查急停开关、前、后安全门开关是否正常,并关闭安全门。按启动键再立即停车,查验电动机与液压泵的转动方向是否一致 ④检查各冷却管道是否畅通,并对油冷却器和料筒加料口处的冷却水套通入冷却水 ⑤检查各活动部件是否有润滑油(脂),并加足润滑油 ⑥检查机器各运动部件(拉杆、导轨、导杆、液压缸等)表面是否清洁,以免异物磨损表面;预热液压油,如果油箱中的液压油温度过低时,应马上启动加热器 ⑦检查各紧固件是否有松动现象,电路、油路、水管的连接是否可靠。检查液压系统的工作油量是否充足,如不足应加到指定位置 ⑧接通加热与温度调节系统,对料筒各段进行加热。当各段温度达到要求时,再恒温一段时间,以使机器温度趋于稳定。保温时间根据不同设备和塑料原料的要求而有所不同 ⑨检查料斗内有无异物,并在料斗内加足塑料。根据不同塑料的要求,有些原料最好先经过干燥 ⑩要盖好料筒上的隔热罩,这样可以节省电能,延长电热圈和电器元件的寿命
	运行中	①不要为贪图方便,随意取消安全门的保护作用 ②注意观察液压油的温度,油温不要超出规定的温度。液压油的理想工作温度应保持在45～50℃之间,一般在35～60℃范围内比较合适 ③注意调整各行程限位开关,避免机器在工作时产生撞击 ④在使用过程中,不要轻易去动已调整好的各压力控制阀
	停机时	①停机前,应将料筒内的塑料清理干净,预防塑料氧化或长期受热分解。对再生料或易分解的树脂,如PVC等,用PE或PP清洗 ②退回注射座,使喷嘴与模具脱离。将模具闭合,使肘杆机构长时间处于闭锁状态 ③关闭入料闸板。加料口冷却夹套的冷却水需等到料筒温度降至室温才能关闭 ④切断加热电源,关闭液压泵电动机和总电源,使所有操作开关、选择开关、操作电源等处于断开位置 ⑤停止所有冷却水 ⑥车间必须备有起吊设备,拆卸模具时应十分小心,以确保生产安全
模具操作注意事项	试模时的注意事项	①试模前,必须按照图样对模具做认真检查,看模具是否完好,看其表面是否有伤痕,各运动部件运动情况是否符合要求 ②经检验合格的模具才能装上注塑机,注塑机为图样要求的型号和厂家 ③模具的吊运应稳妥、轻起、轻放,决不能硬磕硬碰,以免模具受到损坏 ④模具装机后先空载运行,以调整顶出距离和锁模力 ⑤开机试模前,要对模具各活动部位进行润滑 ⑥试模过程中,一定要按操作工艺规程,注意安全 ⑦对试模制品出现的问题进行全面分析。首先考虑修改工艺参数,如果通过工艺条件的修改无法解决问题,再考虑修模。若毛病不大,可随机对其进行修改;若问题大,须先卸下模具,然后对其进行修正

类别	说　明
模具操作注意事项	模具在正常生产中的注意事项
	①工作前应检查模具型腔内是否有异物,其他部件上是否有杂质、污物等。模具的各部位一定要清理干净,确保型腔内清洁无异物 ②在设置锁模力时,应尽量设得小一些。过高的锁模力,既增加动力消耗,又加速传动零件的磨损 ③在设置合模速度时,应采取速度多极控制,使开始的合模速度尽量小一些,以避免动、定模之间发生冲撞 ④在使用过程中,要定期对模具的活动部件进行润滑 ⑤要时刻关注模具的运行情况。一旦发现有拉伤发生,应及时修理,以避免拉伤扩大 ⑥在脱模时,若发生粘模或制品难以取出时,不要使用硬质工具将其撬出。为避免模具受损,可用软质工具取出残留物 ⑦在修理过程中,严禁用金属器具去捶击模具中任何部件,以防止损伤模具 ⑧成型模具加热后,各部位的温度应均匀一致 ⑨若遇模具冷却不良,切勿用水或湿毛巾冷却模具型腔。这样做的结果会使模具迅速生锈 ⑩若发现脱模不畅,应适当增加脱模剂的用量 ⑪注塑机暂时不用时,为防止模具的某些零件受压变形,动、定模之间不要长时间处于合模状态,且模具应涂防锈油 ⑫模具暂时不用时,应将其从注塑机上卸下,涂上防锈油后包装起来,存放在安全的地方,防止模具受到损伤 ⑬使用中要按照工艺正确操作,遵守操作规程 ⑭在正式生产前,应对模具进行合理预热 ⑮要定期对模具进行技术状态鉴定,定期检修,保持和提高模具的精度及工作性能的稳定性 ⑯某些模具在使用过程中会产生残余内应力,使用一段时间后,应对其进行去应力处理

（接上表）

	模具在保管存放时的注意事项	①为了便于存取,模具应按经常使用、偶尔使用或暂不使用等几类分别存放,建立保管档案,并由专人负责保管 ②为了防止模具生锈,储存模具的库房应通风、干燥。小型模具应放在架上保管,大、中型模具放在底层和库房进口处,其底面以枕木垫平、放齐 ③模具表面及各部位均应涂上防锈剂,以防止生锈 ④模具入库时应包装好,以防止灰尘及杂物落入导套内而影响导向精度 ⑤存放模具时,应在动、定模分型面之间垫以限位木板,以避免卸料装置长期受压而失效 ⑥模具动、定模不要拆开存放,以免在拆卸过程中工作零件受损

第三章

注塑机的操作

第一节 | 操作面板与基本操作

　　虽然国内外的注塑机生产企业众多，产品各具特色，但在操作使用方面具有很多共同之处。本章以中国海天牌注塑机为例，介绍注塑机操作面板及其在使用时的操作程序。同时，以德国 Arburg 注塑机图标化的操作界面为例，介绍注塑机面板与注塑工艺优化的设置方法。

　　目前，海天塑机集团是我国最大的注塑机制造企业，其注塑机所使用的控制器有中国台湾弘讯、日本 FUJI（富士）、奥地利 KEBA、意大利 GEFQAN 等，相应的操作系统及其界面略有不同，但以前两者为常见。

一、操作面板

1. 操作面板

　　注塑机的操作面板（如图 3-1 所示）为注塑机的人机交互界面，并可以实时监测生产过程，工作中显示各种故障诊断。

2. 界面选择

　　系统提供 10 个功能键（F1～F10），如图 3-2（a）所示来选择界面，它将全部界面分为 2 组不同主选项（A 组界面和 B 组界面）。

　　A 组界面中包含 8 组副选单（模座、射出、储料、托模、中子、座台、温度和快设），如图 3-2（b）所示；B 组（相对 A 组下一组）中又包含 7 组副选单（生管、校正、IO、模具、其他、系统和版本），如图 3-2（c）所示。

　　A 组界面的下层参数如图 3-3 所示和 B 组界面的下层参数如图 3-4 所示。

图 3-1　操作面板

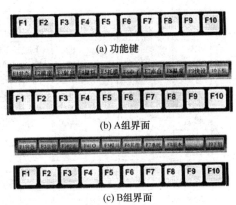

图 3-2　界面示意图

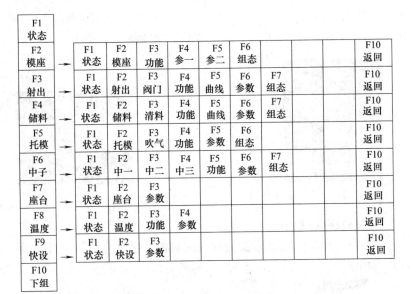

图 3-3　A组界面的下层参数

3. 数字输入

如图 3-5 所示中的数字键用于阿拉伯数字、英文字符和特殊符号的输入。

4. 光标移动

如图 3-6 所示中的光标移动键用于光标上下左右的移动。

	F1	F2	F3	F4	F5	F6	F7	F8	F9	F10
F1 状态										
F2 生管 →	F1 状态	F2 警报	F3 测一	F4 测二	F5 测三	F6 曲线	F7 计数	F8 参数	F9 记录	F10 返回
F3 校正	F1 状态	F2 AD	F3 DA1	F4 DA2	F5 DA3	F6 DA4			F9 储料	F10 下组
F4 IO →	F1 状态	F2 PB1	F3 PB2	F4 PC1	F5 PC2	F6 设PB	F7 设PC	F8 测PA	F9 诊断	F10 返回
F5 模具 →	F1 状态	F1 储存	F3 读取	F4 复制	F5 删除	F6 机器				F10 返回
F6 其他 →										F10 返回
F7 系统 →	F1 状态	F2 系统	F3 资料	F4 权级	F5 控制	F6 重置	F7 建置			F10 返回
F8 版本 →										F10 返回
F10 下组										

图 3-4　B组界面的下层参数

图 3-5　数字输入键

图 3-6　光标移动键

5. 参数确认/取消

如图 3-7 所示，在参数输入框输入数值或字符之后，进行参数的确认及取消。

6. 模式操作

模式选择键如图 3-8 所示。

图 3-7　确认与取消键

图 3-8　模式选择键

手动键：按下此键，机器进入手动模式。

半自动键：按下此键，机器进入半自动循环，每一循环开始，均需打开、关闭前安全门一次，才能继续下一个循环。

全自动键：按下此键，机器进入全自动循环，只需在第一个循环时，打开、关闭前安全门一次，在接下来的循环中，不需要打开、关闭前安全门。

① 调模使用：本键提供两项功能，按第一次为粗调模，屏幕显示由手动切换为粗调模。在此状态下，调模进退才能动作，同时为了方便及安全装设模具，此时操作开关模、射出、储料、射退、座台进退的压力速度均使用内设的低压慢速，运动中也不随着位置变化而变换压力和速度，但开模、储料及射退会随位置到达而停止，因此在装设模具时，建议在粗调模模式下进行操作。

② 按第二次时为自动调模，在操作者将模具装好后，设定好开关模所需的压力、速度、位置等参数后，可使用自动调模，当安全门关上后，计算机会依所设定的关模高压自动调整模厚，直至所设定的高压与实际压模压力一致才完成。

③ 如要恢复手动，直接按下手动键即可，但注意，于调模状态下是无法进入自动状态的，需恢复为手动才可以。

7. 动作操作

控制注塑座、开闭模等动作的界面如图 3-9 所示，其说明见表 3-1。

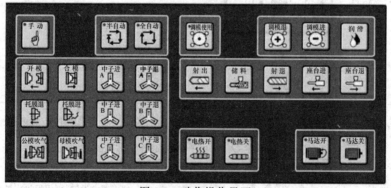

图 3-9　动作操作界面

表 3-1　控制注塑座、开闭模等动作的界面说明

界面	界面图	说　　明
开模键	开模	手动状态下,按此键会根据设定的开模参数进行开模动作,如果有设定中子动作,则会联锁进行中子动作,按键放开或开模到设定行程,则动作停止

界面	界面图	说　明
合模键		手动状态下并且安全门关上,按此键即会根据设定的合模参数进行合模动作,如果有设定中子动作,则会联锁进行中子动作,按键放开或者合模到底后,则动作停止
脱模退键		手动状态下,按此键即会根据设定的脱模退参数进行脱模退动作,按键放开或者脱模退到底后,则动作停止
脱模进键		手动状态下,按此键即会根据设定的脱模进参数进行脱模进动作,按键放开或者脱模进终止后,则动作停止
公模吹气键		公模吹气选择使用,在手动状态下按下公模吹气键,可于开关模的任何位置根据设定的吹气时间进行吹气
母模吹气键		母模吹气选择使用,在手动状态下按下母模吹气键,可于开关模的任何位置根据设定的吹气时间进行吹气
中子A进/中子A退键		中子A功能选用,在手动下按下进/退键,并且当前模板位置在中子动作位置有效区内,可进行中子A进/退动作,按键放开可停止动作
中子B进/中子B退键		中子B功能选用,在手动下按下进/退键,并且当前模板位置在中子动作位置有效区内,可进行中子B进/退动作,按键放开动作停止
中子C进/中子C退键		中子C功能选用,在手动下按下进/退键,并且当前模板位置在中子动作位置有效区内,可进行中子C进/退动作,按键放开可停止动作
调模退键		粗调模模式下,按下调模退键,可根据设定的调模退参数进行调模退动作,按键放开则动作停止
调模进键		粗调模模式下,按下调模进键,可根据设定的调模进参数进行调模进动作,按键放开则动作停止

续表

界面	界面图	说　明
射出键	 射出	手动状态下,当料管温度已达到设定值,且预温时间已到,按此键则进行注射动作
储料键	 储料	手动状态下,当料管温度已达到设定值,且预温时间已到,按下此键一次,可进行储料动作,如果中途要停止储料,再按一次储料键即可
射退键	 射退	手动状态下,当料管温度已达到设定值,且预温时间已到,按此键则做射退动作,按键放开可停止动作
座台进	 座台进	手动状态下,任何位置座台进均可动作,可是当座进接触座进终时,会转换为慢速前进,以防止射嘴与模具撞击,达到保护模具的效果
座台退	 座台退	手动状态下,按此键,则进行座台退,座退位置到达后或者座退时间结束后,停止座退
电热开	 电热开	手动状态下按此键后,料管会开始加温,自动时此键无效,状态显示画面会显示电热图形
电热关	 电热关	手动状态下按此键后,料管停止加温,自动时此键无效,状态显示画面会显示电热图形
马达开	 马达开	手动状态下,按此键则马达运转,自动时此键无效,状态显示画面会显示马达图形
马达关	 马达关	手动状态下,按此键则马达停止,自动时此键无效,状态显示画面会显示马达图形

二、基本操作

① 状态界面,图标标注界面,电热、马达、和通信状态界面分别如图 3-10～图 3-12 所示。

注意:电热、马达、通信没有启动,则用灰色图标显示;电热、马

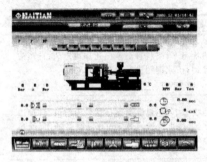

图 3-10　状态界面

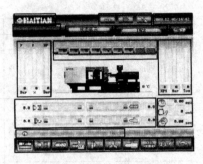

图 3-11　图标标注界面

图 3-12　电热、马达和通信状态界面

达、通信已经启动，则用橙色图标显示。

　　② 动作状态显示栏如图 3-13 所示。动作状态栏用动作小图标的方式显示当前正在进行的动作。采用图标方式，占地空间小，可同时显示多个动作，方便监视机器动作状态。

　　③ 当前模具名称显示如图 3-14 所示。每个界面都有自己的名称，此栏用于显示当前使用的模具名称。

图 3-13　动作状态显示栏

图 3-14　当前模具名称显示

　　④ 当前操作状态显示如图 3-15 所示。

手动状态　　　　　　粗调模状态

半自动状态　　　　　自动调模状态

全自动状态

图 3-15　当前操作状态显示

⑤ 压力流量输出值状态显示如图 3-16 所示。

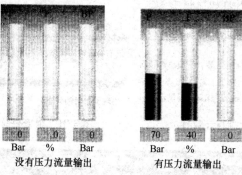

没有压力流量输出　　有压力流量输出

图 3-16　压力流量输出值状态显示

⑥ 料筒加温状态显示如图 3-17 所示，显示当前实际料温及加温状态。

图 3-17　料筒加温状态显示

⑦ RPM、注射压力及合模吨位状态显示如图 3-18 所示。

⑧ 位置尺显示栏如图 3-19 所示，分别显示模座、脱模、注射、座台的实际位置。

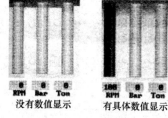

没有数值显示　　有具体数值显示

图 3-18　RPM、注射压力及
合模吨位状态显示

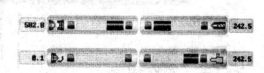

图 3-19　位置尺显示栏

⑨ 计时与计数显示如图 3-20 所示。

⑩ 报警栏及消息提示栏如图 3-21 所示。

⑪ 界面提示栏如图 3-22 所示，有 10 个图标，对应 F1～F10，在界面选择键上按下对应的键，则可进入对应的界面。

⑫ 开关模参数界面如图 3-23 所示，可设定常用的开关模参数，主要包含位置、压力和流量参数。

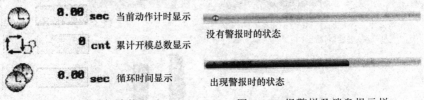

没有警报时的状态

出现警报时的状态

图 3-20　计时与计数显示　　　　图 3-21　报警栏及消息提示栏

图 3-22　界面提示栏

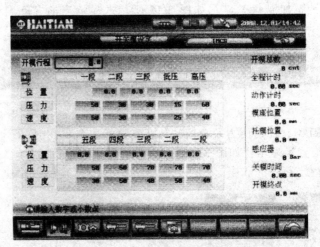

图 3-23　开关模参数界面

第二节　操作程序

以海天公司系列注塑机为例介绍注塑机的操作过程。海天系列注塑机的操作面板见图 3-1。

一、开合模单元的设定

更换模具要依照设备生产厂家技术人员教授的方法完成，以避免对操作人员造成人身伤害。模具安装完成后，要确定模具、注射座及注射单元等的数据是否已调整好，以避免机器的损坏。除此之外，还必须确认料筒是否与模具连接及模具是否已完全固定。

1. 模具厚度调整（直压机不使用此部分）

模具厚度调整过程如图 3-24 所示。

图 3-24　模具厚度调整过程

在安装模具前，使用调模按键调整模板开距。按"调模进"键来调整减少模具厚度（缩短模座与动模板之间距离），或按"调模退"键来调整增加模具厚度（增大模座与动模板之间距离）。

操作时，持续按动调模按键，模座会连续动作，将会慢慢移动和停止。持续按此键超过 1s，模座将开始连续移动，放开此键，模座将停止移动。假如按此键并立即放开，模座将慢慢移动及停止，这就是微调。以此方法可以重复操作将模座移到所要求的位置。

模具安装完成后可以关上安全门并开机，然后按调模键，才可使用手动调模动作。更换模具之后，可在注射座画面中（也就是屏幕上的 F7）改变调模的速度及压力设定。假如有必要，也可为模具设定模具数据或加载已设定好的模具数据。当调整数据的设定完成后，再按一次调模键来关闭模具。模具关闭后，控制器会按设定的数据执行自动调模。当自动调模执行完成后，所有的动作将会停止并且会发出警报声。此时，系统就会退回到手动的状态。

注意：为了安全起见，必须先回到手动模式下，才可使用模具调整键或手动键。假如要使用其他模块，在手动模式状态下改变；假如在模具调整过程中遇到问题，应按下手动键紧急重置，停止动作。

2. 合模及模具保护

合模可执行三段压力速度操作：快速合模、低压合模和高压合模。为了提高生产率，合模动作可稍快些。为了避免机器及模具的损坏，设定正确的数据来保护模具是很重要的。

操作时，按下手动键，确定在手动模式下执行开合模的设定。在面板上按下模座键（F2），设定开模行程，开、合模将不会超过所设定的行程。接着，在三段合模中输入欲设定的速度及压力值，但必须确定此设定将会使模具平滑地移动。在低压合模阶段设定的速度要足够低，以免因有异物停留在模具里而导致模具损坏。从快速合模到低压合模的转换点，应设定在模具可能会有异物的位置之前；从低压合模转高压合模的转换点，应设定在动、定模的分型面刚好接触的那一点。为了加快合模速度，可以选择差动合模。

设定所有的合模参数之后，在手动状态下执行合模时，要检查机器动作是否符合要求。在合模调整过程中有任何问题，应按手动键停止操作。上述操作过程如图 3-25 所示。

图 3-25　合模及模具保护过程

3. 开模

开模设置及操作过程如图 3-26 所示。

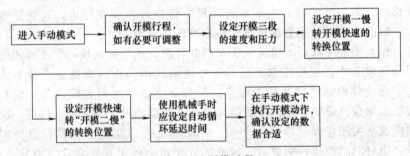

图 3-26　开模过程

开模过程分为三段，包括开模一慢、开模快速和开模二慢。

按下手动键，确定在手动模式下执行，开模设定应在面板上按模座设定键（F2）。确定开模行程，如有必要，可调整成期望的开模行程。开模时，开模距离将不会超过所设定的行程。然后，在三段开模中输入欲设定的压力及速度值。但必须确定此设定将会使模具平滑地移动。

设定开模一慢的速度，使模具能够平稳地离开即可。应根据需要来调整一慢转快速的位置。在到达开模终点之前，需从快速转换到二慢，使开模动作缓慢地到达开模终点，以确保机器停止位置不会超过开模终点位置。

如需用机械手取出制品，必须设定再循环延迟时间，再循环计时就是从上一个循环结束到合模开始的时间。

设定所有开模参数后，在手动模式下执行开模动作并确认机器动作符合所设定的数据。在进行开模调整的过程中遇到任何问题，均应按手动键来停止所有控制操作。

4. 脱模

在生产循环之后可选择半脱、定次及振动等三种模式将制品顶出，其过程如图 3-27 所示。

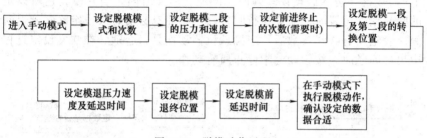

图 3-27 脱模动作过程

半脱模式是在半自动情况下使用。脱进是根据脱模条件设定来顶出产品。安全门打开后再关上，当另一个循环开始之前再做脱退动作。

在定次模式下，脱模是根据脱模方式及脱模次数设定来动作的，通常在全自动操作下使用，不需要开关安全门即可持续执行下一个生产循环。

在振动模式下，当其到达脱模进终位置，便在脱进前端做快速振动（振动距离根据振动计时控制）。

按下手动键，确定动作在手动模式下执行。按图 3-1 所示面板上的 F4 进入脱模设定画面，设定脱模模式和次数。假如不想使用脱模，可将脱模次数设定为 "0"。

脱模再试功能只能在电眼自动模式中使用。假如模具中的制品不能被完整地顶出，系统会发出报警而脱模会再次执行。如果产品被完整地送出，机器会持续正常地动作。如果还是无法顶出。系统将会进入脱模失败警报。

假如模具中产品没有被成功地顶出，并且没有选用电眼自动模式和脱模再试功能，则警报会发出声响而机器将会因此而停止动作。

第一次脱模可分为二段压力速度，依照转换位置转换压力速度，然后设定脱退压力、速度和脱退前延迟时间。设定脱退前延迟时间后，允许脱进完停留所设定的时间，再做脱退动作。

如果在开模之后，要将模具上的制品冷却时间设定为脱模延迟时间，则在设定所有的脱模参数之后，在手动模式下执行脱模来确认机器的动作是否适合。在脱模设定期间，如有问题可按手动键来停止操作。

5. **吹气**

海天机器提供动模板及模座吹气脱模的选择，操作过程如图 3-8 所示。按下手动键，确认操作在手动模式下执行，然后按图 3-1 所示面板上的 F5 键，进入脱模设置画面。设定其动作时间，当开模到达所设定的吹气动作位置时，便会执行吹气动作。如有必要，可设定吹气延迟时间。设定所有吹气参数后，应确认机器动作是否合适。在吹气设定过程中出现问题时，按手动键来停止所有动作。

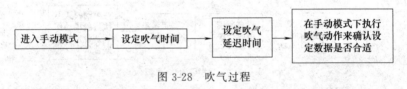

图 3-28   吹气过程

6. **抽芯机构**（中子）

依照所选机器类型，抽芯机构最多可达三组（A、B 和 C），其操作过程如图 3-29 所示。每一组抽芯机构被分别控制。设定抽芯机构的动作时，必须确定此设定不会造成抽芯机构或模具损坏。当抽芯机构动作设定完成后，要想通过控制器来避免所有可能发生的错误是不可能的。

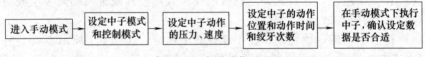

图 3-29   中子动作过程

在控制系统中，抽芯机构动作设定即为中子设定。按下手动键，确认操作在手动模式下执行。按图 3-1 所示面板上的 F5，可进入中子设定画面。

首先，选用中子模式。如果只有单纯的前进与后退，则使用标准中子；在中子内部要产生螺纹，则须使用铰牙模式。如果不使用中子，则中子模式选择"0"。然后，选择预控制模式来控制中子的移动。在中子模式下，可使用行程控制或时间控制。在铰牙模式中，可使用时间控制及计数控制。使用行程控制模式时，可使用行程开关来控制中子的移动。当生产循环期间到达动作位置，中子将移进或移出，直至碰到限位开关。限位开关动作后，机器动作将会停止（假如选择行程控制）。依照设定时间来执行中子的进入或退出，在生产循环期间，中子会依据所设定的时间移动。由于这时中子的移动不受行程开关控制而是通过时间控制，因此不能依赖限位开关的保护。

在铰牙模式中，使用设定时间来控制铰牙动作。在开模行程中到达动作位置，使用设定铰牙次数来控制铰牙动作。使用计数控制，必须使用电眼来感应旋转齿数，并控制铰牙动作。注意：计数控制比时间控制更为精确。

根据需要对每一个中子的移进或退出设定压力、速度、时间、铰牙计数及位置。在开模循环结束时，只有使用中子 A 来执行铰牙动作，才有铰牙二退的动作。注意此铰牙二退只可使用计数控制。

设定所有中子的参数之后，在手动模式下执行中子并确认机器动作合适。在设定中子期间遇到任何问题，可按手动键来紧急停止机器操作。中子动作过程设定如图 3-29 所示。

二、注射座单元的建立

1. 注射座单元

通常情况下，可设定注射座在射出完成后退回。假如需要注射座活动，控制器还有三种不同的模式供选择：储料后、开模前、射出后。按下手动键，确定在手动模式下执行，操作过程如图 3-30 所示。

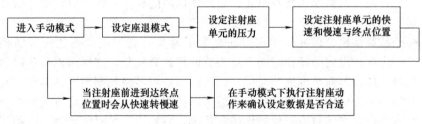

图 3-30 建立注射座单元

按图 3-1 所示面板上的 F7 键进入注射座设定画面。首先，设定座退模式。若选择"储料后座退"模式，会在储料终止时做座退动作；若选择"开模前座退"模式，会在开模前做座退动作。若要在注射完成后做座退动作，可选择"射出后座退"。如果设定为"0"，则注射座不动作。接着，设定注射座前进的压力、速度。其速度可分为快速和慢速，注射座开始前进时，使用快速，当注射座到达进终位置，便转换成慢速，直至喷嘴接触到模具。

当注射座前进到达终点位置时，前进速度会从快速转为慢速。喷嘴和模具之间的距离最小要保留 200mm 的安全范围（这是很重要的）。假如终止位置设定太靠近模座，当喷嘴接触模具时将不能慢下来，会造成模具和喷嘴的损坏；当注射座退终位置设定为"0"时，注射座会退到底。一般将注射座进终位置设定大于 0。设定所有座退参数后，在手动模式下执行注射座动作来确认所设定的数据是否合适。假如在设定注射座及射出单元时遇到问题，可按下手动键来停止机器的动作。

2. 注射和保压

根据所选机器类型，其注射过程可分为 4～6 段，保压过程可分为 3～4 段，操作过程如图 3-31 所示。按手动键执行手动操作模式，按图 3-1 所示面板上的 F3 键进入系统的射出曲线画面。

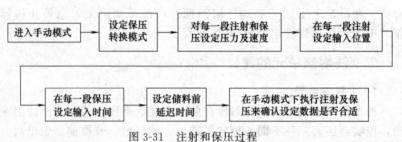

图 3-31　注射和保压过程

首先，选择保压转换模式。如果使用时间模式，到达设定的注射时间后控制器将执行保压；如果使用位置模式，到达最后的设定射出位置时控制器将执行保压。设定时间是为了避免位置尺不能到达保压转换点。注意：设定的动作时间要比需要的注射时间长，这样可以避免因物料流动性较差而导致成型失败。保压的每一段转换控制根据其动作时间而定，不受保压转换模式影响。还可以使用位置和时间结合方式来控制射出动作，当注射终点位置无法到达时，将转为注射时间控制。使用任何一种注射控制方式都可从监测画面中得到更多有关注射动作的信息。

接下来，设定每一段注射和保压过程的压力和速度，并在每一段注射设定输入位置，在每一段保压设定输入时间。如果在保压/注射结束后及储料/座退前需要冷却，可设定需要的储料前延迟时间。

选择执行快速射出，机器要多选择一个对方向阀的执行控制功能，即可达到高速注射；使用蓄能器时可实现高速、高压注射。

在设定所有注射/保压参数之后，在手动模式下执行注射及保压，确认机器动作合适。在设定注射及保压过程中出现问题，应按手动键来停止机器目前所有的动作。

3. 储料和座退

储料和座退设定过程如图 3-32 所示。注意：座退是指注射座的后退，射退是指螺杆的后退。

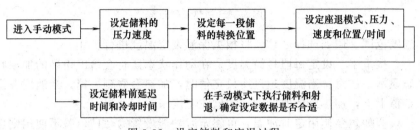

图 3-32　设定储料和座退过程

储料分为三段，可在每一段设定压力及速度。如有需要，也可使座退在储料结束后执行。

按下手动键，确定操作在手动模式下执行。按面板上的 F3 键可进入射出画面设定。

首先，设定储料每一段的压力、速度；接下来，输入位置来转换三段储料动作。选择射退模式，射退模式可使用位置或时间控制。选择"0"使用位置控制，选择"1"则使用时间控制。输入射退的压力、速度、位置/时间等参数。位置/时间在相同字段中使用，它依据射退模式选择来变换其单位。假如不需要射退动作，则可将其位置时间设定为"0"；若在注射、保压结束时需要冷却，在储料和射退前设定储料前所需要的延迟时间；若在完成储料/射退之后需要冷却，则在开模前输入冷却时间即可。

在设定所有储料/射退参数之后，在手动模式下执行储料和座退来确认机器是否合适。在设定储料及座退中遇到任何问题，均可按手动键来停止机器所有的动作。

4. 加热

料筒温度最多可分九段，但需依照机器的类型而定。每段料筒可独立控制温度。按下手动键，确定操作在手动模式下执行。按下 F8 键可进入温度设定画面，操作过程如图 3-33 所示。

首先，设定温度模式（保温）：如选择"0"，温度就会保持在设定

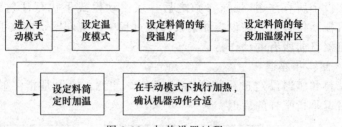

图 3-33　加热设置过程

温度范围。假如选择"1"，将根据保温设定温度进行工作。

接下来，设定每段料筒温度。在动作状态区将会给出正确的加温状态显示。注意：当温度超过所设定值时，加热会立刻关掉。当温度在设定值上下，加热会依照所设定的监测温度来执行加温。

假如想要使用定时加温，可将定时功能设置为"1"，若不使用则选择"0"。

计算机会依照设定时间来控制料筒加温。如果温度发生故障，画面上会显示"977""988"或"999"。"977"表示温度板没有连接上或损坏。"988"表示感温线或温度感应有问题。假如温度超过正常范围，屏幕将会显示"999"。

所有加热参数设定之后，在手动模式下执行并确认机器的动作是否合适。在加热设定期间遇到任何问题，可按手动键来停止机器所有的动作。

三、生产画面建立

生产画面建立过程如图 3-34 所示。按下手动键则操作在手动模式下进行，此时系统允许对每一生产参数设定上限及下限的操作范围。当实际值超过设定的上、下限时，机器将停止操作并发出警报。此时，警报画面将会记录警报发生的时间及原因。若想进入警报/错误信息画面，

图 3-34　生产画面建立过程

可按警报。

开机后第一次操作时，自动警报是关闭的。直到生产模式到达自动报警起始模式后，才会开启自动警报，且会将开启警报前一模的生产参数作为警报的参考值。当其实际参数超过警报的上、下限时，机器会发出警报且停止运作。

应等到生产循环稳定后，再来执行自动警报功能。在机器启动正常运转前，实际生产参数都会略作修改，所以必须等到生产稳定后，才可执行自动警报模式功能。

按时间自动键来执行自动模式，按面板上 F8 进入监测画面。当自动警报执行后，自动警报值会设定为 1。接下来，可设定偏差值做生产参数控制。依照下面的计算方法来计算偏差值的最大值及最小值，即用实际生产参数值配合误差（％）和误差值来建立偏差值，再利用偏差值和参考值来建立其上、下限。

最大值：$RV+(RV\times X/100)+Y$

最小值：$RV-(RV\times X/100)-1$

其中，RV 为参考值；X 为误差百分比（例如，10 为 10％）；Y 为误差值。

参考值未固定前，会随着每一个循环改变，而且设备关机后参考值会消失。重新开始操作机器后，会用现在参数值建立其上、下限的参考点。若参考值已经建立，但实际生产参数已做修正，可将自动警报模式选择为 2，用新的参考值来取代原参考值，计算机会用自动警报模式选择 2 的前一模来当作参考值的参数值。

在自动警报模式中，假如自动警报已经在使用（模式 1）或所设定自动警报起始模式未到达（模式 0），可调整自动警报起始模式。

在设定所有参数直到自动警报模式之后，在自动模式下执行动作并确认所设定的数据是否合适。在执行自动警报模式之后改进生产，可在监测中设定参数值。

四、其他功能和设定

机械手及气动安全门是在其他功能设定画面中选用，它们的使用依照机器配置而定。如图 3-35 所示为气动安全门和机械手的设定。

按下手动键，确定操作在手动模式下执行。在面板上按 F7 进入其他设定模式。

设定气动安全门模式后，安全门会在储料完成后自动打开。在一个

图 3-35　气动安全门和机械手的设定

生产循环开始前，必须按安全开关的按钮，安全门才会关闭。假如没有执行此功能，安全门将不会自动开启和关闭，即使在手动模式也无法开和关。但注意：当操作大型机器时，手动安全门需要用较大的力量才可打开。

设定机械手模式后，可使用机械手将顶出的制品从模具中取出。

设定完所有参数之后，在手动模式下执行机械动作，确认机械动作是否合适。在设定期间遇到任何问题，可按手动键来停止机械操作。

第三节　注塑机面板操作与注塑工艺优化

一、参数定义

Arburg 注塑机的人机界面为完全图标化按钮，直观明了。本节以 Arburg 产品为例，介绍注塑机面板操作与注塑工艺优化的设置方法。

1. 参数定义

不同的 Arburg 注塑机所对应参数的定义不同。参数主要由一个字母和一个数字组成（见表 3-2）。

表 3-2　参数的定义

字母代表的参数类型	数字代表循环中步骤顺序
d = 直径,mm	0 = 指令参数,自动接通或切断
e = 灵敏度,pC/bar	1 = 模具闭合,安全门
f = 功能,输入 yes/no 或数值	2 = 喷嘴(注射单元)
F = 力,kN	3 = 注射、保压压力,压力测量系统
P = 压力,bar	4 = 塑化计量,减压
Q = 流量,cm³/s 或 L/min(显示为 ccm/s)	5 = 开模,输入带,分拣器
8 = 螺杆行程,mm	6 = 顶出,搬运
S = 转换输入,(只显示)	7 = 抽芯
t = 时间,s 或 min	8 = 温度,模温控制设备
T = 温度,℃或℉	9 = 操作记录,警报程序,磁盘,冷却系统
v = 速度,mm/s	14 = 生产数据订单
V = 体积,cm³(显示为 ccm)	22 = 程序输入/输出
Y = 阀,(只显示)	
SK = 比例	

二、编程键盘

Arburg 注塑机操作面板上的编程键盘如图 3-36 所示，其中不同颜色的键代表不同的功能特点。

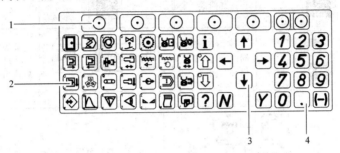

图 3-36　Arburg 注塑机的编程键盘
1—功能键；2—符号键盘；3—光标键；4—数字输入键

绿色键：循环顺序编程，生产控制。
灰色键：工艺参数。
黄色键：质量监视，生产记录。
蓝色键：功能键。

三、编程方法

Arburg 注塑机的编程方法如图 3-37 所示。

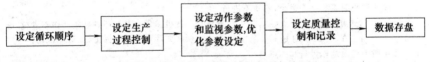

图 3-37　Arburg 注塑机的编程方法

1. 设定循环顺序

按下注塑机操作面板上的 ⊙ 键就可以进行注塑成型循环顺序的设定。此时会在显示屏的右上角显示设定循环顺序的图标，说明当前的符号键，参数面板亦转化为循环顺序设定的面板。循环以左面的"循环开始" ◇ 为起点，从左到右依次排定各个符号，表示动作的先后顺序关系。只有前面的动作结束之后，才能进行下一个动作。上下并排的符号表示相应的机器动作同时进行。在此面板上可以完成动作的增减、前后顺序的改变等一系列功能。表 3-3 为机器的各种动作设定图标的含义。

表 3-3　注塑机各种动作的设定

图标	动作	图标	动作
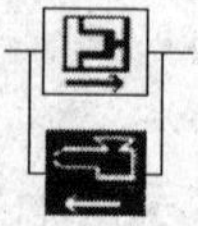	注射座与合模同时动作,缩短循环时间		吹气的设定
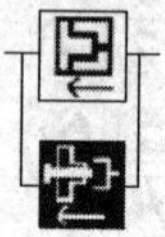	顶出与开模同时动作,缩短循环时间		抽芯编程,合模前进芯,开模后顶出前出芯

图标	动作
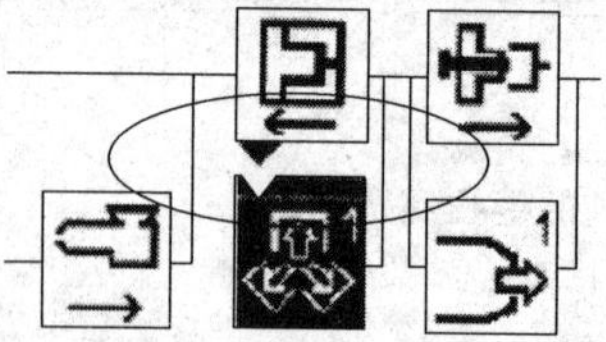	开模一段后再同时动作,避免损坏模具
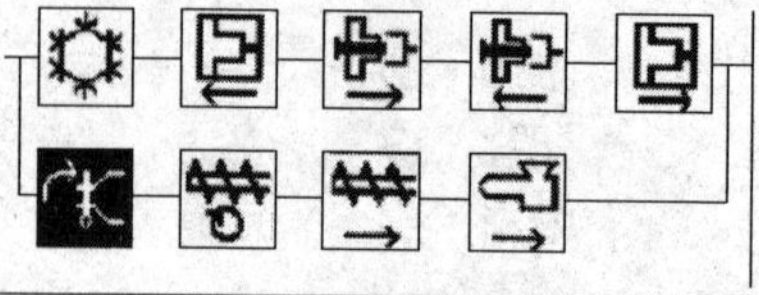	开关喷嘴/快速生产薄壁零件/进料与开合模同时进行
①首先找出试机循环功能键,然后按下此键  ②注意试机时哪些动作进行,哪些不进行 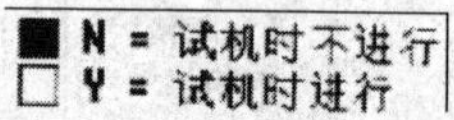 ■ N = 试机时不进行 □ Y = 试机时进行 ③在图中标出动作进行与不进行 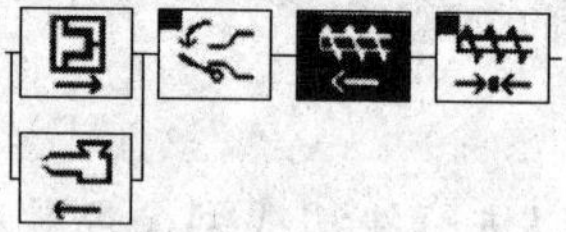 	试机循环——循环时哪些动作不进行,必须在循环顺序图中标出,以避免误动作

2. 生产过程控制

生产过程控制主要可以控制以下几个方面:

① 生产数量。

② 出问题(报警)后,包括循环如何变化,应等待多少时间才能关掉机器的电机和加热,关电机前应作何种动作(合模、注射座退后、射空)。

③ 自动开机/关机过程。表 3-4 为对生产过程控制设置的简单介绍。

表 3-4　生产过程控制的设置

控制内容		设　置
生产数据控制		①首先按下操作面板上 键 ②找订单数据功能键,按下此键 　 ③在订单数据面板上进行参数设置
出问题 (报警)后	循环如何变化的设置	①按下操作面板上 键,进入警报界面 ②按下功能键 警报循环 ,进入警报循环界面 ③设置某些动作在发生警报时不进行  ■在警报时不进行
	警报多久后停机的设置	①按下功能键 警报功能 ,进入设置界面 ②在相应的参数处设置参数值 t951 = 5 min 警报状态时间 t952 = 10 min 警报灯时间
	关机前动作的设置	①按下操作面板上 键,进入界面 ②按下功能键 关机动作 ,进行相应的动作设置
自动开机/关机过程		①按下操作面板上 键,进入界面 ②按下功能键 自动开/关机 ,进行相应参数的设置

3. 设定动作参数和监视参数,优化参数设定

注塑机的各种参数可以按控制面板上相应的键进行设定,也可以直接通过循环顺序图对各个参数进行设定,以下为各种参数的设定。

(1) 合模过程参数的设定

合模过程参数的设定见表 3-5。

(2) 开模过程参数的设定

开模过程参数的设定同合模参数一样,可以按控制面板上 键进行设定,也可以直接通过循环顺序图对各个参数进行设定。表 3-6 为各种开模过程参数的设定。

表 3-5   合模过程参数的设定

合模参数	设 定 过 程
循环顺序图内合模参数的设定	①按下操作面板上  键,进入循环顺序界面,然后选择合模动作,进入合模动作参数设置界面 ②可以进行合模段数、锁模力、合模速度、低压护模和高压锁模的设置
合模方式	按下操作面板上  键,然后选择功能键 模具选择 ,进入合模方式选择其界面如下: f131 = 允许注射锁模力 是 锁模程序: f132 = 标准式
扩展锁模力	①按下操作面板上  键,然后选择功能键 模具选择 ,进行相应参数设置 ②扩展锁模力的设置有助于节约时间,帮助分型面排气,减少机器损耗,如图 3-38 所示 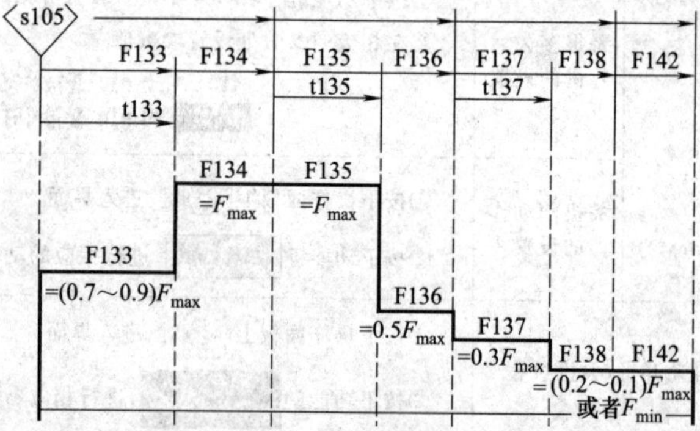 图 3-38 扩展锁模力
锁模参数设定	①按下操作面板上合模参数键后选择功能键 模具选择 ,进入锁模参数设定界面 ②可以进行合模后锁模力、保压时锁模段,合模位监视和冷却时锁模段参数的设置
合模参数	①按下操作面板上  键,然后选择功能键 合模 ,接着进行参数的设定 ②可以进行多段合模速度、合模压力和锁模的设置

续表

合模参数	设　定　过　程
合模保护监视	按下操作面板上合模参数键后选择功能键　**监视**，进入参数设定界面
合模到中间暂停	按下操作面板上合模参数键后选择功能"中间停止"键，进入参数设定界面

表 3-6　各种开模过程参数的设定

开模过程参数	设　　定
开模	通过按控制面板上开模参数键或选择循环顺序图的开模动作，可以进行开模速度、压力和位置的设置，其界面如图 3-39 所示 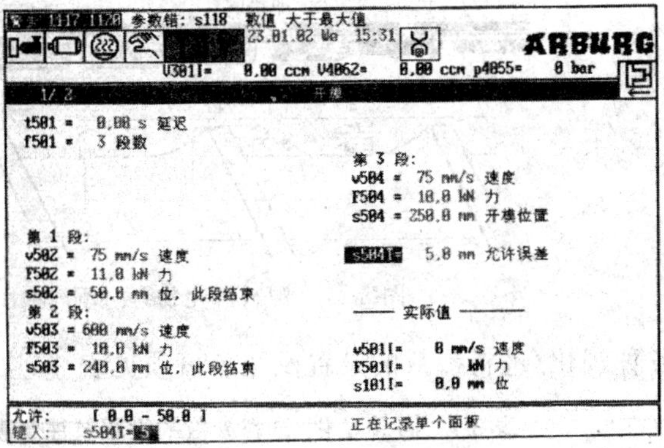 图 3-39　开模动作参数设置界面
顶针动作	按下控制面板上  ⊞ 键，选择功能键　**前进**　可以进行顶针前进动作设置，选择功能键　**后退**　可以进行顶针后退动作的设置
顶针多次动作	进入循环顺序图，选择多次动作  ⊞ 键，进行相应参数的设定
抽芯	①选择操作面板  ⊞ 键或进入循环顺序图中选择抽芯动作，进行相应参数的设定 ②选择 **选择抽芯 1** 功能键可以进行控制方式的设定，选择 **进芯 1** 和 **退芯 1** 可以进行抽芯动作参数的设定

开模过程参数	设　　定
注射座动作	①选择操作面板上 ⬛ 键,进入界面后选择 **前进** 和 **后退** 功能键进行动作参数的设置 ②注射座后退是为了避免喷嘴过冷却,后退距离不应设的太大

（3）塑化/进料参数的设定

塑化过程的主要作用是为塑料充模成型提供高质量、熔融和混合均匀的熔体,如图 3-40 所示为塑料塑化物理过程。在这一过程中主要的参数有料筒温度、螺杆转速、背压和射退量。

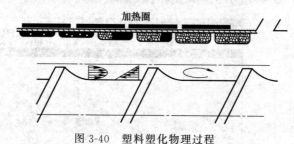

图 3-40　塑料塑化物理过程

各种塑化/进料参数的设置及注意事项见表 3-7。

表 3-7　各种塑化/进料参数的设置及注意事项

参数	注意事项	操作设置
料筒温度	①设定范围取决于原料型号(必须听取原材料供应商的建议) ②温度设定过低会导致螺杆部件损坏,过高会导致原料降解 ③停机时降温,控制喷嘴和料筒的冷却温度,缩短加热时间,节省能量	①按下操作面板 ⬛ 键,选择功能键 **温度 料筒**,然后进行料筒温度和停机时降温值的设定 ②停机降温功能的启用,需要选择功能键"设定值控制",然后选择其中降温功能后才能实现
螺杆转速	①在冷却时间范围内尽量减小旋转速度 ②转速不宜过高,过高会导致塑料的热降解和机械降解,而且会增加螺杆和止逆环的磨损 ③螺杆转速可以用转速(r/min)或用周边速度(m/min,mm/s)来表示,两参数与螺杆直径存在一定的关系,如图 3-41 所示	按下操作面板上 ⬛ 键,选择功能键 **预塑 防涎**,接着进行与转速相关的参数设置

续表

参　数	注 意 事 项	操 作 设 置
螺杆转速	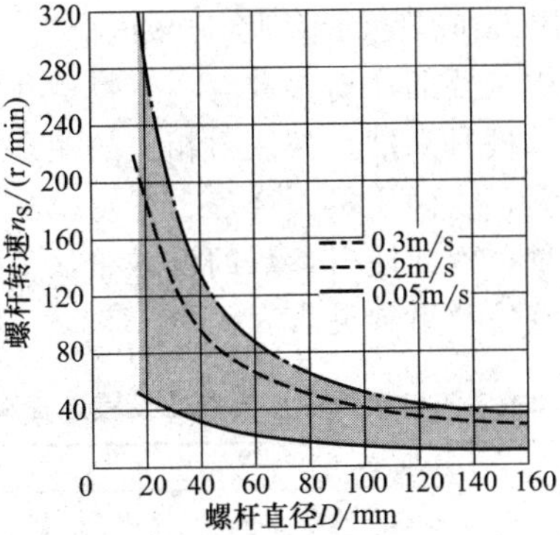 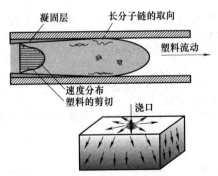图 3-41　螺杆直径、周边速度及转速间关系	
背压	①背压有助于混合的均匀度，避免塑料内产生气孔 ②不当的背压会导致混色不均、气泡、料垫不稳定和塑料热降解等问题	背压参数值的设置与螺杆转速在同一界面里，界面操作顺序与螺杆转速相同
射退	①螺杆射退有助于减去喷嘴内压力，防止喷嘴流料 ②射退过小会影响料垫稳定性 ③射退过大会导致吸入空气	射退参数值的设置与螺杆转速在同一界面里，可以选择顶塑前或预塑后射退，界面操作顺序与螺杆转速相同

（4）注射参数的设定

注射充模时的物理过程如图 3-42 所示。

凝固层　长分子链的取向

塑料流动

速度分布
塑料的剪切

浇口

图 3-42　注射充模时的物理过程

注射充模时的物理过程对注射参数的影响因素包括：塑料流动、凝固层长分子链的取向、速度分布、塑料的剪切作用等。

　　注射充模时的物理过程对制品质量的影响包括：①剪切会导致塑料的过热和降解；②塑料被模具和流道冷却；③分子链取向并会导致内应力和翘曲；④压力和温度的差别会导致内应力、变形，甚至充模不完全。

　　注射过程中主要的注射参数有：进料量和保压切换点、注射速度曲线，注射压力和模具温度。与注射相关的注塑件质量问题有：充模、内应力、翘曲变形、表面质量、烧焦、焊接线和蛇纹等。注射过程决定了制品最终的质量，因此注射参数的设置非常重要。注射过程中主要参数设置过程和设置注意事项见表3-8。

表 3-8　注射过程中主要参数设置过程和设置注意事项

参数	注 意 事 项	操 作 设 置
进料量和保压切换点的设定	①保压切换点＝注射结束点 ②进料量与保压切换点之差是实际注射量，实际注射量应达到约98%充满型腔 ③保压切换点太小易出现胀模、翘曲等问题。切换点太大则易出缺料、缩孔等问题，如图3-43所示为不同保压切换点的压力曲线	按下操作面板上 键，进入注射界面，然后选择功能键"注射"，接着在转压点处进行设置 U385 =　15.00 ccm 转压点 ——— 实际值 ——— U4865=　8.00 ccm 转压容量 p4072=　0 bar 转压压力
注射速度	可以进行多段注射速度的设置达到最佳产品质量	操作过程同上，按下功能键"注射"后就可以进行相关参数设置
注射压力	①实际使用的注射压力取决于注射速度、塑料熔体的黏度，以及模具流道的阻力 ②注射压力设定值是对实际注射压力的最高限制 ③注射压力用于克服塑料流动时的阻力	操作过程同注射速度设置
模具温度	①模具温度的设定见参数表或者根据材料供应商的推荐数据 ②温度不宜过高或过低，过低会导致充模困难、内应力，翘曲等问题；过高导致成型周期长，尺寸精度低等问题	按下操作面板上 键，进入相应界面进行参数的设置

　　（5）保压参数的设定

　　保压过程主要是充模后继续推进熔体进行补缩，以便获取致密制品的过程。主要参数见表3-9。

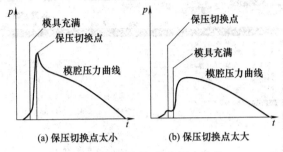

图 3-43　不同保压切换点压力曲线

表 3-9　保压参数

保压参数	说　明
保压压力	按半结晶塑料和无规塑料不同的保压曲线由注塑机参数表给出,如图 3-44 所示
保压时间	应略大于或等于浇口凝固的时间
过渡时间	压力从注射压力到保压压力过渡的时间,对塑料产生预压缩
保压速度	保压时螺杆前进的速度限制

与保压相关的质量问题主要有：尺寸、翘曲、内应力、凹陷、收缩孔、飞边等。保压参数的设定：按下操作面板上 [键] 键，选择保压功能键，进行保压相关的参数设置，如图 3-45 所示。

（6）工艺参数优化步骤

① 调节注射压力以适配注射速度，如图 3-46 所示。选择操作面板上 [键] 键，然后选择功能键"设置图像"，设置与图像相关的参数，接着选择"图像 1"功能键或"图像 2"功能键，直观地调节注射压力。

② 根据部件要求调节注射速度，典型的注射时间见参数表，微调速度曲线以达到最佳质量。

③ 确定保压切换点。一般保压切换点设置在物料约充满型腔的 98% 时。

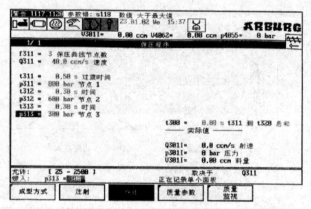

图 3-45 保压参数设置界面

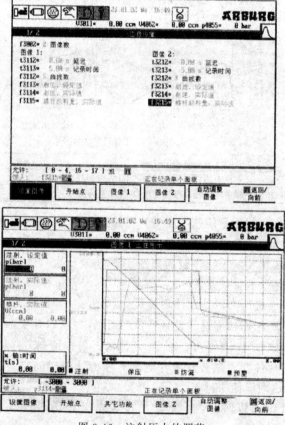

图 3-46 注射压力的调节

④ 优化保压时间。用测量重量的方法确定浇口凝固时间。

⑤ 优化保压压力。

⑥ 调节冷却时间。

⑦ 调节进料速度和其他参数。

4. 设定质量控制和记录

Arburg 注塑机监视注塑生产稳定性及产品质量的手段主要有：① 实际过程参数的监视；② 产品质量的抽查；③ SPC（statistical process control）生产过程统计控制。

Arburg 注塑机运用先进的控制器 SELOGICA 对过程进行监视并存档。SELOGIGA 控制器过程监视和存档主要表现在以下几个方面：① 自动计算参考值和公差；② 监视实际值和实际曲线；③ 生产工艺参数表记录；④ 生产工艺参数图像记录；⑤ 工艺参数记录在磁盘或打印机上。

（1）过程参数实际值的监视

过程参数的实际值影响产品质量，因此参数实际值的监视非常重要。可以监视的实际参数见表 3-10。

表 3-10　可以监视的实际参数

参数	说　明
注射速度/时间	可以反映注射压力设定过低和注射速度的设定改变；注射速度过低，充模不完全、缺料；注射速度过高，排气问题（烧焦），表面缺陷
注射压力/压力积分	可以反映原料黏度和料筒及模具温度变化，直接会影响到制品的尺寸，表面质量和制品强度等
转压压力	转压压力即为注射结束至保压开始时过渡段的压力，可以反映个别型腔水口堵塞、止逆环关闭、料筒/热流道温度及原料变化等情况，并且对制品的产量及脱模产生影响，监视界面如图 3-47 所示
料垫	可以反映保压设定变化、热流道温度变化、个别型腔水口堵塞、止逆环关闭不正常、喷嘴与模具间泄漏等；对于制品质量会产生充模不完全，缺料或产生飞边等情况，监视界面如图 3-48 所示
循环时间	可以反映冷却时间，保压时间和机器动作速度变化；循环时间的变化对生产率、脱模、部件尺寸和缩水等都会产生影响，其监视界面如图 3-49 所示
进料时间（预塑时间）	可以反映螺杆旋转速度和背压设定变化、入料口温度设定及回收料处理正确与否，同时会对熔胶质量、颜色变化及均匀性和产品内在质量等都会产生影响，其监视界面如图 3-50 所示

除了可以对以上参数进行监视外，还可以对注射起点、保压压力和型腔内压力进行监视。

对于过程参数的监视除可以采取实际值监视外，还可以进行曲线监视。如图 3-50～图 3-52 所示为曲线监视的设定。首先按下操作面板上键，进入曲线监视设定的相关界面：图 3-49 所示监视图设置界面内可以设置监视图像数、记录条件数等功能；图 3-51 所示监视界面可以进行峰值监视，峰值时间监视及按时间积分监视等各种功能设定；图 3-52 为监视图形的显示，可以对图形的坐标、单位及曲线进行调整。

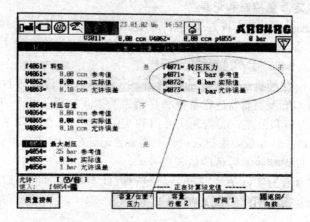

图 3-47　转压压力监视界面

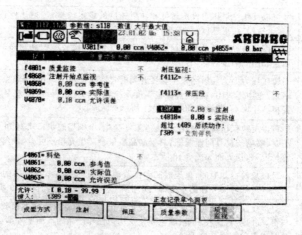

图 3-48　料垫监视界面

（2）过程监视与质量控制

Arburg 注塑机过程监视与质量控制的过程和原理如图 3-53 所示，其说明见表 3-11。

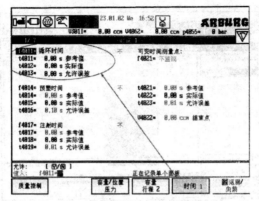

图 3-49　循环时间监视界面

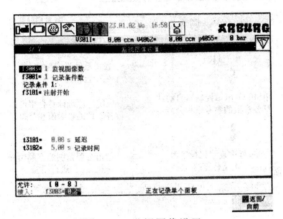

图 3-50　监视图像设置

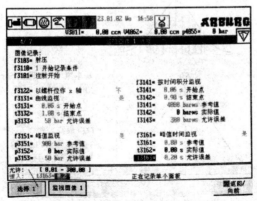

图 3-51　监视图像功能的选择

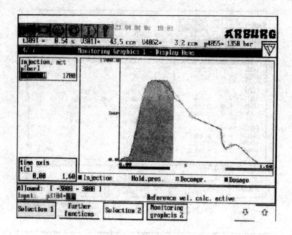

图 3-52   监视图像曲线

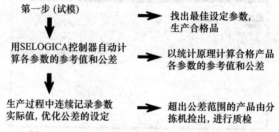

第一步 (试模)   →   找出最佳设定参数，
生产合格品

用SELOGICA控制器自动计算各参数的参考值和公差   →   以统计原理计算合格产品各参数的参考值和公差

生产过程中连续记录参数实际值，优化公差的设定   →   超出公差范围的产品由分拣机捡出，进行质检

图 3-53   过程监视与质量控制的过程及原理

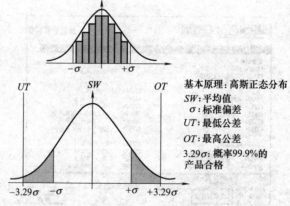

基本原理：高斯正态分布
SW：平均值
σ：标准偏差
UT：最低公差
OT：最高公差
3.29σ：概率99.9%的产品合格

图 3-54   自动计算参考值和公差的基本原理

表 3-11　注塑机过程监视与质量控制的过程

类别	说　明
自动计算参考值和公差	Arburg 注塑机利用先进的 SELOGICA 控制系统在生产过程中自动进行参考值和公差的计算。基本原理为高斯正态分布,如图 3-54 所示 在实际生产过程中,注塑机控制系统连续不断地监视工艺参数,参数超出公差的制品被分拣器拣出。对质量进行界面设定如图 3-55 所示。分拣器不但可以拣出次品,而且可以分离制品与浇口,拣出生产开始时数个产品,如图 3-56 所示
工艺参数实际值记录与存档	Arburg 注塑机可以记录几十个工艺参数的实际值并存档,但每次只能记录 8 个工艺参数值。常用工艺参数有:注射开始位置、注射时间、压力积分值、转压压力、保压压力积分、料垫、进料时间和循环周期。注塑机操作时,按下操作面板上 🗇 键,便进入相应的界面
生产工艺参数表记录	生产工艺参数表记录的参数为已设置需记录工艺参数值的实际值。操作界面中白色数字显示最新的 7 个循环,蓝色数字显示最低和最高值、平均值和标准方差,如图 3-57 所示
生产工艺参数图像记录	生产工艺参数图像每页可记录 4 个工艺参数,同时可以记录最新的 99 个循环。在界面中除了可以显示参数值外,还可以显示平均值和标准方差,如图 3-58 所示
过程总结	对于产品质量控制过程可以总结为如图 3-59 所示的过程

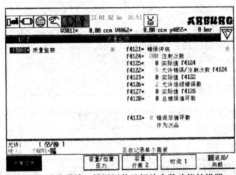

(a) 质量监控,错误评估及相关参数功能的设置

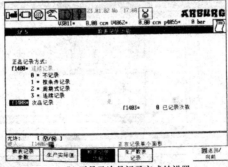

(b) 正品及次品记录方式的设置

图 3-55　质量监控设置界面

图 3-56　分拣器

Design.	f1403	V3352	t4018	I3142	p4072	I3242	V4062	t4015	t4012
Unit		ccm	s	barms	bar	barms	ccm	s	s
Nom.val		110,0	0,56	410	1023	507	3,5	2,20	7,52
Toler.		1,0	0,10	20	70	10	2,0	1,00	0,30
	119	110,0	0.56	431	1026	509	3.2	2.13	7.46
	120	110,0	0,56	421	1017	506	2,9	2,13	7,44
	121	110,1	0,56	410	999	504	3,7	2,19	7,51
	122	110,0	0,56	413	999	503	3,7	2,22	7,54
	123	110,1	0,56	418	1023	507	3,8	2,20	7,52
	124	110,0	0,56	421	1033	508	3,7	2,21	7,53
	125	110,2	0,56	426	1048	511	3,7	2,22	7,53
Min val		110,0	0,56	0	0	0	1,5	0,00	6,71
Max val		110,2	4,00	1029	1529	576	5,2	6,72	11,86
Average		110,0	0,60	453	1072	398	3,6	2,34	7,64
Std.dev		0,1	0,31	112	150	53	0,4	1,00	0,98

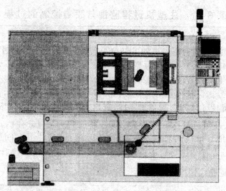

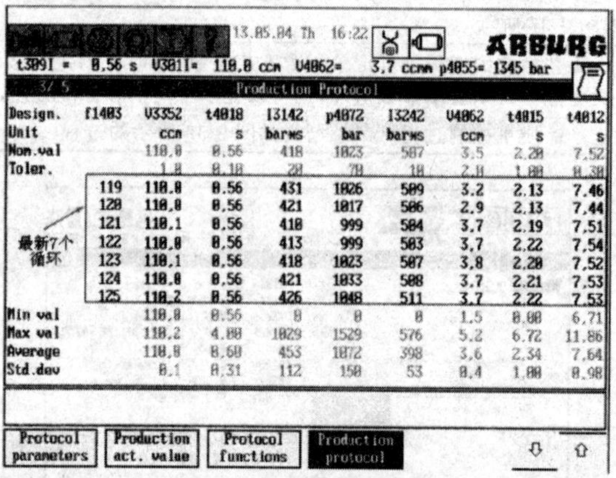

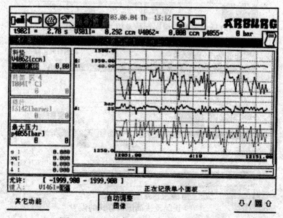

图 3-57　生产工艺参数表记录

图 3-58　生产工艺参数图像记录

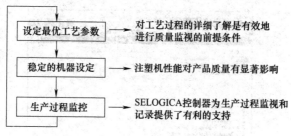

图 3-59 产品质量控制的过程

5. 打印记录功能

在操作面板的 键下可得到如下功能：

① 打印设定参数（在打印机或磁盘上），供阅读和参数。

② 记录生产过程（在打印机或磁盘上），每一循环可记录 8 个参数，可以进行每一循环都记录或间隔记录的方式，记录结果有助于检查和解决生产及质量问题。

打印操作的过程如图 3-60～图 3-63 所示。

① 选择功能键"存档选择"，设置存档方式，即将记录参数存储在打印机上或磁盘上。

② 选择功能键"选择打印机"，对打印机进行相关参数的设置，如打印机型号、传输速度和是否彩色打印等。

③ 选择功能键"选择记录面板 1"，设置需要打印的页数。

④ 显示操作记录。

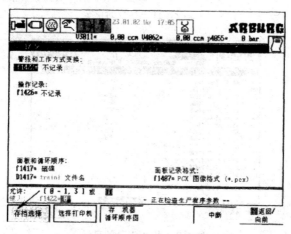

图 3-60 存档方式选择

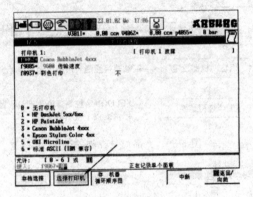

图 3-61　打印机选择

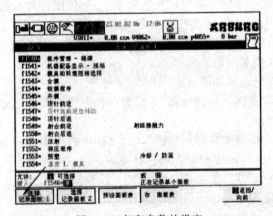

图 3-62　打印参数的设定

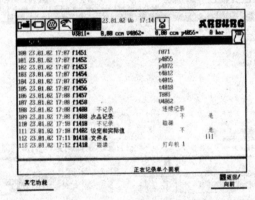

图 3-63　操作记录的显示

第四章

注塑机的保养和维护

第一节 注塑机的保养和维护

一、液压部分的维护保养

液压部分包括液压油量、液压油温度、液压油质量、液压油更换、滤油器清洗和冷却器清洗，具体方法见表4-1。

表 4-1 液压部分的维护保养

类别	说 明
液压油量	常用机型油箱都没有油量指示，应每月检查并加入足够的测量，测量不足会导致油温过高及空气较容易溶入油中，影响油的质量。测量不足的原因通常是由漏洞、渗油在修理时油流失所致
液压油温度	液压系统理想的工作温度应在 45～50℃ 之间。液压系统是依据选定的液压油黏度而设计的，但黏度会随着油温的高低而变化，从而影响系统中的工作元件(如油缸、液压阀等)，使得控制精度降低。液压油温过高会加速密封元件的老化，使其硬化、碎裂,液压油温过低则加大能量损耗及使运转速度减慢
液压油质量	液压油应经常保持于良好状况，即保持清洁、不浑浊及没有老化现象。水和空气是液压油变浑浊的成分，小于1%水分就足以产生影响，但是水与空气的混入是容易被察觉出来的，常取出部分液压油置于一透明容器内，若有空气混入油中，则隔一段时间在容器底部会形成云状沉淀而上部则会变回清澈,如有怀疑，则可将此油温升到 100℃，观察是否有蒸汽排出。液压油老化一般较难辨别，但可以从油箱底部及液压油本身的颜色转深色而显示出来
液压油更换	通常液压油工作超过 6000h 应更换一次,若水分太多或有污染物存在时应立即更换。具体更换步骤如下： ①先将油箱内液压油全部抽出 ②清洗滤油器 ③清洗油箱内壁(注意不要用碎布，防止遗留下的毛屑堵塞滤油器的过滤网) ④加入足够油量，在机器重新启动后，若油量降低则应再加上 ⑤运转机器,将油管内的空气排走后再恢复正常生产

类别	说　　明
滤油器清洗	滤油器应经常注意清洗过滤网,每隔三个月清洗一次或更换过滤网,以保持液压泵吸油管道畅通无阻
冷却器清洗	冷却器应每半年或5000h清洗一次,冷却器的内部堵塞将影响冷却效果

二、电气部分的维护保养

电气控制部分主要包括电源接驳、电机、发热筒、温度表和电磁继电器、接触器等,具体见表4-2。

表4-2　电气控制部分维护保养

类别	说　　明
电源接驳	可接入三相四线制电源,地线要牢固接好,接地电阻要低于10Ω,电线接驳不良、不紧固会使接驳位置上产生高温或火花而损坏,电磁接触器上的接驳会因振动而较容易松开,造成触点导线接驳不良,发热和烧坏接头,应定时检查及收紧紧固连接
电机	电机应按规定的顺时针方向旋转,一般电机都是利用空气冷却形式进行冷却,太多的尘埃积聚会造成散热困难,所以每年应清理一次,保证电机散热良好
发热筒	熔胶筒上附着的发热筒应定期检查,检查和收紧发热筒螺钉以保证有效地传热
温度表	温度表也称温控仪,温度表由热电偶采集熔胶筒上的温度信号,应该定期检查安装位置是否适当、安装接触是否良好,设置温度表温度,调整校正实际温度,否则会影响温度测定和控制,影响产品质量和产品稳定性
电磁继电器、接触器	电磁继电器主要指控制继电器、时间继电器等,接触器主要是交流接触器,用于电加热部分的接触器或继电器或其他动作时间继电器因动作次数较频繁,其损耗速度也较快,若发现有过热现象或发出响声则表示有故障或损坏,应尽早更换

三、机械部分的维护保养

机械部分主要有模板平行度、模厚薄调整、中央润滑系统、机械传动平稳和轴承检查等,具体见表4-3。

表4-3　机械部分的维护保养

类别	说　　明
模板平行度	模板平行度最能反映出锁模部分的状况,模板不平行会产生不合格产品和增加零件磨损程度,应检查注塑机的动模板、静模板、导柱以及机铰配合间隙、磨损程度等
模厚薄调整	由调模装置和调模模板组成的系统应定期进行检查,也就是将模厚从最厚调到最薄来回通一次,以检验动作是否畅通顺利,尤其在长期使用同一模具生产的机器,此项检查工作必须进行,以避免产生故障

续表

类别	说　明
中央润滑系统	所有机械活动部分都需要有适当的润滑。中央润滑系统的油量应注意经常加满或在需要的位置加入润滑油脂，油管堵塞或泄漏时应及时更换及修理，锁模系统采用集中润滑，拉动手动泵数次以确保每个润滑点都有油供应，每班最少加油两次。调模螺母、拉杆螺纹、上下夹板和射台部分黄油嘴处的润滑都应有具体实施的记录或检查
机械传动平稳	应保持机械传动各动作畅通顺利。各动作振动和不顺畅常可能由速度参数调节不当造成，这类振动会使机械部分加速磨损或使已紧固的螺钉松动，只有保持机械传动平稳，才可避免和减少振动
轴承检查	轴承部分在转动时发出异常声音或温度急剧升高则表示轴承已磨损，应及时检查、诊断和更换

四、注塑机的润滑

注塑机的润滑包括手动润滑和电脑设定自动润滑，所采用的润滑油有润滑脂和稀油两种，根据各部位的重要程度，其润滑加油周期也不相同。注塑机润滑部位分布图如图 4-1 所示，其加油品种和周期如下。

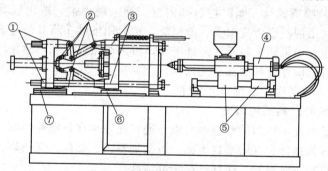

图 4-1　注塑机润滑部位分布图

① 在图示的①、④和⑤所标记的位置，推荐采用 MoS_2 油脂，每月加油一次（新机在前 6 个月内，约半个月加油一次）。

② 在②③⑥和⑦所标记的位置，由电脑设定自动润滑，若加润滑油，每 150～200 模加油一次；若加润滑脂，每 300～500 模加油一次，加油时间约为 5～10s。润滑油箱内的润滑油（脂）应充足。新机试车或润滑管路泄露修复后，首先应手动为各润滑管路及各润滑点注油。

五、喷嘴、螺杆、料筒的保养与清洗

当注塑机所注射制品发生污染，更换所注射材料的颜色且注射次数较多时，应对料筒和螺杆进行清洗，根据污染程度不同，可选择部分清洗和全部清洗。

1. 喷嘴的清洗

当制品在不同的地方出现均匀污痕时，说明是由沿着喷嘴通道或模具内浇口流出的有颜色的残渣造成的，此时应对喷嘴进行检查清洗。一般的清洗过程如下：

① 清洗之前，应采用热稳定性高的聚烯烃树脂或料筒专用清洗料，清洗料筒内的残余熔料（对空注射几次）。

② 将注射装置退回到最后端位置。

③ 关闭料筒加热系统，解开加热环连接插头、热电偶接头。

④ 拆除料筒盖。

⑤ 将螺杆移动到最前端（手动操作）。

⑥ 关闭总电源。

⑦ 松开前料筒紧固螺钉，拆下前料筒与喷嘴。为了防止灼伤，操作过程中应戴上防护手套和防护眼镜。

⑧ 从喷嘴螺纹一侧向物料和内壁间滴入脱模剂，取出喷嘴内的残留熔体，用铜丝刷清洗喷嘴、前机筒，然后用细纱布将其清理表面轻轻抛光擦净。如果残余料无法清理干净，可用烘箱将其加热软化后取出清理。同时应检查螺杆头部有无损伤。

⑨ 清理完后，重新装上各件。

2. 螺杆、料筒的清洗

制品出现不均匀的和细微污点，通常是发生在料筒和喷嘴的密封表面、螺杆和螺杆头部的密封表面，以及加料口、螺杆、逆止环、料筒头部等，此时应对料筒、螺杆进行全部清洗。

清洗前，需拆卸料筒和螺杆组件，其拆卸与清洗方法见表4-4。

表4-4　螺杆、料筒拆卸与清洗方法

类别		说　明
螺杆、料筒的拆卸	螺杆的拆卸	① 按"1. 喷嘴的清洗"的步骤①进行操作 ②注射装置转位。大多数注塑机的塑化装置都设有整体转位装置(见图4-2)，为了使清洗时拆卸零件方便，应采用整体转位装置使注射装置旋转一定角度，以便操作。不带转位装置的注塑机，螺杆从注射装置的后端拆卸 ③将注射速度、注射压力调低，注射压力调低到接近于0 ④将注射装置退回到最终位置 ⑤卸下料斗

类别		说　　明
螺杆、料筒的拆卸	螺杆的拆卸	⑥关闭料筒加热和冷却装置;卸下加热环连接插头、热电偶和冷却水软管接头,拆下料管盖 ⑦将螺杆移动到最前端(手动操作) ⑧按图4-3所示的步骤拆卸前料筒和喷嘴 ⑨卸下螺杆尾部联轴器等连接件 ⑩向后移动注射活塞,使螺杆与传动轴完全脱离 ⑪取一段直径略小于螺杆直径、长度适度的木棒,放置于螺杆尾部和注射座后板之间,用夹具托住木棒,如图4-4所示 ⑫点动注射动作键,使螺杆满行程向前移动,同时取下夹具 ⑬点动射退动作键,使注射座后板满行程退回 ⑭放入第二根木棒,重复步骤⑪~⑬(如图4-5所示)。螺杆顶出约1/2长度时,用铅绳将其托住,借助起吊装置缓慢将螺杆抽出离开料筒。因螺杆灼热,接触螺杆时,应带保护手套 ⑮将螺杆放置于木块或木架上,以免损伤。较长时间放置时,应将螺杆垂直吊挂,防止弯曲
	料筒的拆卸	①拆下料筒的全部加热圈及加热导线的支架 ②拧下料筒与注射座前板的固定螺母 ③用起吊装置吊住料筒(如图4-6所示) ④点动螺杆退动作键,使注射座满行程退回 ⑤在注射座后板与料筒后端面之间放入适当长度的木棒,用夹子夹住(如图4-6所示) ⑥用较低的速度和注射压力推动料筒满行程移动到前端 ⑦点动射退动作键再次使注射座满行程退回 ⑧重复步骤⑤和⑥,将料筒与注射座分离 上述过程中,当料筒移出注射座前板1/2时,起吊高度应作相应调整
料筒、螺杆的清洗	螺杆的清洗	①拆下螺杆头部、逆止环、推力环 ②用黄铜刷去除螺杆上的树脂残留物,用废棉布擦去残留的熔体 ③检查螺杆表面质量状况,若有微小划痕,可用细纱布轻轻抛光;若有大的伤痕,则应查明原因,进行修复 ④螺杆冷却到常温后,用不易燃烧的溶剂擦去螺杆上的油迹 ⑤用同样的方法清洗螺杆头部、逆止环、推力环 在清洗时应注意不能损伤零件表面;在安装螺杆前,先在螺杆与螺杆头配合的螺纹处均匀地涂上二硫化钼润滑脂,以防止螺纹锈蚀而咬死
	料管的清洗	①用黄铜刷去除料筒内表面的树脂残留物,将废棉布包缠在长木棒的端部,擦去内表面的残留的熔体 ②当料筒的温度下降到30~50℃时,用不易燃烧的溶剂润湿废棉布,将其包缠木棒的端部,继续清洗料筒内表面 ③清洗完后检查料筒内表面质量 ④清洗期间应同时对喷嘴、前机筒进行清洗(清洗方法参见"1. 喷嘴的清洗")

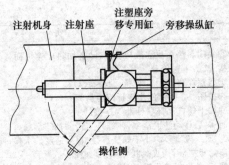

图 4-2 注射座转位示意图

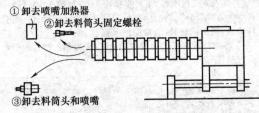

图 4-3 拆卸前料筒和喷嘴示意图

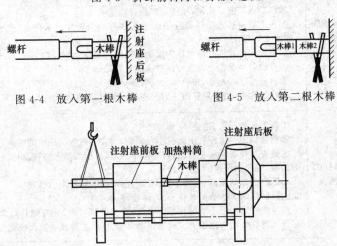

图 4-4 放入第一根木棒   图 4-5 放入第二根木棒

图 4-6 料筒吊挂

六、动模板滑脚的调整

动模板滑脚是用于支撑动模板的辅助装置，它的主要作用是：防止因动模板和模具的重量使 4 根导向柱变形弯曲。滑脚调得过紧会增加调模负荷，造成调模困难，过松又会失去保护导向柱弯曲的作用。新机器出厂前已将滑脚调整到最佳的程度，新机不需调整，但工作一段时间后，必须检查是否松动，如有松动必须调整。

根据注塑机规格的大小，注塑机滑脚有机械式滑脚和液压支撑滑脚两种，机械式滑脚又分为平面托板滑脚和斜面托板滑脚。

1. 机械式滑脚装置的调整

机械式滑脚分为平面托板滑脚和斜面托板滑脚两种，主要用于小型注塑机。

（1）平面托板滑脚装置的调整

平面托板滑脚装置主要由平面托板、调整螺栓、锁紧螺母等组成，如图 4-7 所示。

调整时，首先将合模装置轨道的水平度调好，然后将动模板上的模具拆下，按合模动作键，使曲肘连杆机构伸直。调整滑脚时，先放松锁紧螺母，然后转动调节螺栓，调至导向柱成水平位置，用锁紧螺母加以锁紧。在调整过程中用量具检验操作面和非操作面两根下导向柱的高度 h_1、h_2、h_3，使其高度相等。

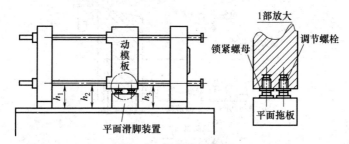

图 4-7　平面滑脚装置

（2）斜面托板滑脚装置的调整

斜面托板滑脚装置主要由上下拖板、定位螺栓、锁紧螺母等组成，如图 4-8 所示。

调整时，同样要调整合模装置轨道的水平度，卸下动模板的模具，使曲肘连杆机构伸直，再通过调节左、右调节螺母，使导向柱处于水平状态。同平面滑脚装置的调整相同，在调整过程中也要用量具检验操作面和非操作面两根下导向柱的高度 h_1、h_2、h_3，使其高度相等，然后拧紧左右调节螺母。调节完后，按调模键，观察膜厚调节时系统压力大小和动模板是否平稳。最后装上模具再试，以观其调节效果是否良好。

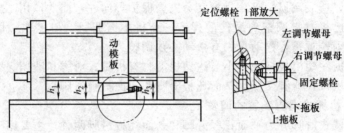

图 4-8 斜面托板滑脚装置

机械式滑脚装置必须经常检查锁紧螺母是否松动，以便及时调整，保护机器的性能。

2. 液压支撑滑脚装置的调整

大中型注塑机的支撑滑脚一般采用液压式支撑滑脚，液压支撑滑脚采用两组滑脚液压缸（大型机为 6 个、小型机为 4 个柱塞液压缸），同步支撑动模板。

液压支撑滑脚的原理图和元件的布局如图 4-9 所示，它主要由柱塞

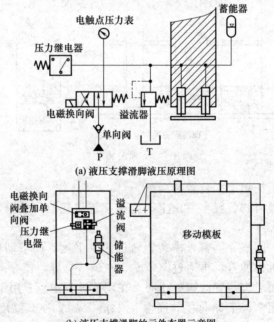

(a) 液压支撑滑脚液压原理图

(b) 液压支撑滑脚的元件布置示意图

图 4-9 液压支撑动模板滑脚

缸、蓄能器、二位四通电磁换向阀、单向阀、电触点压力表、溢流阀、压力继电器等组成。工作时，液压缸的保压压力由蓄能器提供，当由于泄漏等原因使蓄能器的压力下降到电触点压力表下触点的设定值时，电触点压力表发信，电磁换向阀换向，液压泵向蓄能器供油，使压力回升，当压力回升到电触点压力表上触点的设定值时，电触点压力表又发信，使电磁换向阀换向处于图示状态，液压泵停止向蓄能器供油。系统压力大小可以通过压力继电器调节，一般压力调节范围为 $2\sim6MPa$。调节时顺时针调整压力继电器的旋钮，可使压力升高，逆时针调整压力继电器的旋钮可使压力降低，调节的最终结果应使导向柱达到水平状态。

液压支撑滑脚的压力值在新机出厂时已调整到最佳状态，无特殊情况一般不需调节。

七、与保养有关的常见故障分析

与保养有关的常见故障有油温过高、噪声过大、液压油变质、成品生产不稳及不合格等，通过故障成因的分析判断，诊断出原因并进行维护保养、维修更换，具体见表 4-5。

表 4-5　常见故障的产生原因及解决方法

常见故障	产生原因	解决方法
油温过高	冷却系统不正常	①检查冷却水供应是否正常(如水闸是否完全打开) ②检查水压是否充足(供水与回管应有 0.3～1MPa 压力差) ③检查水泵流量与所需要的流量是否匹配 ④检查管道是否堵塞(如过滤网冷却器或水管是否堵塞) ⑤检查冷却水温是否过高(如冷却水塔散热是否不足、损坏或温度过高)
	液压系统产生高热	①液压泵可能损坏，泵内部零件磨损，于高速转动时产生高热 ②压力调节不适当，液压系统长期处于高压状态而过热 ③液压元件内部渗漏，如方向阀损坏或密封圈损坏，使高压油流经细小空间时产生热量
液压油变质	液压油出现泡沫现象，常因空气进入所致	①检查油箱的液压油是否高过液压泵，若低过液压泵高度应补充液压油，以免液压泵吸入空气 ②检查吸油管法兰是否上紧，吸油管软喉箍是否上紧，以免吸入空气 ③检查回油喉是否浸入液压油面之下，以免回油时溅出许多气泡
	液压油呈乳白色，可能是油中进水	①检查冷却器是否漏水，应尽快维修或更换 ②天气潮湿，水分进入液压油里，应定期检查液压油，严重者更换液压油

常见故障	产生原因	解决方法
液压油变质	液压油老化变质	①油箱内液压油应保持干净。清除油箱焊渣,涂上防锈底漆。装液压油时,应使用带过滤器的抽油装置,装入液压油后,应盖好油箱盖,以防止异物进入油箱 ②液压油使用的时间超过期限并且油颜色变深 ③混合有两种牌号的液压油发生反应 ④液压油使用温度过高,油内有杂质或有水分混入等,应进行更换
噪声过大	产生不正常的噪声,可能是油量不足或油泵故障	①油箱内液压油不足,液压泵吸入空气或滤油器污染阻塞造成液压泵缺油,导致油液中的气泡排出撞击叶片产生噪声,应检查油量,防止吸入空气及清洗滤油器 ②液压油黏度高,增加了流动阻力,需要更换适当的液压油 ③检查液压泵或电机的轴承、叶片是否有损坏 ④检查联轴器的同轴度偏差是否过大,必须调整同轴度或更换磨损零件
	液压元件损坏	①液压元件方向阀功能仍存在但反应失灵,如阀芯磨损、内漏,应清洗阀芯,更换磨损的阀芯,更换导致内漏的密封圈等元件 ②清洗阀体,消除堵塞的毛刺,使阀芯移动灵活 ③电磁阀因电流不足而失灵,检查电路的电流,必须稳定和充裕,维修电路板及控制单元 ④液压元件损坏或油路管道阻塞,在液压油高速流动时产生噪声,应更换损坏的元件,疏通油路,使管道畅通
	机械部分故障,产生导通噪声过大	①机械零件松动或模板不平行,导柱变形产生噪声,要校正调试,消除噪声 ②轴承磨损严重,过热和扳死轴发生噪声,应检查更换损坏的轴承 ③机械传动各动作的异常噪声,应对机铰、调模、熔胶、锁模、开模等动作的参数设置,压力速度的调节、机械零件的配合检查和校核,并及时处理、更换或调整
成品生产不稳定	机器零件磨损造成	①检查过胶圈及过胶介子是否有磨损,磨损严重则进行更换处理 ②检查模板平行度是否偏差严重,如果偏差严重要进行调整校核 ③检查射胶液压缸内密封圈是否损坏,如损坏则应更换 ④检查压力控制是否稳定正常,如不正常可重新调整校核 ⑤检查供电电压是否稳定正常,若不稳定可对电子控制部分加装稳压电源
成品效率低	生产效率低	应减少停机时间,减少生产次品,维持正常运转速度
	机器精度低	及时更换老化或磨损的机器零件,提高机器的精确度
	机器零件寿命低	定期更换易损零件,适当调整及润滑零件,选择适当的环境条件,如温度和湿度适当、尘埃附着少等都可增加零件的使用寿命 日常的保养维护、预防工作及检查可延长机器寿命

第二节│注塑机的维修

一、注塑机机械装置的维修

1. 注塑机的检测

注塑机传感器的检测方法见表 4-6。

表 4-6 注塑机传感器的检测方法

类别	图示	说明
石英高温压力传感器	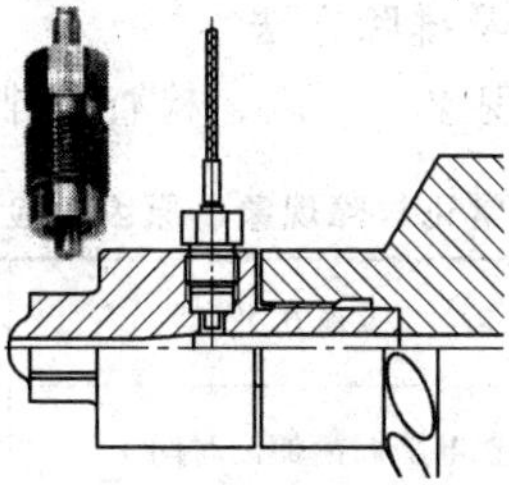	如左图所示,石英高温压力传感器安装在喷嘴(射嘴)处,可测量高达 200MPa 的压力,能耐 400℃熔体高温,但其只能测量注射压力,不能测量温度
熔体压力传感器	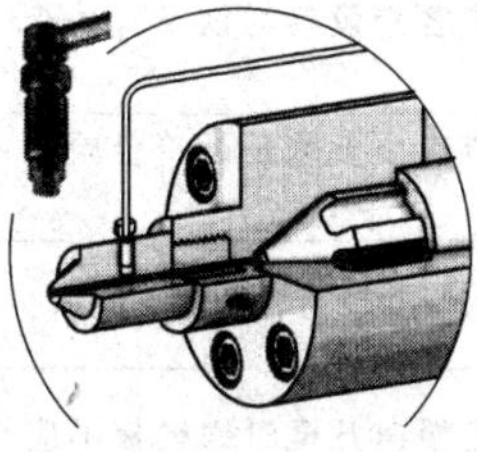	熔体压力传感器安装在射嘴处,如左图所示,可以同时测量注射压力(300MPa)和射嘴温度(350℃)
模腔压力传感器	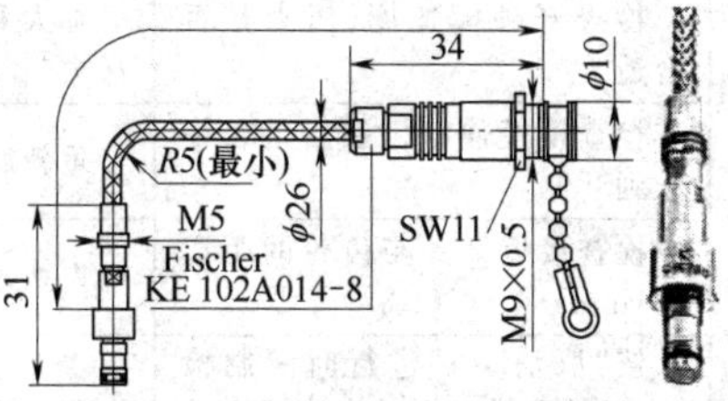	如左图所示,模腔压力传感器属于高精度石英传感器,可直接安装在模腔里面,可测量高达 200MPa 的模腔压力

续表

类别	图 示	说 明
模腔压力与温度传感器	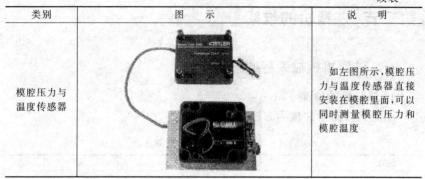	如左图所示,模腔压力与温度传感器直接安装在模腔里面,可以同时测量模腔压力和模腔温度

2. 注塑机常见机械故障及排除方法

海天牌注塑机常见故障现象、原因、检查及排除方法见表 4-7。

表 4-7　海天牌注塑机常见故障现象、原因、检查及排除方法

故障现象	故障原因	检查方法	解决方法
开模、锁模机铰响	润滑油量小	检查电脑润滑加油时间	加大润滑油量供油时间或重新接线
	平行度超差	用百分表检查头二板平行度是否大于验收标准	调整平行度
	锁模力大	检查客户设置的锁模力是否过大	按客户产品需要调低锁模力
	电流调乱	检查电流参数是否符合验收标准	重新调整电流到验收标准值
开锁模爬行	二板导轨及哥林柱磨损大	二板导轨及哥林柱有无磨损	更换锁模板、哥林柱或加注润滑油
	开锁模速度压力调整不当	设定慢速开模时锁模板不应爬行	调整流量比例阀 Y 孔或先导阀 A-B 孔的排气孔的开口大小
开锁模行程开关故障	T24 调整不良	检查 T24 时间是否适合	调整 T24 时间长些
	开锁模速度、压力过小	检查开锁模速度、压力是否合适	加大开锁模某一速度、压力
	锁模原点发生变化	检查锁模伸直机铰后是否终止到 0 位	重新调整原点位置
调模计数器故障	接近开关损坏	检查接近开关与齿轮的距离≤1mm	更换开关,调整位置
	调整位移时间短	按"取消＋5"进行时间制检查,确认调模时间过小或根本没有设置调模时间	调整位移时间

续表

故障现象	故障原因	检查方法	解决方法
调模计数器故障	调模螺母卡住	检查调模螺母是否卡住	调整调模螺母各间隙或更换现有零件
手动有开模终止，半自动无开模终止	开模阀泄漏	手动打开射台后，观察锁模二板向后退得快	更换开模阀
	放大板斜升降幅调整不当	检查放大板 VCA070CD 斜波时间是否太长	重新调整放大板 VCA070CD 斜波时间
	顶针速度快	顶针速度快时，由于阀泄漏模板向后走，行程开关压块压不上	加长行程压块，更换开模阀或调慢顶针速度
无顶针动作	顶针限位开关坏	用万能表 DC 24V 检查 12# 线	更换顶针限位开关
	卡阀	用六角扳手调整顶针阀芯，检查阀芯是否可以移动	清洗压力阀
	顶针限位杆断	停机后用手拿限位杆	更换限位杆
	顶针开关短路	用万能表检查顶针开关，11#、12# 线对地零电压，正常时 0V	更换顶针开关
不能调模	机械方面是平行度超差	用平行表检查其平行度	调整平行度
	压板与调模螺母间隙不合	用厚薄规测量	调整压板与螺母间隙（间隙≤0.05mm）
	螺母滑丝	检查螺母能否转动	更换螺母
	上下支板调整不当	拆开支板锁紧螺母检查	调整上下支板
	电气部分		
	调模的位移开关烧毁	在电脑上检查 IN20 灯是否有闪动	更换位移开关
	烧毁调模电机	用万能表检查调模电机接线端是否有 380V 输入，检查调模电机熔断器是否亮灯，如亮灯证明三相不平行	更换电机或修理
	烧毁交流接触器	用万能表检查输入三相电压是否为 380V，有无缺相、欠压	更换交流接触器
	烧毁热继电器	同上	更换热继电器
	线路中断，接触不良	检查控制线路及各接点	重新接线
开模时响声大	差动开模时间的位置调节不良	检查放大板斜升斜降	数控机调整放大板斜升斜降；电脑机 T37 时间适量调整
	锁模机构润滑不良	检查导杆导柱滑脚机铰润滑情况	加大润滑

故障现象	故障原因	检查方法	解决方法
开模时响声大	模具锁模力过大	检查模具受力时锁模力情况	视用户产品情况减少锁模力
	头二板平行度偏差大	检查头板二板平行度	调整二板、头板平行误差
	慢速转快速开模位置过小、速度过快	检查慢速开模转快速开模位置是否适当,慢速开模速度是否过快	加长慢速开模位置,降低慢速开模的速度
不能射胶	射嘴堵塞	用万能表检测	清理或更换射嘴
	过胶头断	熔胶延时时间通电时,检查延时闭合点是否闭合	更换过胶头
	射胶方向阀不灵活,无动作	检查射胶方向阀量是否有24V电压,检查线圈电阻值应有15~20Ω,通电则应阀芯有动作	清洗阀或更换方向阀
	射胶活塞杆断	松开射胶活塞杆锁紧螺母,检查活塞杆是否断	更换活塞杆
	料筒温度过低	检查实际温度是否达到该料所需温度	重新设料筒温度
	射胶活塞油封损坏	检查活塞油封是否已损坏	更换油封
射台不能移动	活塞杆断	拆开活塞杆检查活塞是否已断	更换活塞杆
	射台方向阀不灵活,无动作	射移阀有电时,用内六角扳手按阀芯是否可移动	清洗阀
	断线	检查电磁阀线圈线是否断	接线
射胶终止转换速度过快	射胶时动作转换速度过快	检查背压是否过低	加大背压,增加射胶级数
		检查射胶是否加大保压	电脑机加大保压,调整射胶级数,加熔胶延时
		数控机是否有二级射胶	使用二级射胶,降低二级射胶压力
机械方面			
不能熔胶	烧轴承	分离螺杆熔胶耳听有响声	更换轴承
	螺杆有铁屑	分离螺杆熔胶时无声,内六角扳手拆机筒检查螺杆是否有铁屑	拆螺杆清干净胶料
	熔胶阀堵塞	用内六角扳手压阀芯,不能移动	清洗电磁阀
	熔胶电机损坏	分离熔胶电机,熔胶不转	更换或修理熔胶电机

故障现象	故障原因	检查方法	解决方法
	电 器 方 面		
不能熔胶	烧毁发热圈	用万用表检查是否正常	更换发热圈
	插头松	检查熔胶阀插头是否接触不良	上紧插头
	流量压力阀断线	当没有电流时,检查熔胶阀门处的流量和压力,检查到程序控制板的电线是否断裂	重新接线
	烧 I/O 板、程序板	用万能表检查 I/O 板、程序板 105 或 202、206 输出	更换或维修
	熔胶终止行程不复位	用万能表检查 201 线是否短路或开关 S9 未复位	更换或修理
产品有墨点	螺杆有积炭	检查螺杆	抛光螺杆
	机筒有积炭及辅机不干净	检查上料料斗是否灰尘大	抛光机筒及清理辅件
	过胶头组件腐蚀	检查塑料是否腐蚀性强(如眼镜架料)	更换过胶头组件
	法兰、射嘴有积炭	同上	更换射嘴法兰
	原材料不纯	检查原材料是否有杂质	更换原材料
	温度过高,熔胶背压过大	检查熔胶筒各段温度预设温度和实际温度是否相符,设定温度与注塑材料是否相符,是否过高	降温、减少背压
	装错件(如螺杆、过胶头组件、法兰等)	检查过胶头组件、螺杆、法兰装该机是否相符	检查重新装上
整机无动作	放大板无输出	用万能表测试放大板输出电压	更换或修理放大板
	烧熔断器(电源板熔断器)	检查整流板熔断器	更换熔断器
	液压泵电机反转	面对电机风扇逆时针方向	将三相电源其中一相互换
	液压泵与电机联轴器损坏	关机后,用手摸液压泵联轴器是否可以转动	更换联轴器
	压力阀堵塞,无压力	检查溢流阀、压力比例阀是否有堵塞	清洗压力阀
	24V 电源线 201#、202# 线断	用万能表检查 DC 24V 是否正常	接驳线路
	数控格线断、放大板无输入控制电压	用万能表检查 401~406 到数控格有无断线	重新焊接

续表

故障现象	故障原因	检查方法	解决方法
整机无动作	液压泵电机烧坏，不能启动	用万能表电阻挡检查电机线圈是否短路或开路	更换电机
	液压泵损坏，不能起压，不吸油	拆开液压泵检查配油盘及转子端面是否已刮花	更换液压泵
	三相电源缺相	检查380V输入电压是否正常	检查电源
整机无力	总溢流阀塞住	电器正常时，检查溢流阀是否堵塞	清洗阀
	油封磨损	检查各液压缸活塞油封是否磨损	更换油封
	液压泵磨损	拆液压泵检查配油盘，转子端面是否磨损	更换液压泵或修理
	比例油制阀磨损	用新油制阀更换	更换油制阀
	油制板内裂	做完上述四项工作仍未解决就只有油制板有问题	更换油制板

二、注塑机液压传动部分的维修

1. 注塑机液压传动部分的拆装

（1）液压泵的拆装与检查

液压泵的拆装与检查见表4-8。

表4-8　液压泵的拆装与检查

类别	说　明
液压泵的拆卸	液压泵是注塑机液压传动系统的动力源，是重要的核心部件。通常液压泵安装在注塑机油箱附近，与电动机同轴连接，具体装拆步骤如下： ①关闭注塑机的进线总电源开关，打开注塑机下端侧门或侧板，松开联轴器上的固定螺钉 ②松开与电动机联轴器相连接的连接套，使电动机转轴与液压泵泵轴分离 ③拆卸液压泵泵体上的进油管、回油管连接法兰螺钉或接头等 ④拆卸液压泵与电机前盖上的连接护套或拆卸液压泵底脚固定螺钉 ⑤将液压泵泵体拆卸取出机台，放置在平台上进行分体 ⑥拆卸液压泵泵体外壳端盖上的固定螺钉 ⑦用铜棒轻击端盖，拆卸后再拆配油盘 ⑧用同样方法拆后端盖及配油盘 ⑨轻取出转动轴及转子 ⑩检查定子情况，用手触摸定子部分 ⑪检查转子转轴、叶片情况 ⑫检查配油盘上分配孔、槽等情况

类别	说　明
液压泵的拆卸	⑬根据检查情况,综合分析,磨损严重的要更换,一般磨损要修复,并对所有零部件进行清理与清洁上油 ⑭再组装液压泵,按上述拆卸相反顺序进行
液压泵拆装的注意事项	①液压泵的左、右配油盘不能对换 ②液压泵的叶片尖角方向必须与油泵的旋转方向一致 ③液压泵的定子可以调换定子的磨损区段,要保持定子及其他零件的清洁,不允许有杂质留在液压泵体内 ④液压泵零件间的配合间隙主要是配油盘和转子及叶片之间的轴向间隙,叶片顶端与定子内表面之间的径向间隙。一般要求定子宽度要大于转子宽度 0.02~0.04mm,转子宽度又大于叶片宽度 0.01mm。当两侧配油盘在泵体螺钉的夹紧力作用下压紧定子端面时,转子和配油盘端面之间就有0.02~0.04mm 的总间隙;叶片和配油盘之间就有 0.03~0.05mm 的总间隙
液压泵的检查项目	①检查液压泵轴是否弯曲,如果弯曲,则需更换。 ②检查液压泵定子是否磨损,是否有阶梯现象,如果有,要研磨定子内腔。 ③检查配油盘是否有磨损,是否有坑槽现象,如果有,要打磨、研磨凹槽等。 ④检查液压泵轴承是否有损坏,如果有损坏立即更换。 ⑤检查液压泵轴向油封是否有损坏,如果有损坏立即更换
液压泵的维修	①定子的修复。定子修复方法有磨削修复法和调换定子磨损区段两种方法。 　a. 磨削修复法。定子磨损不严重时,可以用内圆磨床进行磨削修复,由于定子内腔表面是圆弧和曲线连接组成,这种圆弧和曲线可采用仿形靠磨进行修磨,修磨后表面粗糙度 Ra 应小于 $0.63\mu m$ 　b. 调换定子的磨损区段。定子内腔表面有两段压油区和两段吸油区,由于转子上的叶片受高速旋转离心力的作用,使叶片端面紧紧地压在定子内壁上滑动,尤其吸油段叶片工作时,叶片的推油侧面全部承受油压作用力,无法克服转子转动时对叶片的离心力,在叶片端面对定子内腔表面产生较大滑动压力,产生严重的磨损,长期工作会使定子的内腔吸油段磨损。可以采用调换定子的磨损区段办法改善液压泵工作性能。定子内腔一般有定位销孔 2个,互相对调一下即可,如果只有一个定位销孔 1,就应该在定位销孔的对称部位钻孔 2,重新加工一个新销孔,然后再将定子转 180°,将原压油段变为吸油区段(如图 4-10 所示) 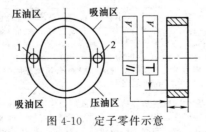 图 4-10　定子零件示意 　c. 定子磨损严重且修磨后效果不良的需要更换定子,有条件的可以加工定子,定子的加工制造材料一般多用高碳铬轴承钢 GCr15,表面经热处理,硬度可达 60~65HRC

类别	说　　明
液压泵的维修	②转子的修复。转子修复是用油石进行修复。对轻微的划痕如转子侧端面划痕、端面流槽划痕,可用抛光膏或细油石研磨修复,去掉划痕或毛刺,即可正常使用。对于严重磨损的转子,可用外圆磨床进行端面磨削修复,修磨后转子端面粗糙度 Ra 小于 $0.63\mu m$。端面与中心线垂直度允许误差在 0.01mm 以内。两侧端面的平行度允许误差在 0.008mm 以内,对于转子的叶片槽磨损,可用细油石修磨,磨损严重时,可在工具磨床上用薄片砂轮修磨,然后换上新叶片。配合间隙应保证在 0.013～0.018mm 以内 ③叶片的修复。叶片的修复一般采用研磨叶片或修磨倒角的方法进行修复。叶片在转子工作时在转子槽内往复滑动,长期滑动产生滑动磨损,如果滑动不灵活或有卡住现象时,可判定叶片有磨损,用上述方法修复即可 ④配油盘的修复。配油盘的修复一般采用研磨方法和车削方法,对于配油盘端面轻微划痕,可在钳工专用平板上研磨,修复后使用。对配油盘严重磨损的,应在车床上车削端面,车削加工后端面的平行度和端面与内孔中心的垂直度应小于 0.01mm,车削修复应当注意尽量不要影响配油盘的强度
液压泵的装配	①清洗液压泵的零件,如泵体、转子、定子、叶片、配油盘、转动轴、轴承、油封等,不允许有毛刺、粉尘及其他油污物 ②检测叶片和转子上的叶片槽尺寸,叶片放入槽内,滑动灵活,保证叶片和叶片槽装配间隙在 0.013～0.018mm 范围内 ③装配时,叶片高度应当一致,其误差范围在 0.008mm;装入转子槽内,叶片高度应低于槽深,其误差范围在 0.05mm 左右 ④将转子与叶片装入定子空腔内,注意转子与叶片与液压泵转轴旋转方向一致,即叶片导角与液压泵转轴旋转方向一致 ⑤检测转子端面与配油盘端面的装配间隙,左右两侧间隙应当均匀,间隙应当在 0.04～0.07mm 范围内 ⑥均匀紧固液压泵体端面的固定螺钉,紧固时,一边紧固,一边转动转轴,用手感知转动力矩均衡,无卡紧、阻滞现象,最后均匀对称紧固

（2）液压缸的密封与修复

① 液压缸的密封。液压缸的密封方法见表 4-9。

表 4-9　液压缸的密封方法

类别	说　　明
间隙密封	间隙密封是低压、小直径、快速运动的场合普遍采用的方法,常用于柱塞、污塞或阀的圆柱配合零件中。间隙密封是液压缸依靠相对运动部件之间微小的间隙配合来进行密封的。如图 4-11 所示是间隙密封示意,图中活塞表面开有几个环形沟槽,一般为 0.5mm×0.5mm,槽深 0.2～0.5mm,作用就是减少活塞移动时与液压缸缸壁的接触面积和摩擦阻力,活塞和液压缸缸壁间隙应在 0.02～0.05mm 范围内
密封圈密封	密封圈密封是液压系统中最广泛应用的一种密封方法,常用于液压系统中的密封部件,如液压缸缸体与活塞密封,油阀的进油、出油孔及控制油口的连接密封等。密封圈的结构形式有 O 形密封圈、Y 形密封圈、V 形密封圈,都是以密封圈截面来定义的。密封圈常用油橡胶、尼龙等材料制成。通常习惯称 O 形密封圈为封圈,称 Y 形、V 形密封圈为油封。密封圈有制造容易、使用方便、密封可靠、广泛使用等优点

类别	说　明
密封圈密封	①O形密封圈是一种圆形断面形状的密封元件。如图4-12所示是O形密封圈结构示意,O形圈可以用于固定件的密封,也可用于运动件的密封。O形密封圈在使用时要正确使用,压力大小、沟槽尺寸要匹配,以及要放置挡圈等。如图4-13所示是O形密封圈的正确使用 ②Y形和V形密封圈是断面形状类似Y和V的密封元件。图4-14是Y形密封圈示意,如图4-15所示是V形密封圈示意。V形密封圈密封可靠、寿命长,主要用于大直径、高压、高速柱塞或活塞和低速运动的活塞杆的密封。Y形密封圈适应性强,密封性能随压力升高而提高,并且磨损后有一定的自动补偿能力,主要用在运动快速的液压缸的密封、液压缸和活塞密封以及液压缸和活塞杆的密封。总之,Y形密封圈与V形密封圈的密封是通过压力油的作用,使Y形密封圈和V形密封圈的唇边张紧在密封表面而实现的。油压愈大,密封性能愈好。但是也存在摩擦力大、结构尺寸大、检修和拆卸更换不方便等缺陷。还要有安装方向,一般唇边面向压力高的一侧进行安装,但是对于差动连接方式的液压缸管路,常采用背对背、面对面的方式安装密封圈,以保证液压缸的推力和行程速度

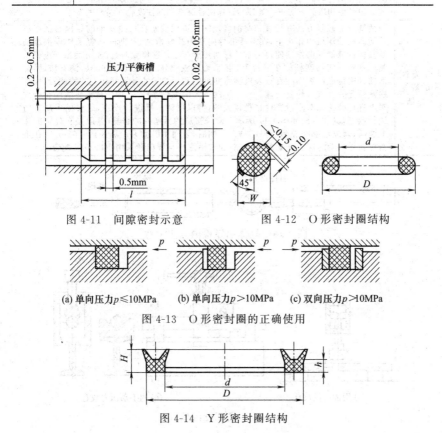

图 4-11　间隙密封示意　　　　图 4-12　O形密封圈结构

(a) 单向压力 $p \leqslant 10\text{MPa}$　(b) 单向压力 $p > 10\text{MPa}$　(c) 双向压力 $p > 10\text{MPa}$

图 4-13　O形密封圈的正确使用

图 4-14　Y形密封圈结构

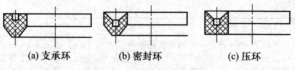

(a) 支承环   (b) 密封环   (c) 压环

图 4-15   V 形密封圈结构

② 液压缸的检修。液压缸的检修方法见表 4-10。

表 4-10   液压缸的检修方法

类别	说 明
液压缸缸体修复的方法	液压缸缸体修复的方法主要是采用研磨方法进行修复。造成液压缸缸体的磨损原因主要是液压油中含有杂质或铁屑。活塞在缸体内长期的往复运动,密封环或油封与缸体内表面的摩擦等,使得缸体内表面粗糙逐渐被破坏,金属表面或镀层的一点点脱落造成缸体磨损。在修复时,应首先用仪器进行检测,液压缸的检测常用内径百分表或塞规检测其磨损程度,具体检测如图 4-16 所示。通过上述方法的检测尺寸再与缸体内径圆度和圆柱度允许误差表进行对照,对照后再对缸体的超差情况进行修复,或采用研磨和珩磨方法进行处理。缸体内径圆度和圆柱度允许误差见表 4-11
活塞杆的修复方法	活塞杆的修复方法有校直和磨削修复法。造成活塞杆弯曲变形的原因是活塞杆及活塞在油压压力作用下,在液压缸导向套内往复滑动,长期的往复工作摩擦磨损及其他特殊情况的作用使得活塞杆弯曲变形产生。在修复时,应先对活塞杆进行检测。一般是将活塞杆放在平台上,用 V 形垫铁垫住,按照哥林柱的检测方法,转动活塞杆用带磁性表座的百分表检测弯曲部位和弯曲尺寸并做好标记。检测后,根据检测情况分类进行处理。对于弯曲不大的细长轴杆,可用手锤击打方法在台虎钳上进行校正。对于活塞杆直径较大的,可以用油压机进行校直,或者用手动压力进行校直,具体方法如图 4-17 所示。对校直后的活塞杆的修复,一般是在外圆磨床上磨削,修复活塞杆外圆磨损部分。磨削后,表面粗糙度 Ra 应小于 $0.63\mu m$。在重新更新导向套时应当注意配合间隙,通常活塞杆与导向套采用 H8/f9 的配合

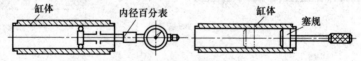

图 4-16   缸体内径检测方法示意

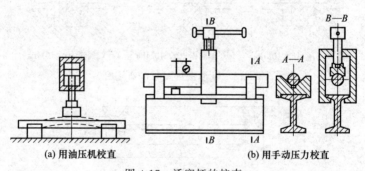

(a) 用油压机校直   (b) 用手动压力校直

图 4-17   活塞杆的校直

表 4-11　缸体内径圆度和圆柱度允许误差　　　　　　mm

缸体内径尺寸		<50	50~80	80~120	120~180	>180
油封密封误差		0.062	0.074	0..87	0.100	0.115
活塞环密封	圆度误差	0.019	0.019	0.022	0.025	0.029
	圆柱度误差	0.025	0.030	0.035	0.040	0.046

③ 液压缸的装配及密封

a. 清洗缸体、活塞、端盖、导向套等零配件。

b. 检测缸体内径和活塞外径的尺寸是否在 H8/f8 或 H8/f9 配合公差范围内。

c. 检测密封圈、油封尺寸是否与活塞槽尺寸匹配，油封装入活塞槽中应略有拉伸，油封直径应略小于活塞槽底径。油封装配时，应当采用"背对背"或"面对面"的方式进行安装（针对 Y 形和 V 形油封），对于 O 形油封有挡圈的同时装入挡圈。

d. 连接活塞杆与活塞，加密封圈，紧固活塞螺母，活塞端盖与活塞杆端头紧密连接并且锁紧。

e. 装配导向套端盖，应首先检测活塞杆外圆直径与导向套的配合公差尺寸是否符合范围，其公差配合是 H8/f8。检测后进行装配，先装入导向套与活塞杆隔套，同时加入油封，然后紧固螺钉。

f. 将活塞以及导向套端盖装入液压缸缸体内，可在活塞的油封圈上涂少许液压油，增加润滑，使活塞及活塞杆滑入缸体，也可用一字螺丝刀轻压油封圈，使活塞油封同步滑入液压缸缸体，然后再拧紧固定螺钉，将其固定在液压缸一侧。

g. 再固定液压缸的另一侧，一般固定时也要检查密封圈是否合适，常采用 O 形密封圈，还要检查端盖与液压缸是否接触良好，密封圈定位有无移动等后再进行紧固螺钉。

h. 紧固螺钉时应当注意按对称方式紧固，使紧固力均匀分布。边紧固，边转动或推动活塞杆在缸体运动，以滑动轻松、转动灵活、推力均匀为原则。

（3）油阀的修复

注塑机的控制装置就是各种类型的电磁阀，其中液压控制系统中应用最广泛的是各种滑阀机能的换向阀，油阀就是各种阀的总称。

① 圆柱形阀芯一般采用研磨方法进行修复。轻微磨损的可用油石或砂布进行打磨阀芯；磨损严重的可以根据阀体内径情况重新选配制造阀芯（按照研磨后的阀体内径配制阀芯）。阀芯与阀体内径的配合间隙

在 $0.01\sim0.025$mm 范围内，其圆度、圆柱度允许误差为 0.005mm。

② 锥形阀芯一般采用细油石修磨锥体磨损部位，对于锥形阀座磨损部件，可以用具有 $120°$ 锥角的细油石研磨。

③ 阀芯是钢球时，更换掉磨损后不圆的钢球，换上新的钢球。

④ 阀体中的弹簧、推杆、电磁铁线圈等部件。维修过程中要注意弹簧的弹力、电磁铁线圈的阻值、电磁铁推杆吸力及行程等技术参数，另外还要注意拆装过程中阀体结构和部件的装配顺序，尤其是不对称的换向阀滑阀阀芯的安装方向，具有主弹簧和副弹簧的阀芯要格外注意，弹簧弹力不均，可进行调换，电磁铁吸力不足，可维修解决。换向阀阀芯和阀座装配间隙要在 $0.006\sim0.012$mm 范围以内，磨损不严重的都可采用油石研磨方法解决。

2. 液压传动部分常见故障及排除方法

注塑机液压系统常见故障现象、产生原因与排除方法见表 4-12。

表 4-12　注塑机液压系统常见故障现象、产生原因与排除方法

故障现象	故障原因	排除方法
系统无压力	①液压泵转向接反 ②油箱内压力油不足；滤油器堵塞不供油 ③泄压阀呈开放状态 ④压力阀调节不当或阀芯堵塞 ⑤电磁阀线圈烧坏或滑动不良 ⑥阀芯元件磨损严重或密封元件损坏泄漏严重	①重新接线 ②重新加油 ③清洗 ④调整使其正常 ⑤重新调整或检查阀芯 ⑥更换或检查
系统压力不稳	①压力阀设定不当或整定调节不当 ②液压泵叶片有损伤 ③液压泵定子磨损严重 ④液压泵轴承损坏，轴向窜动量大 ⑤配油盘严重磨损 ⑥泵体内泄产生窜流 ⑦油路泄漏严重，供油量不足 ⑧阀芯被异物卡住或弹簧失效 ⑨冷水不畅或堵塞 ⑩滤油不畅或堵塞 ⑪蓄能器漏气造成的系统供应不足	①重新设定或整定压力 ②检修 ③检修或更换 ④更换轴承 ⑤修复研磨 ⑥堵漏或更换 ⑦检查密封，修复泄漏管路 ⑧清洗并检查更换 ⑨清洗疏通 ⑩清洗疏通 ⑪检查性能并修复
系统油液过热	①系统压力调节不当，长期在高压下工作 ②冷却系统有堵塞现象或冷却能力小 ③油箱液位过低造成散热性能降低 ④油路设计或铺设不当，如油管细长、变曲造成压力损失 ⑤系统中的机械磨损泄漏等造成功率损失	①调整系统压力设定值 ②清洗堵塞 ③加液压油 ④改进油路 ⑤检查润滑、改善密封、提高装配精度

续表

故障现象	故障原因	排除方法
系统振动及噪声	①液压泵与液压泵电机底脚螺钉松动产生同轴度超差所致 ②液压泵定子内表面磨损严重 ③液压泵轴承损坏 ④叶片损坏无法滑动 ⑤液压泵电机基础振动 ⑥滤油器阻塞产生旋涡真空现象 ⑦油温过高或过低 ⑧油液位太低或黏度过高 ⑨回油管位置设置不当 ⑩油箱壁振动或连接件松动 ⑪油管和油路中混入空气 ⑫控制阀的阀芯、阀座之间严重磨损	①检测电机与油泵的同轴度、紧固底脚螺钉 ②检查更换 ③更换 ④更换 ⑤紧固底脚螺钉 ⑥清洗滤油器 ⑦降低油温 ⑧加足液压油 ⑨放置合适，避免油中混入空气 ⑩在油箱壁安装防振措施 ⑪检查排气阀进行排气 ⑫修配配合间隙或更换
系统振动及噪声	①控制阀内的弹簧变形或损坏 ②电磁阀接触不良或控制不良 ③控制阀内异物堵塞，压力和流量调节不当，产生液压冲击现象 ④控制阀与其他阀门产生共振	①更换 ②检查并修理 ③清洗阻尼孔等，合理调节系统压力、流量参数 ④对阀进行分解检查或改进
漏油或泄漏	①阀底座封闭口的O形密封圈老化磨损 ②液压缸端盖处的O形密封圈老化磨损严重 ③液压缸活塞上的油封磨损严重造成内泄；管接头松动或密封损坏 ④油管接头松动或油管渗油	①更换O形密封圈 ②更换密封圈 ③更换密封，拧紧接头 ④拧紧接头，渗油严重则更换
系统工作不正常	①液压元件故障造成主阀芯被异物堵塞 ②阀芯与阀座变形 ③主阀弹簧损坏 ④电磁阀推杆卡死 ⑤电磁阀线圈烧坏和线圈绝缘不良 ⑥电磁阀线圈卷筒与可动铁芯卡住 ⑦阀套漏油使线圈造成损坏 ⑧电压变动太大 ⑨电磁阀换向频度过大 ⑩换向压力过高或流量超标 ⑪线圈内外连接螺钉松动 ⑫线圈引线焊接不良 ⑬电磁阀电气控制失灵或机板液压控制失灵	①清洗 ②检测磨损情况 ③更换 ④检查修复 ⑤更换 ⑥处理 ⑦处理漏油故障 ⑧稳定驱动电压 ⑨合理选用换向频度 ⑩采用大容量阀门 ⑪锁紧螺钉并定期检查 ⑫重新焊接 ⑬检查测量并处理

三、注塑机电气控制系统的维修

1. 注塑机电气故障的查找方法

当注塑机控制电路发生故障时，首先要问、看、听、闻，做到心中有数。所谓问，就是询问注塑机操作者或报告故障的人员故障发生时的现象情况，查询在故障发生前有否做过任何调整或更换元件工作；所谓看，就是观察每一个零件是否正常工作，看控制电路的各种信号指示是否正确，看电气元件外观颜色是否改变等；所谓听，就是听电路工作时是否有异声；所谓闻，就是闻电路元件是否有异味。

在完成上述工作后，便可采用表 4-13 所列方法查找电气控制电路的故障。

表 4-13　注塑机电气故障查找方法

方法	说　明
程序检查法	注塑机是按一定程序运行的，每次运行都要经过合模、座进、注射、冷却、熔胶、射退、座退、开模、顶出及出入芯的循环过程，其中每一步都称为一个工作环节，实现每一个工作环节，都有一个独立的控制电路。程序检查法就是确认故障具体出现在哪个控制环节上，这样排除故障的方向就明确了，有了针对性对排除故障很重要。这种方法不仅适用于有触点的电气控制系统，也适用于无触点控制系统，如 PC 控制系统或单片机控制系统
静态电阻测量法	静态电阻法就是在断电情况下，用万用表测量电路的电阻值是否正常，因为任何一个电子元件都是一个 PN 结构成的，它的正反向电阻值是不同的，任何一个电气元件也都有一定阻值，连接着电气元件的线路或开关，电阻值不是等于零就是无穷大，因而测量它们的电阻值大小是否符合规定要求就可以判断好坏。检查一个电子电路好坏有无故障也可用这个方法，而且比较安全
电位测量法	上述方法无法确定故障部位时，要在通电情况下测量各个电子或电气元器件的断电电位，因为在正常工作情况下，电流闭环电路上各点电位是一定的，所谓各点电位就是指电路元件上各个点对地的电位是不同的，而且有一定大小要求，电流从高电位流向低电位，顺电流方向去测量元器件上的电位大小应符合这个规律，所以用万用表去测量控制电路上有关点的电位是否符合规定值，就可判断故障所在点，然后再判断为何引起电流值变化，是电源不正确，还是电路有断路，还是元件损坏造成的
短路法	控制环节电路都是开关或继电器、接触器触点组合而成。当怀疑某个或某些触点有故障时，可以用导线把该触点短接，此时通电若故障消失，则证明判断正确，说明该电气元件已坏。但是要牢记，当发现故障点做完试验后应立即拆除短接线，不允许用短接线代替开关或开关触点。短路法主要用来查找电气逻辑关系电路的断点，当然有时测量电子电路故障也要用此法
断路法	控制电路还可能出现一些特殊故障，这说明电路中某些触点被短接了，查找这类故障的最好办法是断路法，就是把怀疑产生故障的触点断开，如果故障消失了，说明判断正确。断路法主要用于"与"逻辑关系的故障点查找

方法	说　明
替代法	根据上述方法,发现故障出在某点或某块电路板,此时可把认为有问题的元件或电路板取下,用新的或确认无故障的元件或电路板代替,如果故障消失则认为判断正确;反之则需要继续查找。往往维修人员对易损的元器件或重要的电路板都备有备用件,一旦有故障,马上换上一块就解决了问题,故障件带回来再慢慢查找修复,这也是快速排除故障方法之一
经验排故法	为了能够做到迅速排故,除了不断总结自己的实践经验,还要不断学习别人的实践经验。往往这些经验可以使维修人员快速排除故障,减少事故和损失。当然严格来说应该杜绝注塑机事故,这是维修人员应有的职责。查找注塑机电气系统故障方法除上述几种外,还有许多其他办法,不管用什么方法,维修工作者必须要弄懂注塑机的基本原理和结构,才能维修好注塑机
电气系统排故基本思路	电气控制系统有时故障比较复杂,加上现在注塑机都是微机控制,软硬件交叉在一起,遇到故障首先不要紧张,排故时坚持:先易后难、先外后内、综合考虑、有所联想 　　注塑机运行中比较多的故障是开关接点接触不良引起的故障,所以判断故障时应根据故障及柜内指示灯显示的情况,先对外部线路、电源部分进行检查,即门触点、安全回路、交直流电源等,只要熟悉电路,顺藤摸瓜很快即可解决 　　有些故障不像继电器线路那么简单直观,PC注塑机的许多保护环节是隐含在它的软硬件系统中,其故障和原因正如结果和条件是严格对应的,找故障时依序对它们之间的关系进行联想和猜测,逐一排除疑点直至排除故障
测试接触不良的方法	①在控制柜电源进线板上通常接有电压表,观察运行中的电压,若某项电压偏低或波动较大,该项可能就有虚接部位 　　②用点温计测试每个连接处的温度,找出发热部位,打磨接触面,拧紧螺钉 　　③用低压大电流测试虚接部位,将总电源断开,再将进入控制柜的电源断开,装一套电流发生器,用$10mm^2$铜芯电线临时搭接在接触面的两端,调压器慢慢升压,短路电流达到50A时,记录输入电压值。按上述方法对每个连接处都测一次,记录每个接点电压值,哪一处电压高,就是接触不良

2. 注塑机电气控制系统常见故障及检修

注塑机控制系统常见的故障、产生原因及解决方法见表 4-14。

表 4-14　电气控制系统常见的故障、产生原因以及解决方法

故障现象	产生原因	解决方法
注塑机启动无动作或下一个动作不能启动	导线接头松脱,不能形成闭合的回路。这种情况一般是由于运输、安装过程中的振动等造成的	按照电气控制系统原理图逐步查找故障发生的部位,然后接通导线
电流过大引起超负荷	电动机启动电流过大,超过过流继电器额定值	测试注塑机启动电流,更换过流继电器
行程开关已碰下,但按下按钮仍无动作	①电路中存在断线或导线接头松脱 ②行程开关安装不当,导致接触不良 ③连锁触头可能断或动合	①检查断线和导线接头,找到故障位置,把导线接好 ②重新调整行程开关的安装位置 ③调节触头位置,使之动作顺畅

续表

故障现象	产生原因	解决方法
行程开关或按钮放开但电路不断	①簧片被卡住 ②存在并联回路	①修理或更换簧片 ②检查设置是否正常,排除并联回路
继电器、电磁阀带电后,衔铁不吸合或抖动厉害	①电压太低 ②中性线松动或松脱	①升高到规定的电压 ②检查中性线并接好
电磁铁断电后,衔铁不退回或触点不断开	①剩磁太强 ②触点烧坏粘住线路 ③机械部分卡住	①更换铁芯 ②打磨触点或更换新元件 ③进行调整使之动作顺畅
继电器、接触器、电磁阀线圈烧毁	①电压太高或太低,导致电流过大,烧毁线圈 ②线圈局部断路所致	①更换线圈,避免电流过大,可以添加恒压器稳定电压 ②更换新线圈
某磁铁动作后影响其他电磁铁不动作	电磁铁线圈局部存在断路	修复或更换新的线圈
主电动机电流读数上升	①大泵不卸载 ②电动机单相运行	检查电动机和液压泵并进行修理
预塑电动机转动,但螺杆不后退	①背压太高,计量室压力小于背压 ②加料口部分堵塞	①调整背压到合适的值 ②防止物料架桥,使加料段冷却系统运行良好
预塑电动机电流增加	齿轮啮合不好	调整齿轮位置,使之啮合良好
温度控制仪表指针不振荡、不动作	①温度和电压影响晶体管参数 ②检波二极管损坏	修理或更换损坏元件
温度表指针不动	①表内有断线 ②指针卡住	修复
测温指针到达仪表的最大值	①电阻加热圈被腐蚀或形成短路 ②温度表损坏	①修复或更换加热器 ②修复或更换温度表

3. 注塑机电控系统典型元件和单元的检修

(1) 电气元件及其检修

注塑机继电器控制元器件的检测及检修要点见表 4-15。

表 4-15　注塑机继电器控制元器件的检测及检修要点

类别	简图	说明
刀开关	QS	刀开关用作电路隔离，也能接通与分断电路额定电流。刀开关有大电流刀开关、负荷开关和带熔断器的刀开关。选用时要按照负载容量选择类型，常按负载容量的1.5倍选取。使用和维修时，要注意刀片和刀口的状态，如刀片刀口接触是否紧密、弹簧和弹性卡板的接触状态是否合适、弹簧有无松弛，根据其状态进行调整或更换。 刀片进入刀口的深度调整应当是：刀片处于完全接通位置时，有杠杆操作刀片的刀开关的刀口接触面露出部分的深度不超过3mm。刀片的整个接触部分完全嵌入刀口内。检修主要针对刀片和刀口表面，看有无脏物、尘埃和熔结的金属粒，若有则应清除干净。若刀口刀片有严重腐蚀、烧毛等，应更换
自动空气开关	QF	自动空气开关用作交流、直流电路的过载、短路或欠电压保护或不频繁通断的电路。最常用于工厂动力配电系统设备中。它有很多种类型，常用的自动空气开关分框架式和塑料外壳式两种。此外还有单相、双相和三相自动空气开关，漏电保护空气开关和灭弧空气开关。它的特性就是过负载保护、欠电压保护和过电流保护。选用时必须满足以下条件： ①自动空气开关额定电压大于或等于线路或电路工作电压 ②自动空气开关的欠电压脱扣器额定电压等于工作电压 ③自动空气开关额定电流大于或等于电路计算负载电流 ④自动空气开关过电流脱扣器额定电流大于或等于电路的负载电流 按经验，空气开关的容量均按负载电流的1.3倍系数选择。使用维修时要注意： ①触点与导线之间接触是否良好 ②失压脱扣器、过电流脱扣器及其机构是否灵活可靠 ③运作有无噪声和过热现象 ④更换时还应保持原设计参数及安装方式 自动空气开关检查维护的要点是： ①自动空气开关的动、静触点有无烧毛或烧结损坏 ②静触头与导线的连接点螺钉连接是否可靠，有无松动、烧黑等损坏，自动空气开关外壳有无烧焦或损坏 ③失压脱扣器、过电流脱扣器的线圈、弹簧、连杆等机构是否正常；检查铁芯工作表面及断路环有无损坏 ④调整热整定脱扣机构使其动作灵敏可靠，没有机械卡死、掉件、断裂等机构问题

类别	简图	说　明
交流接触器	A1 KM　KM A2	接触器是各种电气控制设备中的主要电器,利用它可以完成各种自动控制的要求,如动力系统远距离控制电力电路的接通和断开。实现小电流的控制电路去控制大电流的主电路,例如电动机的启动及停止控制。交流接触器的结构可以由电磁系统、触头系统、灭弧室及其他部分组成。常采用双断点式触头系统和双 E 形铁芯的电磁系统,用轨道式和直挂式。选用时按照设计参数选用,设计也是按负载电流和电压来选择接触器,只是要综合考虑电路所需要的辅助触点的组数来选择适宜的型号。另外,交流接触器的线圈电压也是一个重要参数,尤其在维修更换时要特别注意。交流接触器使用和维修时要注意: ①接触器的动、静触点是否接触良好且可靠,有无烧毛等其他缺陷 ②灭弧罩、电磁铁及线圈是否良好,有无严重发热、烧焦塑料壳以及噪声 ③更换替代时应保持原设计的参数和容量以及安装方式 检查维护要点是: ①交流接触器动、静触头有无烧毛损坏,辅助触点有无损坏 ②交流接触器是否动作,断掉电源或负载时吸合是否清脆,有无起弧或噪声,有无变色或异味 ③检查接触点与导线的连接有无松动,胶木、线圈有无变色、异味
控制继电器	NO NC K COM	控制继电器用于控制系统,起控制、保护、调节及传递信号的作用。此外,还可像交流接触器一样,用于小容量和其他控制范围。控制继电器种类很多,常用的有交流继电器和直流继电器,其触点容量一般在 5A 以下。控制触头组合形式也较多,可根据需要选择。控制继电器线圈电压分交流、直流、交直流几种。我国使用的交流电压主要有 12V、24V、36V、110V、220V,直流为 6~110V 控制继电器使用和维修时要注意: ①继电器的动静触点是否烧毛,接触是否良好 ②继电器的线圈及外壳有无烧焦、烧坏痕迹 ③更换时应按照原型号规格选用;替代时应注意继电器线圈工作电压和触点电流值。可并联触点使用,提高电流 检查维护继电器的要点是: ①继电器动、静触点是否良好,有无烧毛损坏 ②可拔下通电测试,用万用表测量动、静触点吸合情况 ③检查继电器线圈有无烧坏、烧焦,外壳和触点端有无过热、烧坏痕迹,否则修复或更换

类别	简图	说　明
时间继电器	NO NC ⋮ ⋮ [KT] COM	时间继电器是在继电器接收信号到执行动作之间有一定的时间间隔的继电器。应用在设备自动控制系统中进行延时断合状态控制。时间继电器有电磁式和电子式两种。其中电子式延时范围广、精度高、调节方便、功耗小、寿命长、因而被广泛使用。时间继电器常分为通电延时和断电延时两种控制状态 　　①时间继电器使用和维修时要注意： 　　a. 时间继电器动合和动断触点以及端子接线有无松动、烧痕 　　b. 使用时(空载运行)控制电路切换延时是否正常，控制时间与设置时间是否差异太大 　　c. 更换时应按原设计、原规格型号选用，替代时要注意线圈电压规格及延时闭合或延时断开状态是否一致，调节时间设置应符合原设计 　　②检查维护时间继电器的要点是： 　　a. 检查时间继电器有无损坏；通电测试，测量触点动作状态；无论何种延时方式，继电器都要动作，触点在设置时间内也要动作 　　b. 检查控制电路与时间继电器端子连接是否可靠，有无脱线或接触不良 　　c. 测验时间继电器的精度范围、调节误差
热继电器	KR	热继电器是电路过载保护电器，它由感温元件动断触点、动作机构、复位按钮、调整电流装置几个部分组成，常用于电动机保护电路。热继电器内感温元件过载时，大电流使得双金属片受热变形以推动动作机构，从而断开动断触点，切掉控制电路，使主电路断开，电动机停转，起到保护作用。再次启动，可按复位，冷却后启动。还可通过调节装置调节电流限定值，一般是过载电流的 0.6～0.8 倍，超过就要动作。热继电器具有热元件编号和整定电流范围，20A 等级的热元件分 12 挡，整定电流为 0.25～22A。可根据设计来选择热继电器。 　　热继电器使用、检修和维护时要注意： 　　①使用和维修时，要注意热继电器电流整定值是否正确，主触点接触是否良好 　　②热元件及外壳有无烧焦、烧坏 　　③复位机构是否完好，调节装置能否转动 　　④更换时要注意原来设计的型号及整定电流刻度、动断触点及连接是否正确无误 　　⑤主触点与导线连接有无松动和接触不良 　　⑥复位机构和调节操作有无异常 　　⑦外壳与感温元件有无过热、烧焦、变形或产生异味，否则更换

类别	简图	说　明
熔断器	FU	熔断器是电路中作短路保护用的电器。它从结构上分有填料密封管式、无填料密封管式、半封闭插入式和自复式熔断器。常用的主要是半封闭插入式熔断器，它有可插式和螺旋式两种。熔断器选用熔丝和熔管时，具体规格按负载电流的大小而定。熔体电流都要大于熔断器最大电流，如选 RL-15 熔体，而熔断器可在 15A 以下选择熔断管，并且要小于或等于熔体最大电流。一般控制电动机可按照 2~2.5 倍电动机额定电流选取。保护晶闸管电路的熔断器要选择快速熔断器 使用和维修时，熔断器是首先检查的项目之一，目视保险芯有无弹出，熔丝有无熔断，可用电笔测试熔断器两端有无电压来确定熔丝是否熔断。检查熔断器两端连接线有无松脱、虚接等接触不良现象。更换熔丝时，应注意按原设计参数更换，不要随意加大熔丝额定容量，避免因熔丝容量加大而导致其他故障
按钮类	SB	按钮可分为启动和停止两类。启动按钮具有动合触点，停止按钮具有动断触点。同时具有动合触点和动断触点的按钮称复合按钮。触点对数从 1 动合 1 动断，直到 6 动合 6 动断。按钮还有许多种类，如开启式、保护式、防水式、旋钮式、钥匙式、带指示灯式等，都是由触点来控制电气设备、远距离控制启动和停止。在实际应用中，通过动合触点来启动电器，复位按钮也利用动合触点来复位，而动断触点则用来停止设备的运行，例如紧急停止按钮就是利用动断触点来控制电气设备的。复合按钮按下时，其动断触点先断开，经过一个很短的时间间隔，动合触点闭合。利用这一特点可以实现连锁保护
行程开关	SQ	行程开关也称限位开关，是一种将机械信号转换为电气信号、限制运动机构部件行程的控制电器。行程开关分杠杆式、旋转式和按钮式等。常用行程开关，如 JLXK1-11 就是由滚轮、杠杆、撞块、复位弹簧、微动开关等组成的。安全门挡铁压到行程开关的滚轮上时，传动杠杆连同轴一起转动，并推动撞块，当撞块压到相当位置时，推动杆使微动开关快速换接，动合触点闭合；推开安全门后，滚轮上的挡铁也移开，弹簧使行程开关复位，闭合的动合触点恢复动合状态。此行程开关的工作行程为 1~2mm，极限行程为 2.5mm，触头工作电压 380V，额定电流 5A，触头有 1 动合 1 动断 行程开关使用和维修时应注意： ①检查行程开关的动合触点和动断触点是否可靠 ②检查行程开关的机械装置是否转动灵活，轴和撞块行程距离以及滚轮的距离是否合宜，是否符合工作行程和极限行程的规定，否则调整 ③检查微动开关端头接线螺钉是否松动、脱落等 ④更换时要注意原设计的型号及种类，安装后要仔细调校位置及滚轮杠杆的角度和接触点，避免安装不当，撞坏行程开关部件或控制不灵敏

续表

类别	简图	说　明
温度控制器	NC NO　TC COM	温度控制器也称作温度表和温控仪。实践中采用接触点测量方法,通过热电偶或热电阻感温探头将温度信号输入到温控仪(温度控制器),再通过温控仪的内部电路,如比较电路和放大电路去控制继电器动作,最后温控仪内继电器动作触点闭合又去控制加温电路,使其打开或关闭加温用的接触器。常用的温度控制器为电子式,如XMT101由拨盘设定所需要的温度,热电偶采集温度信号,比较电路对信号进行处理,再经过放大电路放大后输出控制继电器。另外,对运算处理的信号通过 A/D 转换器输出,数码管显示温度信号。这也是个模拟量转换成数字量的控制过程。温度控制器输出控制有继电器输出、晶闸管输出和固态继电器控制输出等几种方式 温度控制器使用和维护时应注意温度控制是否正常,能否进行预置温度和调节温度,温度误差范围是否正常;检查热电偶是否连接可靠,接触是否良好,极性是否正确。更换温度控制器时,控制器类型、接线端子、输入输出端要正确无误。检查发现温度控制器指示失灵、拨盘预置参数失控、温度误差范围太大、加热接触器不动作等需修理,否则更换

（2）电磁阀与电路检修要点

注塑机油路中电磁阀是关键的部件。注塑机各个动作均靠电磁阀动作去推动,而电磁阀的工作又要靠电路输出去推动, 所以维修工作要熟悉电路和油路的工作过程, 在处理故障时才能准确地判断故障原因, 及时地进行维修。因此熟悉各电磁阀、阀圈 (电磁阀圈)、阀体及电磁阀与电路的对应关系非常重要,此外还要熟悉各阀体的结构构造以及检查、清洗、装拆的方法。

以震雄注塑机为例,该注塑机电磁阀与电路的对应关系如图 4-18

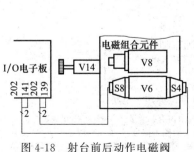

图 4-18　射台前后动作电磁阀
与电路 (震雄注塑机)

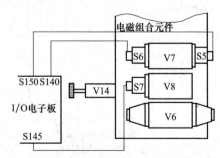

图 4-19　电磁组合元件与电路

所示。其射台前进、后退动作由电磁阀 V6 控制，V6 为三位四通方向
阀。电磁阀线圈为 S8 和 S4。电磁阀与电路的检测方法简述见表 4-16。

表 4-16　电磁阀与电路的检测方法

类别	说　明
射台前后动作电磁阀与电路的检测	①开路检查电磁阀线圈 S8 和 S4，用万用表测量电磁阀线圈的绝缘电阻值，检查有无线圈引线开路、脱焊或绝缘击穿烧焦等 ②在线检查测量电压幅值。用万用表测量，电箱送电，液压泵电动机不启动，按下手动按键，测量接线端子（在 I/O 电子板测）U202-139；按射台后按键测量接线端子 U202～141。具体用红表棒接接线端子 202，黑表棒接接线端子 139，测量其输出电压幅值。用同样的方法测量端子 141 的电压幅值。通过输出电压幅值可以判断出是 I/O 输出的故障，还是电磁阀线圈的故障 ③I/O 输出端子与电磁阀线圈插头引线的检查。若测量电压幅值为 DC 26V（或电阻测量阻值很大），表明 I/O 输出端子处电磁阀线圈有断线或开路故障。若测量无电压或阻值很小，表明有自身短路、引线对外壳短路、电磁阀线圈短路等故障
射胶、熔胶和倒索电磁组合元件与电路	如图 4-19 所示为电磁组合元件与电路。射胶和熔胶由电磁阀 V7 控制。V7 是三位四通方向阀；电磁阀线圈为 S6 和 S5；倒索动作由电磁阀 V8 控制，V8 是二位四通电磁阀，阀圈为 S7。检查方法和维修同上所述，先是开路检查电磁阀及线圈的绝缘电阻与连接，再在线检查输出电压幅值 U202-140、U202-150 和 U202-145
流量比例阀与电路	如图 4-20 所示，该电路由流量比例阀 V1 控制。V1 实现注塑机系统的流量控制。电磁阀线圈 S3 和 S1 分别为锁模动作流量控制和其他动作流量控制。与该电路连接的线路较为复杂，经 VCA-060G 电子放大板，通过安全门限位开关 LS1、LS2、LS3 以及接线端子 N1 连接形成电路 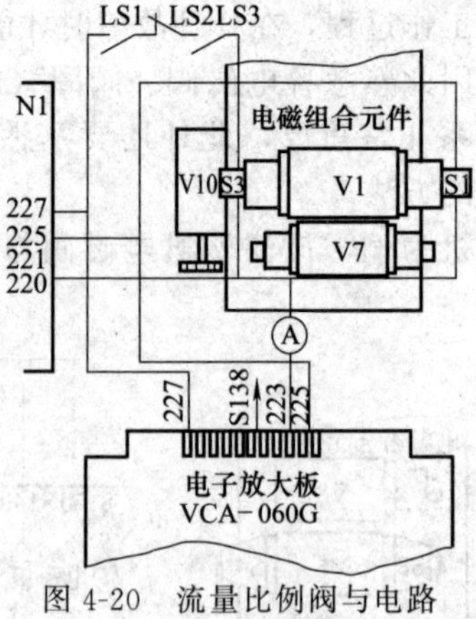 图 4-20　流量比例阀与电路

流量比例阀控制在注塑机油路系统中占有很重要的位置，若出现故障会影响
整机动作。该连接线路复杂，既有外来的输入信号，如安全门限位开关等，又有
来自电子放大板的输出电压，而输出电压的幅值又要靠 CPU 中央处理单元输
出的信号来控制电子放大板的输出电压。流量比例阀控制中，电磁阀线圈 S3

类别	说　明
流量比例阀与电路	为锁模电磁阀线圈。图 4-20 中 A 为电流表,调试过程中用来测试流量比例阀阀圈的电流参数。一般检测方法如下: ①开路检查电磁阀线圈,拆下电磁阀线圈的接线插头,用万用表测量阀圈(线圈)的绝缘阻值,一般阻值不大,20Ω 左右,检测接线处连接点有无虚焊、脱线和对地有无短路等 ②开路检查外来的输入线是否接通,如安全门限位开关。测量接线端子 N1上 227 与 220 之间,227 与电磁阀线圈 S3 的接线插头一端之间的阻值,关闭安全门和打开安全门应当有明显的阻值差别。检查安全门限位开关时,应注意电路图中的要求,分清动合、动断触点,换接时不要错接或误接 ③在线测试,一般测量电压前,先通电使注塑机电脑工作,在操作面板上操作,但不开启液压泵,操作主要预置注塑参数,一般常预置射胶参数为流量比例阀的基准参数。设置好后,再按比例流量电子板的调节方法调节比例流量所需的最佳工作电流。之后,在不开动液压泵电动机的情况下,测量其电压幅值是否正常。测量 U220-225、U223-225、U220-227 时注意关闭安全门 ④连线检查和限位开关接线检查,通过接线端子 N1 和限位开关的连接和对电子放大板插座的连接,查看有无开路、短路、断线、接触不良等,如有故障给予排除
压力比例阀与电路	如图 4-21 所示为压力比例阀与电路。它由电子溢流阀 V3 控制,V3 为注塑机提供压力控制。电磁阀线圈 S2 控制注塑机系统压力,它与接线端子 N1 连接,通过电子放大的接线构成电路 压力比例阀与电路的检查要点如下: ①检测电磁阀线圈 S2 是否绝缘良好,线圈阻值是否在 20Ω 左右,检查连接是否可靠,有无开路、短路现象 ②在线测试,按上述比例流量调整检测方法在线测试比例压力输出电压幅值 U222-221 和 U221-226 ③连线检查,可通电测量插头端电压是否正常、连线有无串线等判断是否存在故障,也可停电,用万用表依次查找,若有故障予以排除
顶针前进后退电磁阀与电路	如图 4-22 所示为注塑机电磁组合元件与电路。顶针前进和后退动作由电磁阀 V9 控制。V9 是三位四通方向阀,电磁阀线圈为 S12 和 S11 注塑机电磁组合元件与电路的检修要点如下: ①检测电磁阀线圈 S12 和 S11 是否良好,包括绝缘阻值、线圈内阻值是否正常,检查连接是否可靠,有无故障点,若有予以排除 ②在线测试电压幅值,用万用表测量电压,按上述方法进行测量,测 U202-143 和 U202-144 的电压幅值。在没有开启液压泵的情况下,按顶针前进和后退按键,测量输出电压幅值。通过测量输出电压值来判断是否有故障,何种故障

类别	说　　明
开模电磁阀和特快锁模电磁阀与电路	如图 4-22 所示中 V5 是开模电磁阀,同时也是二位四通电磁阀,电磁阀线圈 S9。它与 I/O 电子板连接 S142 端子。特快锁模是由电磁阀 V4 控制的,V4 是二位四通电磁阀。电磁阀线圈 S10,它与 I/O 电子板连接 S151 端子。检查要点如下: 　　①检测电磁阀线圈 S9 和 S10 的绝缘是否良好,线圈本身内阻是否正常,有无脱焊、断线等 　　②在线测试:测量输出电压幅值,用万用表测量 U202-142 和 U202-151 的电压幅值,方法同上。由于电磁组合元件位于注塑机后侧,控制电磁阀线圈电源线较长,应注意其连接引线是否有异常,如短路、开路及接触不良等,若有,应及时处理。测量时可在 I/O 电子板端子处测量,然后再到机后电磁组合元件上的电磁阀线圈接线测量,达到准确判断,及时处理

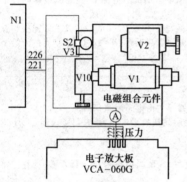

图 4-21　压力比例阀与电路

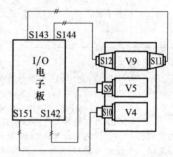

图 4-22　注塑机电磁组合元件与电路

（3）主电动机及控制电路检修要点

　　注塑机主电动机也称液压泵电动机,常用的功率在 10kW 以上,接线常用三角形、星形以及星形/三角形启动器接法。三角形和星形接法适用于 10kW 以下的电动机。10kW 以上的电动机应接成星形/三角形启动器或自耦减压启动器,保证电网在电动机启动时供电正常。具体接法如图 4-23 所示。

　　主电源经过交流接触器主触点送电至电动机接线盒,选定如图 4-24 所示的三种接线方式之一后,在接线盒中标称线柱连接即可。导线与接线盒之间连接要可靠,紧固加平垫、弹垫,不要有松动,以防止发热引起氧化,长期运行则会烧坏绝缘端子或电动机内部绕组。注塑机主电动机的维护检修要点如下:

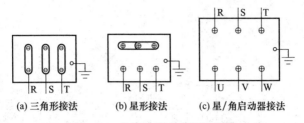

(a) 三角形接法   (b) 星形接法   (c) 星/角启动器接法

图 4-23　注塑机主电动机接线图

① 电动机接线应当正确、连接应可靠牢固。电动机本身绝缘良好，对地绝缘电阻至少大于 0.5MΩ，三相电源在运行时电流基本平衡。

② 电动机运转时声音正常，无杂乱噪声和较大振动（常由于轴承损坏引起噪声或撞铁烧坏电动机）。

③ 检测控制电路交流接触器主触头是否良好，有无烧坏而引起缺相或电源导线损坏。如电源开路、断线等引起缺相。常见故障均由于缺相造成电动机或机械卡死、过载而烧坏电动机。

（4）电子放大板电路及其维修

电子放大板也是注塑机的重要部件，它的主要功能是由 CPU 中央处理单元综合各参数进行数值的运算和处理后，输出的控制信号通过电子放大板对信号放大和处理，控制和驱动比例压力、比例流量和锁模流量电磁阀，从而使注塑机产生总压力和流量，同时还可以对电子放大板进行调节。电子放大板上设计有电位器，可以对压力和流量进行调节，以适应各种不同的压力、流量要求。以下以广泛使用的震雄注塑机 VCA-070G 电子放大板电路（如图 4-24 所示）为例，说明放大板的检修要点。

VCA-070G 电子放大板电路检查维修要点见表 4-17。

（5）I/O 电子电路板与电路的检修

I/O 电子电路板是注塑机的输入输出电路板，它要将外部输入信号限位开关、动作触点等输入到计算机 CPU 中央处理单元中去，又要将计算机 CPU 中央处理单元的输出信号通过放大电路去驱动电磁阀线圈。它的输入和输出信号都经过了光电耦合器进行传送。采用功率三极管对输出的信号进行电流放大去驱动电磁阀线圈。

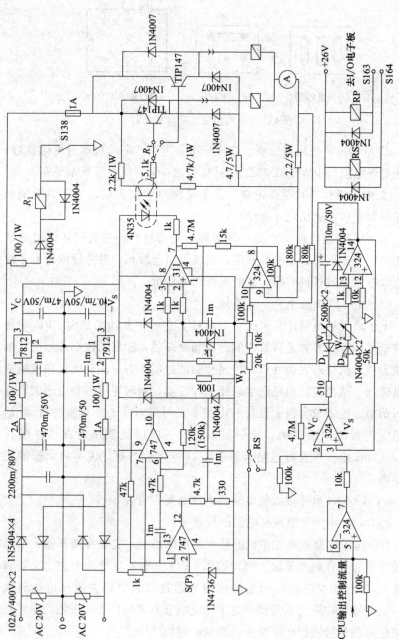

图 4-24 VCA-070G 电子放大板电路示意图

表 4-17 VCA-070G 电子放大板电路检查维修要点

类别	说　明
检查整流电源和工作电源	检查整流电源幅值,整流输出电压为 DC 40V 左右(应该为 DC 36V),经电解电容滤波后,电压在 DC 50V 左右。工作电源由于采用三端稳压器和 π 型滤波电路,电压幅值为 DC 12V 直流电压。检查电子板上电解电容的极性及参数,熔管更换时,按原设计要求更换。若再有异常,应仔细查找线路、电磁阀线圈等外接电路,避免加大熔管标称值,引起其他麻烦
检查集成运算放大器	集成运算放大器是电子放大板的核心,它的用途是将数控信号、反馈信号、取样信号及放大信号进行叠加、运算和处理,然后通过输出电压去控制光电耦合器。集成运算放大器的检查较为困难,还与其他条件有关。通常对电阻直观检测有无重大的损坏,电源对其他引脚有无串线短路等现象,一般常用开环测试进行检测,主要对输出特性性能和集成基本电路进行检查校核。集成块长期运行,受温度环境影响,会有老化现象产生,对电子电路板的输出产生影响 开环测试要对辅助电路及插件、面板组成电路进行测试 更换集成运算放大器时,注意不要伤及电路板,电路板印制线条较细,线条纵横交错,正反面均有线条(铜箔皮)。所以更换时,要用吸锡器将管脚及元件焊锡吸空,轻轻拔出集成块,清理干净电路板,换上新的集成块,再迅速对每一焊孔进行焊锡,焊点要圆而尖,避免虚焊造成接触不良
检查光电耦合器的工作性能	光电耦合器具有可靠性高,输入输出间的传输效率高,直线性、电隔离性和响应速度快的优点,被广泛应用。电子放大板中光电耦合器 4N35 是双列 6 脚。3 脚和 6 脚空,1 脚和 2 脚输入信号,5 脚和 4 脚隔离输出信号。检测时,主要是输入和输出要有线性关系,这样才能保证功率三极管呈线性变化
元件检查	限流电阻、反馈电阻、保护用二极管等元件的检查主要是看有无发热、过载、烧断造成开路或短路以及失去限流,安全防护作用等。检查电位器旋钮是否良好,调节时应仔细,避免用力过大而造成损坏
功率三极管检查	TIP147 是复合型功率三极管,其集电极最大功率 125W,集电极电流为 10A。由于注塑机动作频繁,而每一动作三极管都要进行通断一次,与动作同步进行,因此检修时要注意散热片安装不要松动,避免造成三极管对散热片的短路。更换三极管时,应将电路板上三极管引脚孔的焊锡吸空。三极管插入引脚孔后,先固定散热片螺钉,再整理三极管引脚,最后焊锡,速度要快,不要虚焊。焊点要圆而尖,最后整理剪去多余长度的引脚后,通电测试。测试方法一般应以模拟输入输出为最好,自制检测和电路检测十分方便,参数调校也容易 如图 4-25 所示为 VCA-070G 电子放大板测量电压幅值的示意图。它给出了控制电压的范围,输入电压和输出电压的接线示意。实际维修中,检测调校只要按图示进行连接,再加上假负载波就可组成一套模拟电路,调校结果均达到实际应用所需标准

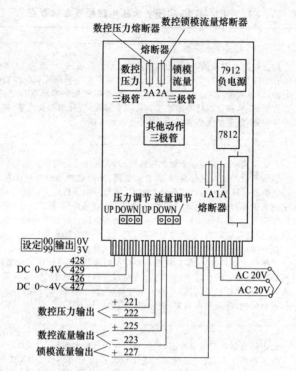

图 4-25 VCA-070G 电子放大板测量电压幅值

以震雄注塑机为例，其 I/O 电子板输入输出接线端子功能如下。

① 输入端子和输出端子。输入端子和输出端子功能见表 4-18。

② I/O 电子板输出电压检测。I/O 电子板输出电压检测及注意事项见表 4-19。

（6）电源电子板电路检修

如图 4-26 所示为注塑 I/O 电子板的电源板（pou-C 板）电路。它提供＋26V 直流电压经 I/O 电子板来驱动电磁阀线圈，还提供 DC 24V 直流电压经 I/O 电子供给输入电路等的工作电源，电路较简单。该电路由变压器输出 AC 220V 电压，经过（95 和 96）导线输入 pou-C 电源板的输入端，再经过 pou-C 电源板桥式整流后，电解电容滤波输出＋26V 直流电压，由接线端 201 输出。其后经过二极管 1N5401 输入到三端稳压器 7824 进行稳压输出＋24V 直流电压，由接线端 202 输出去 I/O 电子板接线端。

表 4-18　输入端子和输出端子功能

输入端子	输出端子
S42——液压泵电热继电器动合触点动作信号输入	S139——去射台前进电磁阀线圈 S8
	S140——去熔胶电磁阀线圈 S6
S43——调模薄终止限位开关触点	S141——去射台后退电磁阀线圈 S4
S44——前后安全门限位开关	S142——去开模电磁阀线圈 S9
LS1——动断触点	S143——去顶出电磁阀线圈 S11
LS2——动合触点	S144——去退针电磁阀线圈 S12
LS3——动断触点	S145——去倒索电磁阀线圈 S7
S45——射台前终止限位开关触点	S146——去调模厚继电器线圈
S46——射台后终止限位开关触点	S147——去调模薄继电器线圈
S47——顶出终止限位开关触点	S150——去射胶电磁阀线圈 S5
S48——退针终止限位开关触点	S151——去特快锁模电磁阀线圈 S10
S49——电眼(光电开关)检出开关	S152——入芯
S50、S51、S52——自动停机机尾开关 K4	S153——出芯
S53——锁模保护动作触点(L)RC,去机械手	S154——吹风
S54——顶出信号动作触点(N)Rb,去机械手	S160——去开终止信号(F)
S55——循环启动动作触点(H)Rc,去机械手	S161——去安全门限位开关信号(E),去机械手
S56——开模保护动作触点(J)Rc,去机械手	
S157:NO——157,警号信号输入	S162——半自动/全自动射胶信号(D),去机械手
COM——120,电源(AC 220V)	
S159:COM——056,液压泵电动机主接触器线圈 C	S163——退针终止信号(EJTl)
	GND——0V
NC——053,液压泵电动机运行接触器线圈 C△	202——去 pou-C 电源板 DC 26V
NO——047,液压泵电动机启动接触器线圈 CY	其中,电磁阀线圈均接 DC 26V,即 202,输出点对地电阻 4Ω。安全门限位开关接 0V,输入点对地电阻 10Ω
S138:NO——138,连接比例放大板	
COM——0,接地	
1201——按 pou-C 电源板 DC 24V	

表 4-19　I/O 电子板输出电压检测及注意事项

类别	说　　明
I/O 电子板输出电压检测中的测量	①射台前输出电压测量:按射台前按键,射台前限位开关松开,锁模终止信号灯亮,检测 I/O 电子板端子电压 U202-139,红表棒接 202,黑表棒接 139 ②射台后输出电压测量:按射台后按键,射台后限位开关松开,信号灯亮,检测 I/O 电子板端子电压 U202-141 ③射胶输出电压:预置射胶参数,按射胶按键,信号灯亮,按检视键和自动检视键,看到显示出来射胶压力和流量后,再去测量 I/O 电子板端子电压 U202-150 ④熔胶输出电压:预置参数,按熔胶按键,信号灯亮,按检视键查询熔胶压力和流量后,再去测量 I/O 电子板端子电压 U202-140 ⑤锁模输出电压:预置参数,关上安全门,顶针后退,锁模终止信号灯亮,检测 I/O 电子板端子电压 U202-151 ⑥开模输出电压:预置参数,按开模按键,信号灯亮,检测 I/O 电子板端子电压 U202-142

续表

类别	说　明
I/O电子板输出电压检测中的测量	⑦顶针前输出电压:预置参数,在开模终止位置,顶前限位开关松开,按顶前按键,信号灯亮,检测I/O电子板端子电压 U202-143 ⑧顶针后输出电压:预置参数,在顶后限位开关松开,按下顶针后按键,信号灯亮,检测I/O电子板端子电压U202-144
I/O电子板输出电压检测检修时的注意事项	①检测端子点电压应当注意负载情况,如负载开路、断线输出的电压值是输出点的端子电压,并不能说明负载故障是电压故障或其他故障 ②检查测量输入闭合状况时,要综合考虑I/O电子板的接线方式。一般液压泵过载信号输入的正常状态视为高电平或者悬空状态,只有在液压泵过载后,S42动合触点才合,0V电压接通,使S42成低电平,它通过I/O电子板将输入信号传送到电脑CPU中央处理单元中去进行运算或进行控制。通常情况下可以用万用表测量阻值来检查行程开关的通与断,还有的用信号灯来检查输入信号的通与断 ③I/O电子板具有强电和弱电共存的特点,使用时要特别注意安全。I/O电子板中 S157 和 S159 继电器触点电压较高(AC 220V),其余均在 DC 26V 左右。所以维修时连接引线应注意,避免错接高电压损坏其他元器件

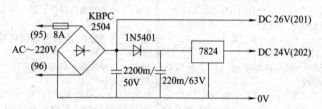

图 4-26　注塑 I/O 电子板的电源板电路

电源电子板电路的检测要点见表 4-20。

表 4-20　电源电子板电路的检测要点

类别	说　明
整流桥堆	pou-C 电子板上整流桥堆是电源板的核心元件,注塑机动作均由该电源供给。由于长期运行,加之受热较重,整流桥堆会老化。一般测量桥堆引脚的正反向电阻符合二极管的单向导电及阻值要求,再通电测试输出电压并带载测试。桥堆带载能力应当较大,I/O 电子板上设计功率三极管就有 23 只,频繁动作的注塑机不间断地推动和释放电磁阀,没有带载能力的注塑机就不能正常注塑。另外,还要检查焊点、引脚、熔管等元件的情况,除尘防油,连接可靠才可工作
稳压元件	检查三端稳压器 7824 元件的情况。测量 7824 的输出电压是否稳定,焊接是否牢固,散热片安装是否正确。更换时,注意引脚排列和焊接
熔断器	检查熔断器、熔管及滤波电容是否完好,有无鼓肚、裂纹等。检查电源板铜箔是否良好、短路线有无松脱等

4. 注塑机程控器电路的维修

程控器（PC 机）控制体积小，容量大，控制功能多，具有存储、编码、解码、计数/定时器等多种功能，可以分散控制或兼容工业计算机进行监控或其他工作；电压范围要求较低，可在 AC 100～240V 范围内工作；维修方便，便于拆装，设计有单元端子和输出插座等。在实际应用过程中，程控器故障率很低，运行可靠，是目前注塑机控制系统常采用的器件之一。

程控器故障率低，常见的故障一般为输入、输出接口部分，这些部分与外部设备受控器件或输入信号器件连接。常见的输入电路单元是由程控器 CPU 中央处理单元经总线缓冲或驱动，再经反相器对信号放大，光电耦合器对信号进行隔离传送，信号指示电路和限位开关输入或其他输入信号组成。故障发生也常见于反相器放大前到信号输入始端。而输出电路单元也由上述控制，经反相器对信号放大后，去光电耦合器对信号进行隔离传送。信号放大处理后，去控制输出继电器线圈，由继电器线圈动作，触点吸合去控制电磁阀线圈。而输出电路故障常见于反相放大后至继电器输出端。对于程控器的维修一般是先诊断清楚故障情况及故障点。常用的方法是用模拟法来进行判断，通过判断检测各点的输出及电路，找出故障点的元器件予以更换，再校验试机。

(1) 程控器模拟诊断方法

程控器发生故障，尤其是隐性故障时，常采用程控器模拟诊断方法进行判断。因为程控器实际是一部单片微型计算机系统。模拟诊断方法就是利用编程器对程控器模拟编写简单程序使其运行，通过运行进行监视和检测。这样既能判断程控器内部"软件"是否正常，又能测量出"硬件"输出是否正常。具体步骤如下：

① 停电源开关，拆下程控器底脚固定螺钉，然后拧开程控器输入输出端子螺钉，向上拔出整排插座，插头在程控器内。

② 用导线或鳄鱼夹将 AC 220V 电源输入程控器，观看电源信号灯亮否；或检查程控器输入熔断器熔管是否完好，如有损坏，给予更换。

③ 将编程器装于程控器安装口，开启编程按动开关，显示地址、指令和数据，监测指令和地址直至 END 指令。记住 END 指令的地址，例如是 302 句，利用编程器删除 302 句指令，继续编程来模拟查询。例如估计开模终止限位开关 008 和慢速锁模 018 动作有异常，需要检查，那么就可以简单编程如下：

原地址 302 LD　　008

```
303   OUT   030
304   LD    018
305   OUT   031
306   END
```

④ 执行上述编写的程序，具体是压合开模终止行程开关，用万用表检测 030 输出点是否有电压。也可以用 0V 线接输入点 008 后，测量 030 是否有 DC 24V。

⑤ 通过上述一系列简单编程和程序运行逐步查出可疑部分和有故障部分。

这种方法也只是对输入输出电路进行检测，没有涉及程控器内部的软件。若涉及其中，将给维修工作带来更大的难度。

(2) 程控器检查要点

① 检查光电耦合器是否良好，包括反应是否灵敏、可靠，有无损坏或性能不良。检查信号指示电路是否良好，发光二极管是否发光正常，电路板有无烧痕或线条断线等。

② 检查输出端子继电器主触点是否良好，有无烧毛触点或烧结触点。检查电路板上有无其他异常状况。检查输出继电器线圈所用的二极管是否有短路或开路状况，是否引起继电器工作不正常。检查发光二极管是否完好，来电是否发光。

③ 根据上述检查情况对外围电路进行检查。外围电路包括程控器输入输出端子排的连接导线，程控器到各电磁阀线圈的导线，程控器到各个限位开关和其他开关的导线等。要求外围电路绝缘良好、连接可靠，这对于程控器的工作非常重要。常见故障中程控器的输出继电器主触点烧结在一起，就是由于外围电路中存在短路造成的，它可以由导线短路引起，也可以由继电器线圈短路引起，还可以由接触器线圈引起。所以在设计外围电路时，尽量选用低电压或直流 DC 24V 电压控制线圈或电磁阀圈。在程控器输入电路中，常见故障之一就是工作不可靠或接触不良。由于输入电路均为限位开关闭合后 0V 电压接通，所以输入电路中不会有输出电路那样严重的故障，但会影响程控器正常工作。常用模拟输入 0V 电压，观察输入指示灯亮否，再用限位开关闭合，观察输入指示灯亮否。还可以开机调校好限位开关的位置，以此来观察指示灯状况。总之，可以通过指示灯来判断程控器到限位开关位置处的导线是否存在故障，如开路、断线等。如限位开关触点机构接触不良，可调校或者更换。

5. 注塑机电控系统维修示例

下面以海天牌注塑机为例说明其维修方法。

(1) 操作面板及电控系统

海天牌注塑机操作面板及电控系统如图 4-27 所示。

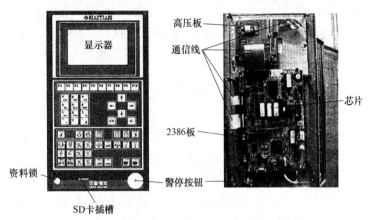

图 4-27 海天牌注塑机操作面板及电控系统

(2) 维修方法

① 现场维修判断流程。现场维修判断流程如图 4-28 所示。

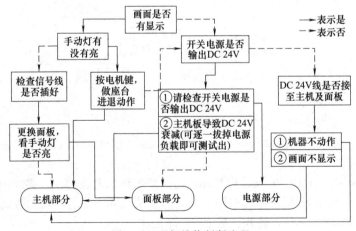

图 4-28 现场维修判断流程

② 机器动作判断步骤。机器动作判断步骤如下：

a. 按下座台进，查面板信息 [（动作压力：×××，动作流量：×

××）面板（信息）…→主机（信息）…→面板]。

b. 查电流表，应按照压力、流量设定值有对应的电流。

c. 方向阀灯是否输出。

注意：若主机板上的绿灯未闪烁，则面板与主机器无通信，机器不做任何动作。

③ 主机部分——CPU 的检测（如图 4-29 所示）。

④ 主机部分——输出/入检测（如图 4-30 所示）。

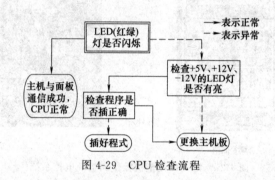

图 4-29　CPU 检查流程

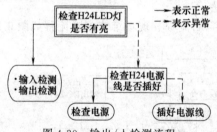

图 4-30　输出/入检测流程

⑤ 输入检测（如图 4-31 所示）。

a. 确认控制器输入信号。红灯亮代表有输入信号，灰灯代表无输出信号。

b. 确认 INPUT 点是否坏掉：将故障的输入电线拆掉，将故障点与 HCOM 短路（拿一条导线接即可），若一直显示 1 或 0，则代表此点损坏。短路会显示 1，放开会显示 0，即正常。

c. 故障解决方法：利用 PB 点对调方式，将坏的 PB 点与良好的点对调。利用设定 PB 画面，输入"原设定点：07"，新设定点：20（假如要换到 PB20），再输入确认即可（原 PB07 的接线点，亦要换到 PB20）。

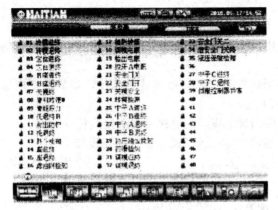

图 4-31 输入检测界面（PB）

图 4-32 输出检测界面（PC）

⑥ 输出检测（如图 4-32 所示）。

a. 可利用此检测画面（PC）来查看输出。如将光标移到 01 关模，再按"OK"键，这时 01 关模输出板会亮灯，表示正常。

b. 确认是否 OUTPUT 点坏掉：将故障的输入点（01 关模）线拆下。按照上述方式输出，若输出板（01 关模）灯不亮，看看灯是否会亮，若仍然不亮，表示（01 关模）损坏。如果画面（01 关模）显示为灰色等，主机 LED 灯却亮，表示此点损坏。

c. 故障解决方法：利用 PC 点对调方式，将坏的 PC 点与良好的对调。利用设定 PC 画面，假如输入"原设定点：01"，新设定点：20（假如要换到 PC20），再输入确认即可（原 PC01 的接线点，亦要换到

PC20）。

⑦ 温度不显示或显示为零时的检测。

a. 以万用表 RX10K 挡检测所有 AC/DC 电源与机台的阻抗（应在 1MΩ 以上）。

b. 将感温线拆除，以短路代替感温线，如显示室内温度，则表示电路板一切正常。

c. 若温度仍显示零，先更换感温线接线板（TMPEXT）。

d. 若仍显示为零，再更换主机（温控板）。

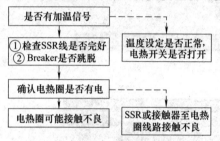

图 4-33　无法加温时的检测流程

⑧ 无法加温时的检测（如图 4-33 所示）。

⑨ 温度显示不正常飘动或跳动时的检测。

a. 确认机台是否已接地（至少需一铜柱埋入地下 50cm）。

b. 检查系统电源与机台是否短路。

c. 温度感应线需要接线良好。

d. 电热圈上的电压必须足够。

e. 系统电源是否已正确装上滤波器。

f. 若一切正常，则应更换感温线输入板或主机板。

⑩ 温度特殊显示时的维修（见表 4-21）。

表 4-21　温度特殊显示时的处理方式

显示状况	处理方式
777 970	①应为小变压器 T1015 未接入温度板 ②检查 T1015 插座是否正常 ③以上若无法排除故障,应更换主机板(温度板)
888 988	①感温线正负是否接反 ②感温线是否断掉 ③以上若无法排除故障,应更换感应线输入板
999 990	①标示超过了感温线许可的最高温度(449℃) ②感温线的连接电线是否接好 ③电热圈线路是否正常

⑪ 温度偏高或偏低时的维修。当某段温度偏高或偏低时，应确认以下情况：

a. 偏高，电热圈（HEATER）持续有电时；偏低，电热圈（HEAT-

ER）持续无电时，检查 SSR 或热继电器。

b. 温度偏高或偏低，电热圈（HEATER）送电正常时更换感温线。若检查结果皆正常，可能是主机板控制加温部分损坏。

c. 当温度持续偏高，有可能是螺杆与料筒摩擦所造成的自然升温。

d. 当温度持续偏低，有可能是原料与料筒问题，可以更换电热圈测试。

⑫ 面板无画面时的检测，如图 4-34 所示。

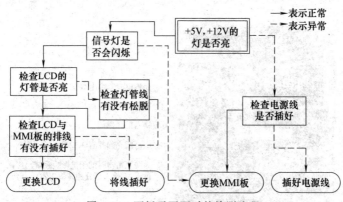

图 4-34　面板无画面时的检测流程

⑬ 面板按键不动作的维修。

a. 检查 MMI 板到 Keyboard 板的 2 条排线是否插好。

b. 检查面板锁的开关是否打开或电线是否断裂。

c. 更换 MMI 板。

d. 更换 Keyboard 板。

⑭ 面板画面不正常的维修。

a. 检查 MMI 板到 LCD 的排线有没有插好。

b. 检查程序是否插反或插错。

c. 更换 LCD。

d. 更换 MMI 板。

⑮ 面板亮度不足时的维修。

a. 检查灯管是否有亮。

b. 调整 MMI 板的可调电阻。

c. 将 MMI 板上的 51Ω 或 39Ω 接地电阻直接短路（原本接电阻是限制灯管电流，如果直接短路，则灯管是全电流，对灯管会比较容易损耗）。

⑯ 面板资料无法储存时的维修。

a. 资料设定后是否有按输入键。

b. 检查电池是否漏液。

c. 测量面板 CPU 上的电池是否有 3.5V 以上，且关机时是否会立刻逐渐降低电压，如果是则应更换电池或面板。

⑰ 电源器检查，如图 4-35 所示。

① 先将电源器输出端DC 24V的线卸下

② 确认电源器手动开关

③ 输入电源确认

④ 绿灯需亮起并有DC 24V

⑤ 为防止雷击时的干扰影响系统动作，请于AC输入部分加装雷击器

图 4-35　电源器检查

（3）海天牌注塑机维修问题及解决方法

表 4-22 所列方法中所述的海天牌注塑机，问题 1～9 针对的是采用台湾弘讯电脑芯片的机器，问题 10～14 为采用日本富士（Fuji）芯片的机器。

表 4-22　海天牌注塑机维修问题及解决方法

序号	问题	方法与步骤
1	怎样利用检测画面检查行程开关（PB部分）？	答：当某个输入限位开关失效时，可以在 PB 输入端用导线直接短路 PBX 与 HCOM。在检测画面看 PBX 点是否有显示（该点变亮），如果该点变亮，则电脑部分正常，而是外部线路故障（断路）或该行程开关有问题；如果不变亮，即问题出在电脑本身 解决办法：可以利用更换输入点的方法，把故障点更换到空余的输入点上，或更换 I/O 板

序号	问题	方法与步骤
2	怎样利用检测画面检查输出(PC)点?	答:当某个动作不能做,而压力流量正常时,可以利用检测画面强制输出,即在输出检测画面把某一输出点确认输出(点亮),看 I/O 板上此点指示灯是否亮,或此点与 H24 之间有无 24V 输出。如强制输出时有 24V,则电脑正常,而是外部线路故障或方向阀故障;如无 24V,确认此点已坏,也可以通过更换输出点的方法,把此点更换到空余的输出点上,或更换输出板
3	怎样判断开关电源故障?怎样维修开关电源简单故障?	答:如果发现开关电源不输出,一般检查以下几个方面: ①检查输入电压(220V 或 110V)是否正常,如输入电压不对(超过额定电压 15%),则易引起电源损坏。注意 220V/110V 转换开关的位置 ②取消电源负载,看能否输出＋24V,此开关电源有短路保护功能,如负载短路,则自动保护。查找并解除负载短路 ③看内部熔丝是否有损坏,或保护用的压敏电阻是否有裂开。可以暂时取消压敏电阻 如以上都正常,还不能正常工作,则需要更换开关电源
4	如无压力有流量或有压力无流量(控制器输出电流),应怎样检查?	答:①查线路有无断路 ②检查比例阀电源 24V(或 38V)是否有输出 ③更换输出功率管,确认是否为功率管故障 ④更换 D/A 板
5	压力流量电流不够大(控制器输出电流),应怎样检查?	答:①测定比例阀阻抗大小,比例压力阀一般为 10Ω,比例流量阀一般为 40Ω 左右,测定电流电压(24V 或 38V),计算最大值 b,调节电位器电阻 ②更换 D/A 板
6	如果温度实际值显示为零应怎样检查?	答:①控制器工作不正常 ②检查各电源与机壳之间有无漏电 ③感温线正负两两短路,看温度是否显示,检查感温线
7	控制器使用 K 型热电偶,现实测 TR1＋,TR1－电压为 7.2mV,室内温度为 28℃,怎样计算应该显示的温度?	答:显示温度＝$7.2 \times 25 + 28 = 208$(℃)。显示温度与实际值有偏差(偏高、偏低) 原因:①热电偶或控制器故障 ②原料和螺杆剪切引起的 以上情况可通过万用表测定热电偶电压来判断显示值是否正确。如果显示值正确,则由原因②引起。如果显示值与电压值不符,则由原因①引起
8	温度显示值在较大范围内跳动应怎样处理?	答:①干扰,系统没有接地 ②某段跳动,热电偶引起 ③电脑板本身故障,更换 D/A 板
9	料筒不加温应怎样处理?	答:①控制器无输出,检查控制器 ②加热线路有短路,检查线路 ③加热圈故障

序号	问题	方法与步骤
10	为什么导致警报发生的原因消除后，屏幕上警报栏中还是有警报显示？	答：警报发生后，首先要按"取消"键清除警报，然后再排除警报发生原因
11	日本 Fuji 控制器程序是怎样实现对中子的保护的？	答：日本 Fuji 控制器程序在设计时从保护用户模具的角度出发，对模具保护设计了周密的方案。详细如下： ①合模过程中检测中子是否到位，如果没有到位，立即停止合模动作 ②开模过程中检测中子是否到位，如果没有到位，立即停止开模动作 ③顶针前进中检测中子是否到位，如果没有到位，停止顶针前进动作 所谓的"中子是否到位"，就是中子是否进终或者退终。举例如下：如果设定中子进位置为300，中子退位置为250，此时实际动模板位置为270。此时合模，程序会自动判断中子是否进终，如果中子没有进终，则不允许合模。如果此时开模，程序会判断中子是否退终，如果中子没有退终，则不允许开模。如果设定中子进位置为200，中子退位置为300，如果此时动模板位置为250。此时合模，则会判断中子是否进终，如果中子没有退终，则不允许合模。如果此时开模，则会判断此时中子是否进终，如果没有，则不允许开模 ④中子有两种控制方式，分别为"行程"和"时间"。对于行程控制方式：中子进终或退终是以中子进终或者中子退终信号是否有输入来进行确认。如果中子进终信号在合模过程中没有检测到，则立即停止合模动作。对于时间控制方式：中子进终或退终是以中子进或者中子退动作时间是否完成来确认。如果中子进动作时间完成，程序则认为中子进已经结束，但是如果此时按"中子退"键使控制中子后退的阀门有信号输出，则程序认为中子进没有结束。如果此时重新启动控制系统，程序也认为中子进没有结束
12	电眼全自动，制品检测信号有输入，但是还是会出现"制品检出故障"警报？	答：电眼自动时，如果在循环间隔时间内，控制器没有检测到"制品检测信号"有输入，则会产生报警。此时，可以根据实际生产需要加大此间隔时间。此间隔时间在"时间/计数"画面设定
13	为什么无法进入输出测试画面？	答：输出测试画面只有在手动及电热关闭的状态下才能进入
14	HPC01 电脑所有温度都显示 50℃左右？	答：如果 I/O 板电热部分无烧伤痕迹，可能原因是位置尺连线的屏蔽层破损与信号线接触造成 I/O 板接地信号干扰，从而引起电热不正常

四、注塑机故障对制品质量的影响、故障原因分析及排除方法

设备故障对制品质量影响及故障原因分析与排除见表 4-23。

表 4-23　设备故障对制品质量影响及故障原因分析与排除

设备故障	对制品质量影响	故障原因分析	故障排除方法
电动机不启动	—	①电动机没有接通 ②线路故障	①重新合闸,检查熔丝 ②测试线路,检查接头
主轴不转动	—	液压离合器部位故障	检修液压缸或离合器
减速箱漏油	—	①密封垫损坏 ②加油过量 ③箱体有裂纹或砂眼	①重新换密封垫 ②放油,液面在油标最高位置 ③修补
减速箱内工作转动噪声异常	—	①齿面严重磨损,齿折断 ②轴承损坏 ③齿轮啮合中心距变化 ④润滑不良	①修复或换齿轮 ②换轴承 ③轴承换后,中心距复原位 ④加润滑油
螺杆不转动	—	①机筒内有残料、温度低 ②金属异物卡在机筒内 ③没装键	①继续升温到工艺温度 ②拆卸螺杆排除异物 ③装键
螺杆与机筒装配间隙过大	注射压力和注射量波动使成型制品外形尺寸误差大,表面有缺陷及波纹	工作磨损使螺杆外径缩小,机筒内径增大	修机筒内径、更换新螺杆
机筒温度不稳定	制品的外形尺寸变化大;温度高时,有飞边、气泡、凹陷、变色银丝纹,制品强度下降;温度低时,制品表面有波纹、不光泽外形有缺损部位	①局部电阻丝损坏,冷却降温系统故障 ②热电偶故障或接触不良,控制仪表显示故障	①用水银温度计校准 ②加热降温系统全部检查、修复
机筒内工声响异常	—	有异物进入机筒	①拆卸螺杆排除 ②修复或更换螺杆 ③延长升温恒温时间

设备故障	对制品质量影响	故障原因分析	故障排除方法
注射座移动不平衡	—	①液压缸活塞推力小 ②活塞运动与移动导轨不平行 ③导轨润滑不良,摩擦阻力大 ④活塞杆弯曲,油封圈阻力大	①增加液压系统压力 ②重新安装移动液压缸 ③注意加强润滑 ④检修活塞杆
喷嘴与衬套口配合不严	熔融料外溢,充模不足,造成制品外形有缺损	①移动液压缸推力小 ②喷嘴与衬套圆弧配合不严 ③喷嘴口直径大于衬套口直径	①增加液压系统压力 ②修配圆弧配合严密 ③衬套口直径应大于喷嘴口直径
喷嘴结构不合理	熔融料流涎	料黏度低,应换喷嘴	更换自锁式喷嘴
合模不严	①制品外形有缺陷 ②制品有飞边 ③脱模困难	①两模板不平行 ②锁模力小 ③结合部位两模面间有异物 ④两模面变形	①检修模板与拉杆配合处 ②调整两模板距离,提高锁模力 ③清除异物 ④检修,重新磨平面
注射熔料量不足	制品外形有缺陷	①送料计量调节不当 ②喷嘴堵塞或喷嘴流量大 ③注塑机规格小,注射量小于制品质量	①调整送料计量装置 ②检修喷嘴 ③调换注塑机
注射压力不稳定	①制品外形尺寸误差大 ②压力大时,制品有飞边、易变形、脱模困难 ③压力小时,制品表面有波纹,有气泡,外形尺寸有缺欠	液压传动系统压力波动影响	①检查液压泵及减压阀或溢流阀工作稳定情况 ②查看液压管路是否有泄漏部位
注射熔料流速变化	①流速过快时,有黄色条纹,有气泡 ②流速较慢时,制品外形有缺陷,表面有熔接痕或波纹	液压控制系统影响	调节液压缸部位回流节流阀
保压时间短	①制品易变形 ②外形尺寸有较大误差	补缩熔料量不足	适当增加保压时间

设备故障	对制品质量影响	故障原因分析	故障排除方法
流道设计不合理	外形质量有缺陷，有熔接痕	流道料流不通畅，充模困难	改进设计，重新开设流道
模具成型面粗糙	外表不光亮、脱模困难	熔料中杂质多，应筛料；嵌件划伤	重新研磨模具成型面粗糙度 $Ra < 0.25\mu m$
模具温度不稳定	外形尺寸温差大，温度偏高时，有毛边、脱模困难；温度偏低时，外形有欠缺、有气泡、有熔接痕、易分层剥离、强度降低	①水通道不畅、降温效果差 ②电热器接触不严	①检修清除管内水垢 ②重新装夹固定电加热器
模具没有排气孔或排气孔少	外表不规整，有黑色条纹	注意排气孔的位置要正确	增开排气孔
脱模斜度小	脱模困难、易变形	设计问题	增大脱模斜度
金属嵌件温度低	嵌件部位易开裂	嵌件热处理温度低	提高嵌件预热温度
顶出杆顶出力不均匀	损坏制件、脱模困难制件变形	顶出杆位置分配不合理	调整顶出杆位置及顶出杆长度

第五章
注塑生产常见问题及解决措施

第一节 | 注塑过程常见问题及解决方法

一、下料不顺畅

下料不顺畅是指注塑过程中，烘料桶（料斗）内的塑料原料有时会发生不下料的现象，从而导致进入注塑机料筒的塑料不足，影响产品质量。导致下料不顺畅的原因及改善方法如表 5-1 所示。

表 5-1　下料不顺畅的原因及改善方法

原因分析	改善方法
料斗内的原料出现"架桥"现象	检查/疏通烘料桶内的原料
料斗内的原料熔化结块（干燥温度失控）	检修烘料加热系统，更换新料
回用水口料的颗粒太大（大小不均）	将较大颗粒的水口料重新粉碎（调小碎料机刀口的间隙）
水口料回用比例过大	减少水口料的回用比例
熔料筒下料口段的温度过高	降低送料段的料温或检查下料口处的冷却水
干燥温度过高或干燥时间过长（熔块）	降低干燥温度或缩短干燥时间
注塑过程中射台振动大	控制射台的振动
烘料桶下料口或机台的入料口过小	改大下料口孔径或更换机台

二、塑化噪声

塑化噪声是指在注塑过程中，螺杆转动对塑料进行塑化时，料筒内出现"叽叽"或"啾啾"的摩擦声音（在塑化黏度高的 PMMA、PC 料时噪声更为明显）。塑化噪声主要是由于螺杆的旋转阻力过大，导致螺杆与塑料原料在压缩段和送料段发生强烈的摩擦和剪切所引起的。导致该现象的原因及改善方法如表 5-2 所示。

表 5-2　塑化噪声的原因及改善方法

原因分析	改善方法
背压过大	降低背压
螺杆转速过快	降低螺杆转速
塑料的黏度大(流动性差)	改用流动性好的塑料
料筒(压缩段)温度过低	提高压缩段的温度
树脂的自润滑性差	在原料中添加润滑剂(如滑石粉)
螺杆压缩比较小	更换螺杆压缩比较大的注塑机

三、螺杆打滑

注塑过程中，螺杆无法塑化塑料原料而只产生空运转的现象称为螺杆打滑。发生螺杆打滑时，螺杆只有转动行为，没有后退动作。导致该现象的原因及改善方法如表 5-3 所示。

表 5-3　螺杆打滑的原因及改善方法

原因分析	改善方法
树脂干燥不良	充分干燥树脂及适当添加润滑剂
料斗内缺料	及时向烘料桶添加塑料
料斗内的树脂温度高(结块不落料)	检修烘料桶的加热系统,更换新料
料管后段温度太高,料粒熔化结块(不落料)	检查入料口处的冷却水,降低后段熔料温度
背压过大且螺杆转速太快(螺杆抱胶)	减小背压和降低螺杆转速
回用水口料的料粒过大,产生"架桥"现象	将过大的水口料粒挑拣出来,重新粉碎
料管内壁及螺杆磨损严重	检查或更换料管/螺杆

四、喷嘴堵塞、流涎及漏胶

1. 喷嘴漏胶

在注塑过程中，热的塑料熔体从喷嘴头部或喷嘴螺纹与料筒连接处流出来的现象称为喷嘴漏胶。喷嘴出现漏胶现象会影响注塑生产的正常进行，轻者造成产品重量或质量不稳定，重者会造成塑件出现缩水、缺料、烧坏加热圈等现象，影响产品的外观质量，且不良品增多，浪费原料。导致喷嘴漏胶的原因及改善方法如表 5-4 所示。

表 5-4　喷嘴漏胶的原因及改善方法

原因分析	改善方法
射嘴与模具喷嘴贴合不紧密	重新对嘴或检查射嘴头与模具的匹配性
射嘴的紧固螺纹松动或损伤	紧固射嘴螺纹或更换射嘴

续表

原因分析	改善方法
背压过大或螺杆转速过高	减小背压或降低螺杆转速
熔料温度过高或嘴温过高(黏度低)	降低射嘴及料筒温度
抽胶行程不足	适当增加抽胶距离
塑料黏度过低(熔融指数FMI较高)	改用熔融指数(FMI)低的塑料

2. 喷嘴流延

在注塑过程中对塑料进行注塑时，喷嘴内出现熔体流出的现象称为喷嘴流延。接触式注塑作业中，如果喷嘴流延，熔体流到主流道内，冷却的塑料会影响注塑的顺利进行（堵塞浇口或流道）或在塑件表面造成外观缺陷（如冷斑、缩水、缺料等），特别是 PA 料最容易产生流延。导致喷嘴流延原因及改善方法如表 5-5 所示。

表 5-5　喷嘴流涎原因分析与改善方法

原因分析	改善方法
抽胶量不足	增大抽胶量(熔前或熔后抽胶)
塑料黏度过低	改用黏度较大的塑料
喷嘴孔径过大或喷嘴结构不当	改用孔径小的喷嘴或自锁式喷嘴
熔料温度或喷嘴温度过高	降低熔料温度或喷嘴温度
背压过大或螺杆转速过高	减小背压或降低螺杆转速
接触式注塑成型方式	改为射台移动式注塑成型

3. 喷嘴堵塞

注塑过程中，熔体无法进入模具流道的现象称为喷嘴堵塞。导致该现象的原因及改善方法如表 5-6 所示。

表 5-6　喷嘴堵塞的原因及改善方法

原因分析	改善方法
射嘴中有金属及其他不熔物质	拆卸喷嘴清除射嘴内的异物
喷嘴头部的加热圈烧坏	更换喷嘴头部的加热圈
长喷嘴加热圈数量过少	增加喷嘴加热圈数量
水口料中混有金属粒	检查/清除水口料中的金属异物或更换水口料(使用离心分类器处理)
烘料桶内未放磁力架	将磁力架清理干净后放入烘料桶中
水口料中混有高熔点的塑料杂质	清除水口料中的高熔点塑料杂质
结晶型树脂(如 PA、PBT)喷嘴温度偏低	提高喷嘴温度
射嘴内未装磁力管	射嘴内加装磁力管

五、压模

注塑过程中，如果制品或水口料没有完全取出来或制品粘在模具上操作人员又没有及时分离，合模后留在模具内的塑件或水口料会造成压伤模具的现象称为压模。压模故障是注塑生产中严重的安全生产问题，会造成生产停止，需拆模进行维修。某些尺寸精度要求高的模芯无法修复，需更换模芯，造成很大的损失，甚至影响订单的交货期。因此，注塑生产中要特别预防出现压模事件，需合理设定模具的低压保护参数，安装模具监控装置。压模的原因及改善方法如表5-7所示。

表 5-7　压模原因及改善方法

原因分析	改善方法
胶件粘前模	改善胶件粘模现象（同改善粘模措施）
作业员未发现胶件粘模	对作业员进行操作培训并加强责任心
全自动注塑的胶件粘模	有行位（滑块）和深型腔结构的产品不宜使用全自动生产,改为半自动生产模式
模具低压保护功能失效	合理设定模具低压保护参数
顶针板无复位装置	加设顶针板复位装置
全自动生产中未安装产品脱模监控装置	全自动生产中加装模具监控装置
水口（流道）拉丝	清理拉丝并彻底消除水口拉丝现象

六、制品粘前模

注塑过程中，制品在开模时整体粘在前模（定模）的模腔内而导致无法顺利脱模，这种现象称为制品粘前模。导致该现象的原因及改善的方法如表5-8所示。

表 5-8　制品粘前模的原因及改善方法

原因分析	改善方法
射胶量不足（产品未注满）,塑件易粘在模腔内	增大射胶量
注射压力及保压压力太高	降低注射压力和保压压力
保压时间过长（过饱）	缩短保压时间
末端注射速度过快	减慢末端注射速度
料温太高或冷却时间不足	降低料温或延长冷却时间
模具温度过高或过低	调整模温及前、后模温度差
进料不均使部分过饱	变更浇口位置或浇口大小
前模柱位及碰穿位有倒扣	检修模具,消除倒扣
前模表面不光滑或模边有毛刺	抛光模具或清理模具边缘的毛刺
前模脱模斜度不足（太小）	增加前模脱模斜度
前模腔形成真空（吸力大）	延长冷却时间或改善进气效果
启动时开模速度过快	减慢一段开模速度

七、水口拉丝及水口料粘模

1. 水口拉丝

注塑过程中，水口（主流道前端部）在脱模时会出现拉丝的现象，如果拉丝留在模具上会导致合模式模具被压坏，如留在模具流道则会被后续熔体冲入型腔而影响产品的外观。PP、PA等塑料在注塑时水口易产生拉丝现象。该现象的产生原因及改善方法如表5-9所示。

表5-9   水口拉丝的原因及改善方法

原因分析	改善方法
料筒温度或喷嘴温度过高	降低料筒温度或喷嘴温度
喷嘴和浇口衬套配合不良	检查/调整喷嘴
背压过大或螺杆转速过快(料温高)	减小背压或螺杆转速
冷却时间不够或抽胶量不足	增加冷却时间或抽胶量行程
喷嘴流延或喷嘴形式不当	改用自锁式喷嘴

2. 水口料粘模

注塑过程中，开模后水口料（流道凝料）粘在模具流道内不能脱离出来的现象称为水口料粘模，水口料粘前模主要是由于注塑机喷嘴与浇口套（主流道衬套）的孔径不匹配，水口料产生毛刺（倒扣）无法顺利脱出所致。该现象的原因及改善方法如表5-10所示。

表5-10   水口料粘模的原因及改善方法

原因分析	改善方法
熔料温度过高	降低熔料温度
主流道无拉料扣	水口顶针前端做成"Z"形扣针
射胶压力或保压压力过大	减小射胶压力或保压压力
主流道入口与射嘴孔配合不好	重新调整主流道入口与射嘴配合状况
主流道入口处孔径小于喷嘴口径	加大主流道入口孔径
主流道入口处圆弧R比喷嘴头部的R小	加大主流道入口处圆弧R
主流道中心孔与喷嘴孔中心不对中	调整两者孔中心在同一条直线上
主流道内表面不光滑或有脱模倒角	抛光主流道或改善其脱模倒角
流道口外侧损伤或喷嘴头部不光滑	检修模具，修补完善损伤处，清理喷嘴头(防止产生飞边倒扣)
主流道尺寸过大或冷却时间不够	减小主流道尺寸或延长冷却时间
主流道脱模斜度过小	加大主流道脱模斜度

八、开模困难及其他异常现象

1. 开模困难

注塑生产过程中，如果出现锁模力过大、模芯错位、导柱磨损、模具长时间处于高压锁模状态下造成模具变形而生产"咬合力",就会出现打不开模具的现象,这种现象统称为开模困难。尺寸较大的塑件、型腔较深的模具及或注塑机采用肘节式锁模机构时,上述不良现象最为常见。导致该现象的原因及改善方法如表 5-11 所示。

表 5-11 开模困难原因及改善方法

原因分析	改善方法
导柱/导套磨损,摩擦力过大	清洁/润滑导柱或更换导柱、导套
注塑机的开模力不足	增大开模力或将模具拆下更换较大的机台
锁模力过大造成模具变形,产生"咬合"	重新调模,减小锁模力
单边模具压板松脱,模具产生移位	重新安装模具,拧紧压板螺钉
停机时模具长时间处于高压锁紧状态	停机时手动合模(勿升高压)
模具排气系统阻塞,出现"闭气"	清理排气槽/顶针孔内的油污或异物(疏通进气道)
三板模拉钩的拉力(强度)不够	更换强度较大的拉钩

2. 其他异常现象

注塑生产过程中,由于受材料、模具、机器、注塑工艺、操作方法、车间环境、生产管理等多方面因素的影响,出现的注塑过程异常现象会很多,除了上述一些不良现象外,还有可能出现如断柱、顶针位凹陷等一种或多种异常现象,这些异常现象的原因及改善方法如表 5-12所示。

表 5-12 其他异常现象及改善方法

异常现象	缺陷原因	改善方法
多胶	模具(模芯或模腔)塌陷、模芯组件零件脱落、成型针/顶针折断等	检修模具或更换模具内相关的脱落零件
模印	模具(模芯或模腔)上凸凹点、模具碰伤、花纹、烧焊痕、锈斑、顶针印等	检修模具,改善模具上存在的此类问题,防止断顶针及压模
断柱	①注射压力或保压压力过大 ②柱孔的脱模斜度不够或不光滑,冷却时间不够 ③熔胶材质发脆	①减小注射压力或保压压力 ②增大柱孔的脱模斜度、省光(抛光)柱孔 ③降低料温、干燥原料、减少水口料比例
顶针位凹陷	顶针过长或松脱出来	减短顶针长度或更换顶针
顶针位凸起	顶针板内有异物、顶针本身长度不足或顶针头部折断	清理顶针板内的异物、加大顶针长度或更换顶针
顶针位穿孔	顶针断后卡在顶针孔内,变成了"成型针"	检修/更换顶针,并在注塑生产过程中打顶针油(防止烧针)

续表

异常现象	缺陷原因	改善方法
顶针孔进胶	顶针孔磨损,熔料进入间隙内	扩孔后更换顶针、生产中定时打顶针油、减小顶出行程、减少顶出次数、减小注射压力/保压压力/注射速度
断顶针	顶出不平衡、顶针次数多、顶出长度过大、顶出速度快、顶出力过大、顶针润滑不良	更换顶针、生产中定时打顶针油,减小顶出行程、减少顶出次数、减小注射压力/保压压力
断成型针	保压压力过大、成型针单薄(偏细)、材质不好、压模	更换成型针、选用刚性好/强度高的钢材、减小注射压力及保压压力、防止压模
字唛(印字块)装反	更换/安装字唛(印字块)时,字唛装错或方向装反	对照样板安装字唛或字唛加定位销

第二节 | 塑件常见缺陷及解决方法

一、喷射、缺料、缩水

1. 喷射

（1）基本现象

当熔融物料高速流过喷嘴、浇口和流道等狭窄的区域，突然进入开放、相对较宽的区域后，熔融物料会沿着流动方向如蛇一样弯曲前进，并在与模具表面接触后迅速冷却。如果这部分材料不能与后续进入型腔的树脂很好地融合，就会在制品表面上造成明显的喷流纹。在特定的条件下，树脂在开始阶段会以一个相对较低的温度从喷嘴中射出。接触型腔表面之前，树脂的黏度变得非常大，因此产生了蛇行的流动。随着温度较高的熔体不断地进入型腔，最初的物料就被挤压到模具中较深的位置处，因此留下了喷流纹，如图 5-1 所示。

(a) 发生喷射缺陷制品上的喷流纹

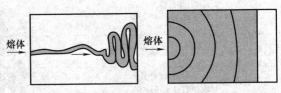

(b) 发生喷射与正常充填的比较

图 5-1　喷射现象示意图

（2）产生的原因

① 物料的影响较小。

② 机器的影响包括：浇口位置与类型设计不合理，尺寸过小；流道尺寸过小。

③ 工艺的影响包括：注射速度过大；注射压力过大；熔体温度过低；模温过低。

2. 缺料

缺料又称欠注、短射、充填不足等，是指塑料熔体进入型腔后未能完全填满模具成型空间的各个角落，如图 5-2 所示。

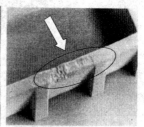

缺料

(a) 示意图　　　　　　　　　　(b) 实物

图 5-2　缺料的塑料制品

缺陷原因与解决方法见表 5-13。

表 5-13　缺陷原因与解决方法

缺陷原因	解决方法
设备选型不当	在选用注塑设备时,注塑机的最大注射量必须大于塑件重量。在校核时,注射总量(包括塑件、流道凝料)不能超出注射机塑化量的 85%
供料不足	即注塑机料斗的加料口底部可能有"架桥"现象,解决的方法是适当增加螺杆的注射行程,以增加供料量
原料流动性能太差	应设法改善模具浇注系统的滞流缺陷,如合理设置流道位置,扩大浇口、流道等的尺寸以及采用较大的喷嘴等。同时,可在原料配方中增加适量助剂,改善塑料的流动性能
润滑剂超量	应减少润滑剂用量或调整料筒与螺杆间隙
冷料杂质阻塞流道	应将喷嘴拆卸清理或扩大模具冷料穴和流道的截面
浇注系统设计不合理	设计浇注系统时,要注意浇口平衡,各型腔内塑件的重量要与浇口大小成正比,以保证各型腔能同时充满;浇口位置要选择在厚壁部位,也可采用分流道平衡布置的设计方案。如果浇口或流道小、薄、长,则熔体的压力在流动过程中沿程损失会非常大,流动受阻,容易产生充填不良的现象,如图 5-3(a)所示。对此现象,应扩大流道截面和浇口面积,必要时可采用多点进料的方法

缺陷原因	解决方法
模具排气不良	如图 5-3(b)所示。应检查有无冷料穴，或冷料穴的位置是否正确。对于型腔较深的模具，应在欠注部位增设排气沟槽或排气孔，在合理的分型面上，可开设深度为 0.02~0.04mm，宽度为 5~10mm 的排气槽，排气孔应设置在型腔的最终充填处。此外，使用水分及易挥发物含量超标的原料时也会产生大量气体，导致模具排气不良，此时应对原料进行干燥及清除易挥发物。在注塑成型工艺方面，可通过提高模具温度、降低注射速度、减小浇注系统流动阻力，以及减小合模力、加大模具间隙等辅助措施改善排气不良现象。 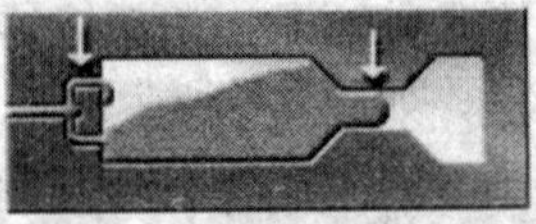 (a) 流道过小导致熔体提早凝固 　　(b) 困气导致熔体流动受阻  (c) 熔体流程过长而产生欠注 图 5-3　缺料所产生的不良现象
模具温度太低	开机前必须将模具预热至工艺要求的温度。刚开机时，应适当控制模具内冷却水的通过量，如果模具温度升不上去，应检查模具冷却系统的设计是否合理
熔体温度太低	在适当的成型范围内，熔体温度与充模流程接近于正比例关系，低温熔体的流动性能下降，充模流程将减短。同时，应注意将料筒加热到仪表温度后还需恒温一段时间才能开机，在此过程中，为了防止熔体分解不得不采取低温注射时，可适当延长注射时间，以克服可能出现的欠注缺陷
喷嘴温度太低	在开模时应使喷嘴与模具分离，以减少模具对喷嘴温度的影响，使喷嘴处的温度保持在工艺要求的范围内
注射压力或保压不足	注射压力与充模流程接近于正比例关系，注射压力太小，充模流程会变短，导致型腔充填不满。对此，可通过减慢螺杆前进速度，适当延长注射时间等办法来提高注射压力
注射速度太慢	注射速度与熔体充模速度直接相关，如果注射速度太慢，熔体充模缓慢，因低速流动的熔体很容易冷却，故使熔体流动性能进一步下降而产生欠注现象。对此，应适当提高注射速度
塑件结构设计不合理	如图 5-3(c)所示，当塑件的宽度与其厚度比例过大或形状十分复杂且成型面积很大时，熔体很容易在塑件薄壁部位的入口处流动受阻，致使型腔很难充满而产生欠注缺陷。因此，在设计塑件的形状和结构时，应注意塑件厚度与熔体极限充模长度的关系。经验表明，注塑成型的塑件，壁厚大都采用 1~3mm，大型塑件的壁厚为 3~6mm，塑件厚度超过 8mm 或小于 0.5mm 都对注塑成型不利，设计时应避免采用这样的厚度

综上所述，注塑过程中出现制品缺料的原因及改善方法如表 5-14。

表 5-14 缺料原因及改善方法

原因分析	改善方法
熔料温度太低	提高料筒温度
注射压力太低或油温过高	提高注射压力或清理冷凝器
熔胶量不够(注射量不足)	增加计量行程
注射时间太短或保压切换过早	增加注射时间或延迟切换保压
注射速度太慢	加快注射速度
模具温度不均	重开模具运水道
模具温度偏低	提高模具温度
模具排气不良(困气)	在合适的位置增加排气槽或排气针
射嘴堵塞或漏胶(或发热圈烧坏)	拆除/清理射嘴或重新对嘴
浇口数量/位置不适,进胶不平均	重新设置进浇口/调整平衡
流道/浇口太小或流道太长	加大流道/浇口尺寸或缩短流道
原料内润滑剂不够	酌加润滑剂(改善流动性)
螺杆止逆环(过胶圈)磨损	拆下止逆环并检修或更换
机器容量不够或料斗内的树脂不下料	更换较大的机器或检查/改善下料情况
成品胶厚不合理或太薄	改善胶件的胶厚或加厚薄位
熔料流动性太差(FMI 低)	改用流动性较好的塑料

3. 缩水

注塑过程中由于模腔某些位置未能产生足够的压力,当熔体开始冷却时,塑件上壁厚较大处的体积收缩较慢而形成拉应力,如果制品表面硬度不够,而又无熔体补充,则制品表面便被应力拉陷,这种现

缩水

图 5-4 制品缩水现象

象称为缩水,如图 5-4 所示。缩水现象多出现在模腔上熔体聚集的部位和制品厚壁区,如加强筋、支撑柱等与制品表面的交界处。

注塑件表面上的缩水现象,不但影响塑件的外观,也会降低塑件的强度。缩水现象与使用塑料种类、注塑工艺、塑件和模具结构等均有密切关系。

注塑件缩水原因与解决方法见表 5-15。

表 5-15 注塑件缩水原因与解决方法

缺陷原因	解决方法
塑料原料方面	不同塑料的缩水率不同,通常容易缩水的原料大都属于结晶型塑料(如尼龙、聚丙烯等)。在注塑过程中,结晶型塑料受热变成流动状态时,分子呈无规则排列;当被射入较冷的模腔时,塑料分子会逐步整齐排列而形成结晶,从而导致体积收缩较大,其尺寸小于规定的范围,即出现"缩水"

续表

缺陷原因	解决方法
注塑工艺方面	出现缩水的情况有保压压力不足、注射速度太慢、模温或料温太低、保压时间不够等。因此，在设定注塑工艺参数时，必须检查成型条件是否正确及保压是否足够，以防出现缩水问题。一般而言，延长保压时间，可确保制品有充足的时间冷却和补充熔体
塑件和模具结构方面	缩水产生的根本原因在于塑料制品的壁厚不均，典型的例子是塑件非常容易在加强筋和支撑柱表面出现缩水。此外，模具的流道设计、浇口大小及冷却效果对制品的影响也很大，由于塑料的传热能力较低，距离型腔壁越远，则其冷却越慢，因此，该处应有足够的熔体填满型腔，这就要求注塑机的螺杆在注射或保压时，熔体不会因倒流而降低压力；另外，如果模具的流道过细、过长或浇口太小而冷却太快，则半凝固的熔体会阻塞流道或浇口而造成型腔压力下降，导致制品缩水

综上分析，塑件出现缩水的原因及改善方法如表 5-16 所示。

表 5-16　塑件出现缩水的原因及改善方法

原因分析	改善方法
模具进胶量不足	增强熔胶注射量
熔胶量不足	增加熔胶计量行程
注射压力不足	提高注射压力
保压不够或保压切换位置过早	提高保压压力或延长保压时间
注射时间太短	延长注射时间（采用预顶出动作）
注射速度太慢或太快（困气）	加快注射速度或减慢注射速度
浇口尺寸太小或不平衡（多模腔）	加大浇口尺寸或使模具进胶平衡
射嘴阻塞或发热圈烧坏	拆除清理射嘴内异物或更换发热圈
射嘴漏胶	重新对嘴/紧固射嘴或降低背压
料温不当（过低或过高）	调整料温（适当）
模温偏低或太高	提高模温或适当降低模温
冷却时间不够（筋/骨位脱模拉陷）	延长冷却时间
缩水处模具排气不良（困气）	在缩水处开设排气槽
塑件骨位/柱位胶壁过厚	使胶厚尽量均匀（改为气辅注塑）
螺杆止逆环磨损（逆流量大）	拆卸与更换止逆环（过胶圈）
浇口位置不当或流程过长	浇口开设于壁厚处或增加浇口数量
流道过细或过长	加粗主/分流道，减短流道长度

二、凹痕、鼓包、银纹

1. 凹痕

（1）基本现象

凹痕是浇口封闭后或缺料时注射引起的局部内收缩造成的。注塑制品表面产生的凹陷或者微陷是注射成型过程中的一个常见问题。凹痕一般是由于塑料制品壁厚增加引起制品收缩率局部增大而产生的。它可能出现在外部尖角附近或者壁厚突变处，如凸起、加强肋或者支座的背后，有时也会出现在一些不常见的部位。产生凹痕的根本原因是材料的热胀冷缩，因为热塑性塑料的热膨胀系数非常高。膨胀和收缩的程度取决于许多因素，其中塑料性能、成型温度范围以及型腔内的保压压力是最重要的影响因素，其他还有注塑制品的尺寸和形状，以及冷却速度和均匀性等因素。塑料制品上的凹痕如图 5-5 所示。

(a) 注塑制品上收缩造成的凹陷

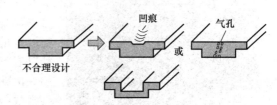

(b) 壁厚不均造成收缩，导致凹陷

图 5-5　塑料制品上的凹痕

（2）产生原因

① 物料的影响：原料收缩量过大；原料太软易发生凹陷，可加入成核剂加快结晶，提高硬度。

② 机器的影响：供料不足，止逆环、螺杆或柱塞磨损严重，注射压力无法传至型腔；注射及保压时熔料发生漏流，降低了充模压力和料量，造成熔料不足；喷嘴孔过大使注射力减小，充模困难。

③ 模具的影响：制品设计不合理，制品壁厚过大或不均匀；浇口位置不恰当；浇口过小；模具冷却不均匀。

④ 工艺的影响：熔体温度过高，则壁厚、加强肋或突起处背面容易出现凹痕，这是因为容易冷却的地方先固化，物料会向难以冷却的部分流动，因此尽量将凹痕控制在不影响制品质量的位置。如果通过降低熔体温度来减小制品的凹痕，则势必会带来注射压力的增加；注射时间过短；保压时间过短，浇口未固化，保压已结束；注射压力或保压压力过低；注射速度过快；塑料注射量不足，且没有进行足够的补缩。

2. 鼓包

某些塑件在成型脱模后，很快在某些位置出现了局部体积变大的现象称之为鼓包或肿胀，其缺陷原因与解决方法如下。

塑件的鼓包是因为未完全冷却硬化的塑料在内压的作用下释放气体，导致塑件膨胀引起的。因此，该缺陷的改善措施如下：

① 有效冷却。方法是降低模温，延长开模时间，降低塑料的干燥与塑化温度。

② 降低充模速度，减少成型周期，减少流动阻力。

③ 提高保压压力和时间。

④ 改善塑件结构，避免塑件上出现局部太厚或厚薄变化过大的状况。

3. 银纹

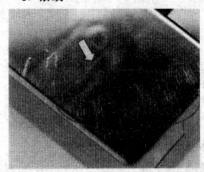

图 5-6　塑件上产生的银纹现象

银纹是由于塑料中的空气或湿气挥发，或者有其他塑料混入分解而烧焦，在制品表面形成的喷溅状的痕迹，通常它会从浇口处以扇形方式向外辐射发展，如图 5-6 所示。许多塑料在储存时会吸收很多水分，如果在加工前没能进行充分的干燥处理，这些残留的水分就会在注射过程中转变为水蒸气，从而在制品表面产生喷溅的痕迹。注塑机原料在塑化阶段，熔体内经常会包覆一定量的空气，如果这部分空气在注射阶段无法顺利排出，也会在制品表面产生银纹。此外，有些裂解或烧焦的塑料会在制品表面产生银纹。

综上所述，塑件产生银纹的原因及改善方法见表 5-17。

表 5-17　银纹产生的原因及改善方法

原因分析	改善方法
原料含有水分	原料彻底烘干(在允许含水率以内)
料温过高(熔料分解)	降低熔料温度
原料中含有其他添加物(如润滑剂)	减小其使用量或更换其他添加物
色粉分解(色粉耐温性较差)	选用耐温较高的色粉
注射速度过快(剪切分解或夹入空气)	降低注射速度
料筒中夹有空气	①减慢熔胶速度；②提高背压
原料混杂或热稳定性不佳	更换原料或改用热稳定性好的塑料
熔料从薄壁流入厚壁时膨胀,挥发物汽化与模具表面接触激化成银丝	①改良模具结构设计(平滑过渡)；②调节射胶速度与位置互配关系

续表

原因分析	改善方法
进浇口过大/过小或位置不当	改善进浇口大小或调整进浇口位置
模具排气不良或模温过低	改善模具排气或提高模温
熔料残量过多(熔料停留时间长)	减少熔料残量
下料口处温度过高	降低其温度,并检查下料口处冷却水
背压过低(脱气不良)	适当提高背压
抽胶位置(倒索量)过大	减少倒索量

三、溢边、真空泡、气泡

1. 溢边

（1）基本现象

溢边又称飞边、溢料、披锋等，大多发生在模具的分合位置上，如模具的分型面、滑块的滑配部位、镶件的缝隙、顶杆的孔隙等处。溢边问题如不能及时解决，将会进一步扩大导致压印模具，使模具形成局部陷塌，最终可能对模具造成永久性的损害。镶件缝隙和顶杆孔隙的溢料还会使制品卡在模具上，影响脱模。发生在制品上的溢边如图 5-7 所示。

图 5-7　发生在制品上的溢边

（2）产生原因

① 物料的影响：塑料黏度过高或过低都可能出现飞边，吸水性强的塑料或对水敏感的塑料，在高温下会大幅度地降低流动黏度，增加飞边产生的可能性，塑料黏度过高，使流动阻力增大，产生大的背压，使型腔压力提高，造成锁模力不足而产生飞边；塑料原料粒度大小不均，使加料量变化不定，制件可能会充不满或产生飞边。

② 机器的影响：机器实际的锁模力不足；合模装置调节不佳，肘杆机构没有伸直，产生模板或左右或上下的合模不均衡，模具平行度不能达到要求的现象，造成模具单侧一边被合紧，而另一边不紧贴的情况，注射时可能会在制件上出现飞边；模具平行度不佳、装得不平行、模板不平行，或拉杆受力分布、变形不均；注射系统缺陷，止逆环磨损严重；弹簧喷嘴中的弹簧失效；料筒或螺杆的磨损过大；加料口冷却系统失效，造成"架桥"现象；料筒调定的注射量不足，料垫过小。

③ 模具的影响：模具分型面的精度差，活动模板（如中板）变形

翘曲；分型面上沾有异物或模框周边有凸出的撬印毛刺；旧模具因飞边挤压而使型腔周边疲劳塌陷。模具设计不合理。模具型腔的开设位置过偏，令注射时模具单边产生张力，造成飞边。模具刚性不良（强度不足）。

④ 工艺的影响：注射压力过高或注射速度过快；注射量过大造成飞边；料筒、喷嘴温度过高或模具温度过高，都会使塑料黏度下降、流动性增大；锁模力设定过低，注射时模具被顶开出现间隙；保压压力过高，保压压力转换延迟。

（3）溢边原因及改善方法

溢边原因及改善方法见表 5-18。

表 5-18 溢边原因及改善方法

原因分析	改善方法
熔料温度或模温太高	降低熔料温度及模具温度
注射压力太高或注射速度太快	降低注射压力或末端注射速度
保压压力过大（胀模力大）	降低保压压力
合模面贴合不良或合模精度低	检修模具或提高合模精度
锁模力不够（产品周边均有披锋）	加大锁模力
制品投影面积过大	更换锁模力较大的机器
进浇口不平衡，造成局部披锋	重新平衡进浇口
模具变形或机板变形（机铰式机）	模具加装撑头或加大模具硬度
保压切换（位置）过迟	提早从注射转换到保压的位置
模具材质差或易磨损	选择更好的钢材并进行热处理
塑料的黏度太低（如 PA、PP 料）	改用黏度较大的塑料或加填充剂
合模面有异物或机铰磨损	清理模面异物或检修/更换机铰

2. 真空泡

制品真空泡，也称缩孔或空穴，如图 5-8 所示，一般出现在塑件上大量熔体积聚的位置，是因熔体在冷却收缩时得到充分的熔体补充而引

(a) 塑件内部   (b) 塑件表面

图 5-8 塑件上出现的缩孔现象

起的。缩孔现象常常出现在塑件的厚壁区，如加强筋或支撑柱与塑件表面的交接处。

　　缺陷原因与解决方法如下：塑件出现缩孔的原因是熔体转为固体时，壁厚处体积收缩慢，形成拉应力，此时如果制品表面硬度不够，而又无熔体补充，则制品内部便形成空洞。塑件产生缩孔的原因与缩水相似，区别是缩水在塑件的表面凹陷，而缩孔是在内部形成空洞。缩孔通常产生在厚壁部位，主要与模具冷却快慢有关。熔体在模具内的冷却速度不同，不同位置的熔体的收缩程度就会不一样，如果模温过低，熔体表面急剧冷却，将壁厚部分内较热的熔体拉向四周表面，就会造成内部出现缩孔。

　　塑件出现缩孔现象会影响塑件的强度和力学性能，如果塑件是透明制品，缩孔还会影响制品的外观。改善制品缩孔的重点是控制模具温度，具体的原因及改善方法如表 5-19 所示。

表 5-19　缩孔原因及改善方法

原因分析	改善方法
成品断面、筋或柱位过厚	改善产品的设计，尽量使壁厚均匀
模具温度过低	提高模具温度（使用模温机）
注射压力太低或注射速度过慢	提高注射压力或注射速度
浇口尺寸太小或位置不当	改大浇口或改变浇口位置（厚壁处）
流道过长或太细（熔料易冷却）	减短流道长度或加粗流道
保压压力或保压时间不足	提高保压压力，延长保压时间
流道冷料穴太小或不足	加大冷料穴或增开冷料穴
熔料温度偏低或射胶量不足	提高熔料温度或增加熔胶行程
模内冷却时间太长	减少模内冷却，使用热水浴冷却
水浴冷却过急（水温过低）	提高水温，防止水浴冷却过快
背压太小（熔料密度低）	适当提高背压，增大熔料密度
射嘴阻塞或漏胶（发热圈会烧坏）	拆除/清理射嘴或重新对嘴

3. 气泡

　　在塑料熔体充填型腔时，多股熔体前锋包裹形成的空穴或者熔体充填末端由于气体无法排出导致气体被熔体包裹在熔体中，就会在塑件上形成气泡，也称气穴，如图 5-9 所示。

　　气泡与真空泡（缩孔）不相同，它是指塑件内存在的细小气泡；而真空泡是排空了气体的空洞，是熔体冷却定型时，收缩不均而产生的空穴，穴内并没有气体存在。注塑成型过程中，如果材料未充分干燥、注射速度过快、熔体中夹有空气、模具排气不良、塑料的热稳定性差，塑件内部就可能出现细小的气泡（透明塑件可以看到，如图 5-10 所示）。塑件内部有细小气泡时，塑件表面往往会伴随有银纹（料花）现象，透明件的气泡会影响外观质量，同时也属塑件材质不良，会降低产品的强度。

图 5-9 气穴形成示意图   图 5-10 透明塑件内出现的气泡

综上所述，塑件出现气泡的原因及改善方法如表 5-20 所示。

表 5-20 产生气泡的原因及改善方法

原因分析	改善方法
背压偏低或熔料温度过高	提升背压或降低料温
原料未充分干燥	充分干燥原料
螺杆转速或注射速度过快	降低螺杆转速或注射速度
模具排气不良	增加或加大排气槽,改善排气效果
残量过多,熔料在料筒内停留时间过长	减少料筒内熔料残留量
浇口尺寸过大或形状不适	减小浇口尺寸或改变浇口形状,让气体滞留在流道内
塑料或色粉的热稳定性差	改用热稳定性较好的塑料或色粉
熔胶筒内的熔胶夹有空气	降低下料口段的温度,改善脱气

四、熔接痕、变形、喷射纹

1. 熔接痕

在塑料熔体充填模具型腔时，如果两股或多股熔体在相遇时前锋部分温度没有完全相同（如图 5-11 所示），则这些熔体无法完全融合，在汇合处会产生线性凹槽，从而形成熔接痕，如图 5-12 所示。

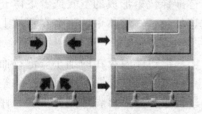 

图 5-11 熔接痕形成示意图   图 5-12 塑件上产生的熔接痕

缺陷原因与解决方法见表 5-21。

表 5-21　缺陷原因与解决方法

缺陷原因	解 决 方 法
熔体温度太低	低温熔体的分流汇合性能较差,容易形成熔接痕。如果塑件的内外表面在同一部位产生熔接细纹时,往往是由于料温太低引起的熔接不良。对此,可适当提高料筒及喷嘴的温度,或者延长注射周期,促使料温上升。同时,应控制模具内冷却水的通过量,适当提高模具温度。一般情况下,塑件熔接痕处的强度较差,如果对模具中产生熔接痕的相应部位进行局部加热,提高成型件熔接部位的局部温度,往往可以提高塑件熔接处的强度。如果由于特殊需要,必须采用低温成型工艺时,可适当提高注射速度及注射压力,从而改善熔体的汇合性能。也可在原料配方中适当增用少量润滑剂,提高熔体的流动性能
模具缺陷	在模具结构上,如浇口位置在塑件左侧[如图 5-13(a)所示],浇口位置在塑件上部[如图 5-13(b)所示],浇口位置在塑件右侧[如图 5-13(c)所示]。应尽量采用分流少的浇口形式并合理选择浇口位置,尽量避免充模速率不一致及充模料流中断。在可能的条件下,应选用单点进料。为了防止低温熔体注入模腔产生熔接痕,可在提高模具温度的同时,在模具内设制冷料穴 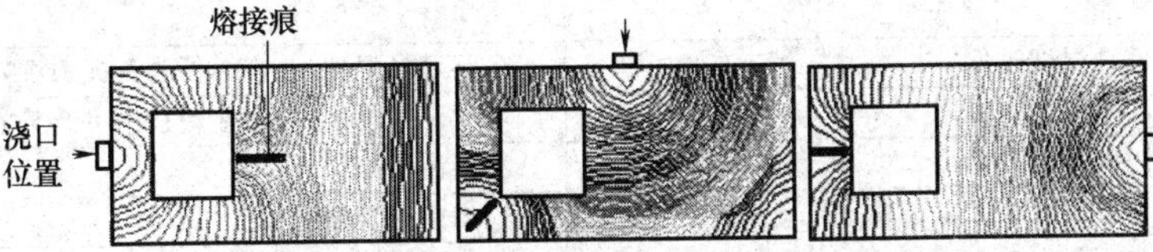 (a) 浇口位置在塑件左侧　(b) 浇口位置在塑件上部　(c) 浇口位置在塑件右侧 图 5-13　改变浇口位置对熔接痕的影响
模具排气不良	此时,首先应检查模具排气孔是否被熔体的固化物或其他物体阻塞,浇口处有无异物。如果阻塞物清除后仍出现炭化点,应在模具汇料点处增加排气孔,也可通过重新定位浇口,或适当降低合模力,增大排气间隙来加速汇料合流。在注塑工艺方面,可采取降低料温及模具温度、缩短高压注射时间、降低注射压力等辅助措施
脱模剂使用不当	在注塑成型中,一般只在螺纹等不易脱模的部位才均匀地涂用少量脱模剂,原则上应尽量减少脱模剂的用量
塑件结构设计不合理	如果塑件壁厚设计得太薄或厚薄悬殊或嵌件太多,都会引起熔体的熔接不良,如图5-14所示。在设计塑件形状和结构时,应确保塑件的最薄部位大于成型时允许的最小壁厚。此外,应尽量减少嵌件的使用且壁厚尽可能趋于一致 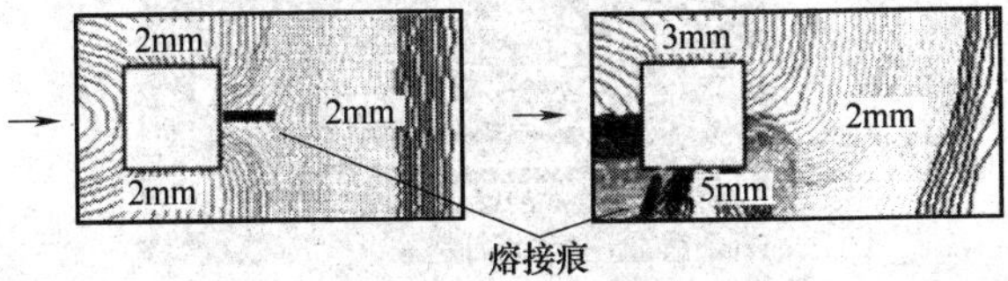 图 5-14　塑件壁厚对熔接痕的影响

缺陷原因	解决方法
其他原因	如使用的塑料原料中水分或易挥发物含量太高,模具中的油渍未清除干净,模腔中有冷料或熔体内的纤维填料分布不均,模具冷却系统设计不合理,熔体冷却太快,嵌件温度太低,喷嘴孔太小,注射机塑化能力不够,柱塞或注射机筒中压力损失太大等,都可能导致不同程度的熔体汇合不良而出现熔接痕迹。对此,在操作过程中,应针对不同情况,分别采取原料干燥、定期清理模具、改变模具冷却水道设计、控制冷却水的流量、提高嵌件温度、换用较大孔径的喷嘴、改用较大规格的注射机等措施予以解决

综上所述,塑件产生熔接痕的原因及改善方法如表 5-22 所示。

表 5-22　熔接痕产生的原因及改善方法

原因分析	改善方法
原料熔融不佳或干燥不充分	①提高料筒温度 ②提高背压 ③加快螺杆转速 ④充分干燥原料
模具温度过低	提高模具温度(蒸汽模可改善夹水纹)
注射速度太慢	增大注射速度(顺序注塑技术可改善之)
注射压力太低	提高注射压力
原料不纯或渗有杂料	检查或更换原料
脱模剂太多	少用脱模剂(尽量不用)
流道及进浇口过小或浇口位置不适当	增大浇道及进浇口尺寸或改变浇口的位置
模具内空气排除不良(困气)	①在产生夹水纹的位置增大排气槽 ②检查排气槽是否堵塞或用抽真空注塑
主、分流道过细或过长	加粗主、分流道尺寸(加快一段速度)
冷料穴太小	加大冷料穴或在夹水纹部位开设溢料槽

2. 变形

翘曲指的是注塑件的形状与图纸的要求不一致,如图 5-15 所示,也称塑件变形。翘曲通常是因塑件的不平均收缩而引起的,但不包括脱模时造成的变形。常见的翘曲塑件是采用玻璃增强的塑料成型的大面积或细长的制品。

图 5-15　制品产生翘曲

缺陷原因与解决方法见表 5-23。

表 5-23　缺陷原因与解决方法

缺陷原因	解决方法
分子取向不均衡	分子取向不均衡,如图 5-16 所示。为了尽量减少由于分子取向差异产生的翘曲变形,应创造条件减少流动取向或减少取向应力,有效的方法是:降低熔体温度和模具温度,在采用这一方法时,最好与塑件的热处理结合起来,否则,减小分子取向差异的效果往往是短暂的。热处理的方法是:塑件脱模后将其置于较高温度下保持一定时间再缓冷至室温,即可大幅度消除塑件内的取向应力
冷却不当	塑件在成型过程冷却不当极易产生变形现象,如图 5-17 所示。设计塑件结构时,各部位的断面厚度应尽量一致。塑件在模具内必须保持足够的冷却定型时间。对于模具冷却系统的设计,应注意将冷却管道设置在温度容易升高、热量比较集中的部位,对于那些比较冷却的部位,应尽量进行缓冷,以使塑件各部分的冷却均衡
模具浇注系统设计不合理	在确定浇口位置时,不应使熔体直接冲击型芯,应使型芯两侧受力均匀;对于面积较大的矩形或扁平塑件,当采用分子取向及收缩大的塑料原料时,应采用薄膜式浇口或多点式浇口,尽量不要采用侧浇口;对于环形塑件,应采用盘形浇口或轮辐式浇口,尽量不要采用侧浇口或点浇口;对于壳形塑件,应采用直浇口,尽量不要采用侧浇口
模具脱模及排气系统设计不合理	在模具设计方面,应合理设计脱模斜度、顶杆位置和数量,提高模具的强度和定位精度。对于中小型模具,可根据翘曲规律来设计和制造反翘模具。在模具操作方面,应适当减慢顶出速度或顶出行程
工艺设置不当	应针对具体情况,分别调整对应的工艺参数

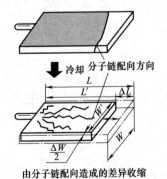

由分子链配向造成的差异收缩

图 5-16　分子取向不均衡导致塑件翘曲

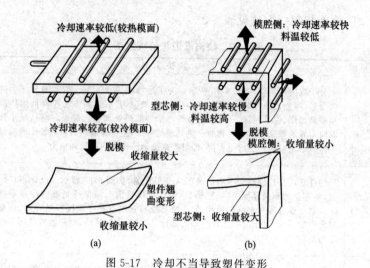

图 5-17　冷却不当导致塑件变形

综上所述，塑件翘曲的原因及改善方法如表 5-24 所示。

表 5-24　翘曲的原因及改善方法

原因分析	改善方法
成品顶出时尚未冷却定型	①降低模具温度；②延长冷却时间；③降低原料温度
成品形状及厚薄不对称	①脱模后用定型架(夹具)固定；②变更成品设计
填料过饱形成内应力	减少保压压力、保压时间
多浇口进料不平均	更改进浇口(使其进料平衡)
顶出系统不平衡	改善顶出系统或改变顶出方式
模具温度不均匀	改善模温使各部分温度合适
胶件局部粘模	检修模具,改善粘模
注射压力或保压压力太高	减小注射压力或保压压力
注射量不足导致收缩变形	增加射胶量,提高背压
前后模温不合适(温差大或不合理)	调整前后模温差
塑料收缩率各向异性较大	改用收缩率各向异性小的塑料
取货方式或包装方式不当	改善包装方式,增强保护能力

3. 喷射纹

注塑成型过程中，如果熔体在经过浇口处的注射速度过快，则塑件表面（侧浇口前方）会产生蛇形的喷射纹路，如图 5-18 所示。

喷射纹多在模具的浇口类型为侧浇口时出现。当塑料熔体高速流过喷嘴、流道和浇口等狭窄区域后，突然进入开放的、相对较宽的区域后，熔融物料会沿着流动方向如蛇一样弯曲前进，与模具表面接触后迅速冷却。由于这部分材料不能与后续进入型腔的树脂很好地融合，就在制品上造成了明显的喷射纹。在特定的条件下，熔体在开始阶段以一个相对较低的温度从喷嘴中射出，接触型腔表面之前，熔体的黏度变得非常大，因此产生了

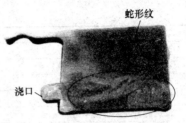

图 5-18　塑件上的蛇形纹现象

蛇形流动，而接下来随着温度较高的熔体不断地进入型腔，最初的熔体就被挤压到模具中较深的位置处，因此留下了上述的蛇形纹路。

综上所述，塑件产生喷射纹的原因及改善方法如表 5-25 所示。

表 5-25　喷射纹产生的原因及改善方法

原因分析	改善方法
浇口位置不当(直接对着空型腔注射)	改变浇口位置(移到角位)
料温或模温过高	适当降低料温和模温
注射速度过快(进浇口处)	降低(进浇口处)注射速度
浇口过小或形式不当(侧浇口)	改大浇口或做成护耳式浇口(亦可在浇口附近设阻碍柱)
塑料的流动性太好(FMI 高)	改用流动性较差的塑料

五、气纹、裂纹、黑点

1. 气纹

图 5-19　塑件上的气纹

注塑成型过程中，如果浇口太小而注射速度过快，熔体流动变化剧烈且熔体中夹有空气，则在塑件的浇口位置、转弯位置和台阶位置会出现气纹(阴影)，如图 5-19 所示。ABS、PC、PPO 等塑料制品在浇口位较容易出现气纹。

气纹产生的原因及改善方法如表 5-26 所示。

表 5-26　气纹产生原因及改善方法

原因分析	改善方法
熔料温度过高或模具温度过低	降低料温(以防分解)或提高模温
浇口过小或位置不当	加大浇口尺寸或改变浇口位置

续表

原因分析	改善方法
产生气纹部位的注塑速度过快	多级射胶,减慢相应部位的注射速度
流道过长或过细(熔料易冷)	减短或加大流道尺寸
产品台阶/角位无圆弧过渡	产品台阶/角位加圆弧
模具排气不良(困气)	改善模具排气效果
流道冷料穴太小或不足	增开或加大冷料穴
原料干燥不充分或过热分解	充分干燥原料并防止熔料过热分解
塑料的黏度较大,流动性差	改用流动性较好的塑料

2. 裂纹

注塑成型后,塑件表面开裂形成的若干条长度和大小不等的裂缝,如图 5-20 所示。

如果浇口形状和位置设计不当、注射压力/保压压力过大及保压时间过长、产品脱模不顺(强行顶出)、成品内应力过大或分子取向应力过大等,均可能产生裂纹缺陷,具体分析见表 5-27。

图 5-20　制品上产生裂纹

表 5-27　裂纹原因与解决方法

缺陷原因	解决方法
残余应力太高	在模具设计和制造方面,可以采用压力损失最小,而且可以承受较高注射压力的直接浇口,可将正向浇口改为多个针点状浇口或侧浇口,并减小浇口直径。设计侧浇口时,可采用成型后将破裂部分除去的凸片式浇口。在工艺操作方面,通过降低注射压力来减少残余应力是一种最简便的方法,因为注射压力与残余应力呈正比例关系。应适当提高料筒及模具温度,减小熔体与模具的温度,控制模内型胚的冷却时间和速度,使取向分子链有较长的恢复时间
外力导致残余应力集中	一般情况下,这类缺陷总是发生在顶杆的周围。出现这类缺陷后,应认真检查和校调顶出装置,顶杆应设置在脱模阻力最大部位,如凸台、加强筋等处。如果设置的顶杆数由于推顶面积受到条件限制不可能扩大时,可采用小面积多顶杆的方法。如果模具型腔脱模斜度不够,塑件表面也会出现擦伤形成褶皱花纹
成型原料与金属嵌件的热膨胀系数存在差异	对于金属嵌件应进行预热,特别是当塑件表面的裂纹发生在刚开机时,大部分是由于嵌件温度太低造成的。另外,在嵌件材质的选用方面,应尽量采用线胀系数接近塑料特性的材料。在选用成型原料时,也应尽可能采用高分子量的塑料,如果必须使用低分子量的成型原料时,嵌件周围的塑料厚度应设计的厚一些
原料选用不当或不纯净	实践表明,低黏度疏松型塑料不容易产生裂纹。因此,在生产过程中,应结合具体情况选择合适的成型原料。在操作过程中,要特别注意不要把聚乙烯和聚丙烯等塑料混在一起使用,这样很容易产生裂纹。在成型过程中,脱模剂对于熔体来说也是一种异物,如用量不当也会引起裂纹,应尽量减少其用量

续表

缺陷原因	解决方法
塑件结构设计不良	塑件形状结构中的尖角及缺口处最容易产生应力集中，导致塑件表面产生裂纹及破裂。因此，塑件形状结构中的外角及内角都应尽可能采用最大半径做成圆弧。试验表明，最佳过渡圆弧为圆弧半径与转角处壁厚的比值为1∶1.7
模具上的裂纹复映到塑件表面上	在注射成型过程中，由于模具受到注射压力反复作用，型腔中具有锐角的棱边部位会产生疲劳裂纹，尤其在冷却孔附近特别容易产生裂纹。当模具型腔表面上的裂纹复映到塑件表面上时，塑件表面上的裂纹总是以同一形状在同一部位连续出现。出现这种裂纹时，应立即检查裂纹对应的形腔表面有无相同的裂纹。如果是由于复映作用产生裂纹，应以机械加工的方法修复模具

经验表明，PS、PC料的制品较容易出现裂纹现象。而由于内应力过大所引起的裂纹可以通过"退火"处理的方法来消除内应力。

综上所述，塑件产生裂纹的原因及改善方法如表5-28所示。

表5-28　裂纹产生原因及改善方法

原因分析	改善方法
注射压力过大或末端注射速度过快	减小注射压力或末端注射速度
保压压力太大或保压时间过长	减小保压压力或缩短保压时间
熔料温度或模具温度过低/不均	提高熔料温度或模具温度(可用较小的注射压力成型)，并使模温均匀
浇口太小、形状及位置不适	加大浇口、改变浇口形状和位置
脱模斜度不够、模具不光滑或有倒扣	增大脱模斜度、抛光模具、消除倒扣
顶针太小或数量不够	增大顶针或增加顶针数量
顶出速度过快	降低顶出速度
金属嵌件温度偏低	预热金属嵌件
水口料回用比例过大	减小添加水口料比例或不用回收料
内应力过大	控制或改善内应力，退火处理
模具排气不良(困气)	改善模具排气效果，减少烧焦

3. 黑点

透明塑件、白色塑件或浅色塑件在注塑生产时常常会出现黑点现象，如图5-21所示。塑件表面出现的黑点会影响制品的外观质量，造成生产过程中废品率高、浪费大、成本高。

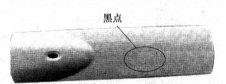

黑点

图5-21　制品上产生的黑点

黑点问题是注塑成型中的难题，需要从水口料、碎料、配料、加料、环境、停机及生产过程中各个环节加以控制，才能减少黑点。塑件出现黑点的主要原因是混有污料或塑料熔体在高温下降解，从而在制品表面产生黑点，具体原因及改善方法如表 5-29 所示。

表 5-29　裂纹产生的原因及改善方法

原因分析	改善方法
原料过热分解物附着在料筒内壁上	①彻底射空余胶；②彻底清理料管；③降低熔料温度；④减少残料量
原料中混有异物（黑点）或烘料筒未清理干净	①检查原料中是否有黑点；②需将烘料筒彻底清理干净
热敏性塑料浇口过小，注射速度过快	①加大浇口尺寸；②降低注射速度
料筒内有引起原料过热分解的死角	检查喷嘴、止逆环与料管有无磨损/腐蚀现象或更换机台
开模时模具内落入空气中的灰尘	调整机位风扇的风力及风向（最好关掉风扇），用薄膜盖住注塑机
色粉扩散不良，造成凝结点	增加扩散剂或更换优质色粉
空气内的粉尘进入烘料筒内	烘料筒进气口加装防尘罩
喷嘴堵塞或射嘴孔太小	清除喷嘴孔内的不熔物或加大孔径
水口料不纯或污染	控制好水口料（最好在无尘车间进行操作）
碎料机/混料机未清理干净	彻底清理碎料机/混料机

六、透明度不足、尺寸差、起皮

1. 透明度不足

注塑成型透明塑件过程中，如果料温过低、原料未干燥好、熔体分解、模温不均或模具表面光洁度不好等，会出现透明度不足的现象。从而影响塑件的使用，其原因及改善方法见表 5-30。

表 5-30　透明度不足的原因及改善方法

原因分析	改善方法
熔料塑化不良或料温过低	提升熔料温度，改善熔料塑化质量
熔料过热分解	适当降低熔料温度，防止熔料分解
原料干燥不充分	充分干燥原料
模具温度过低或模温不均	提高模温或改善模具温度的均匀性
模具表面光洁度不够	抛光模具或采用表面电镀的模具，提高模具的光洁度
结晶型塑料的模温过高（充分结晶）	降低模温，加快冷却（控制结晶度）
使用了脱模剂或模具上有水及污渍	不用脱模剂或清理模具内的水及污渍

2. 尺寸差

注塑成型中，如果注塑工艺不稳定或模具变形等，塑件尺寸就会产生偏差，达不到所需尺寸的精度。产生该缺陷的原因及改善方法见表5-31。

表5-31　塑件尺寸偏差的原因及改善方法

原因分析	改善方法
注射压力及保压压力偏低(尺寸小)	增大注射压力或保压压力
模具温度不均匀	调整/改善模具冷却水流量
冷却时间不够(胶件变形——尺寸小)	延长冷却时间，防止胶件变形
模温过低，塑料结晶不充分(尺寸大)	提高模具温度，使熔料充分结晶
塑件吸湿后尺寸变大	改用不易吸湿的塑料
塑料的收缩率过大(尺寸小)	改用收缩率较小的塑料
浇口尺寸过小或位置不当	增大浇口或改变浇口位置
模具变形(尺寸误差大)	模具加撑头，酌减锁模力，提高模具硬度
背压过低或熔胶量不稳定(尺寸小)	提升背压，增大熔料密度
塑件尺寸精度要求过高	根据国际尺寸公差标准确定其精度

3. 起皮

注塑过程中，如果模具温度过低、熔体没有完全相容、熔体中混有杂质、料筒未清洗干净、制品表面就会产生剥离、分层（起皮）等现象。

塑件产生起皮的原因及改善方法见表5-32。

表5-32　起皮原因及改善方法

原因分析	改善方法
熔胶筒未清洗干净(熔料不相容)	彻底清洗熔胶筒
回用的水口料中混有杂料	检查或更换水口料
模具温度过低或熔料温度偏低	提高模温及熔料温度
背压太小，熔料塑化不良	增大背压，改善熔料塑化质量
模具内有油污/水渍	清理模具内的油污/水渍
脱模剂喷得过多	不喷脱模剂

七、塑件强度不足、内应力过大

1. 塑件强度不足（脆性大）

注塑生产中，如果熔体过热产生分解、熔体塑化彻底、水口料回用比例过大、水口料中混有杂料（塑胶被污染）、塑件太薄、内应力过大等，注塑件在一些关键部分会发生强度不足的现象。当塑件强度不足时，在受力或使用时会出现脆裂（断裂）问题，影响产品的功能、使用寿命及外观。

塑件产生强度不足的原因及改善方法见表5-33。

表 5-33　塑件强度不足的原因及改善方法

原因分析	改善方法
料温过高,熔料过热分解发脆	适当降低料温
熔料塑化不良(温度过低)	提高料温/背压,改善塑化质量
模温过低或塑料干燥不充分	提高模温或充分干燥塑料
残量过多,熔料在料筒内停留时间过长(过热分解)	减少残留量
脱模剂用量过多	控制脱模剂用量或不使用脱模剂
胶件局部太薄	增加薄壁位的厚度或增添加强筋
回用水口料过多或水口料混有杂料	减少回用水口料比例或更换水口料
料筒未清洗干净,熔料中有杂质	将料筒彻底清洗干净
喷嘴孔径或浇口尺寸过小	增大喷嘴孔径或加大浇口尺寸
PA(尼龙)料干燥过头	PA胶件进行“调湿”处理
材料本身强度不足(FMI 大)	改用分子量大的塑料
夹水纹明显(熔合不良,强度降低)	提高模温,减轻或消除夹水纹
胶件残留应力过大(内应力开裂)	改善工艺及模具结构、控制内应力
制品锐角部位易应力集中造成开裂	锐角部位加 R 角(圆弧过渡)
玻纤增强塑料注塑时,浇口过小	加大浇口尺寸,防止玻纤因剪切变短

2. 内应力过大

当塑料熔体进入快速冷却的模腔时,制品表面的降温速率远比内层快,表层迅速冷却而固化,由于凝固的塑料导热性差,制品内部凝固很缓慢,当浇口封闭时,不能对中心冷却收缩进行补料。内层会因收缩处于拉伸状态,而表层则处于相反状态的压应力,这种应力在开模后来不及消除而留在制品内,被称为残余应力过大。该缺陷产生的原因及改善方法见表 5-34。

表 5-34　制品内应力过大的原因及改善方法

原因分析	改善方法
模具温度过低或过高(阻力小)	提高模具温度或降低模温
熔料温度偏低(流动性差,需要高压)	提高熔料温度,提高压力
注射压力/保压压力过大	降低注射压力及保压压力
胶件结构存在锐角(尖角——应力集中)	在锐角(直角)部位加 R 圆角
顶出速度过快或顶出压力过大	降低顶出速度,减小顶出压力
顶针过细或顶针数量过少	加粗顶针或增加顶针数量
胶件脱模困难(粘模力大)	改善脱模斜度,减小粘模力
注射速度太慢(易分子取向)	提高注射速度,减小分子取向程度
胶件壁厚不均匀(变化大)	改良胶件结构,使其壁厚均匀
注射速度过快或保压位置切换过迟	降低注射速度或调整保压切换位置

　　注:在注塑件产生内应力后,可通过“退火”的方法减轻或消除,用四氯化碳熔液或冰醋酸溶液检测其是否有内应力。

八、通孔变盲孔、金属嵌件不良

1. 通孔变盲孔

注塑过程中，可能出现塑件内本应通孔的位置却变成了盲孔，其原因及改善方法见表 5-35。

表 5-35　制品产生盲孔的原因及改善方法

原因分析	改善方法
成型孔针断或掉落	检修模具并重新安装成型孔针
侧孔行位/滑块出现故障(不复位)	检修行位(滑块)，重新做成型孔针
成型孔针材料刚性/强度不够	使用刚性/强度高的钢材做成型孔针
成型孔针太细或太长	改善成型孔针的设计(加粗/减短)
注射压力或保压压力过大(包得紧)	降低注射压力或保压压力
锁模力大，成型孔针受压过大(断)	减小锁模力，防止成型孔针压断
成型孔针脱模斜度不足或粗糙	加大成型孔针的脱模斜度及抛光
胶件压模，压断成型孔针	控制压模现象(加装锁模监控装置)

2. 金属嵌件不良

注塑生产中，对于一些配合强度要求高的塑件，常在注塑件中放入金属嵌件（如螺钉、螺母、轴等），制成带有金属嵌件的塑件或配件。在注塑带有金属嵌件的塑件时，常出现金属嵌件的定位不准、金属嵌件周边塑料开裂、金属嵌件周边溢变及金属嵌件损伤等问题，如图 5-22 所示，出现金属嵌件不良的原因及改善方法见表 5-36。

图 5-22　金属嵌件周边溢边现象

表 5-36　金属嵌件不良原因及改善方法

原因分析	改善方法
注射压力或保压压力过大	降低注射压力及保压压力
注射速度过快	减慢注射速度
熔料温度过高	降低熔料温度

原因分析	改善方法
嵌件定位不良（卧式注塑机）	检查定位结构尺寸或稳定嵌件尺寸
嵌件未摆放到位（易压伤）	改善金属嵌件的嵌入方法（放到位）
嵌件尺寸不良（过小或过大），放不进定位结构内或松动	改善嵌件的尺寸精度并更换嵌件
嵌件卡在定位结构内，脱模时拉伤	调整注塑工艺条件（降低注射压力、保压压力及注射速度）
嵌件注塑时受压变形	减小锁模力或检查嵌入方法
定位结构内有胶屑或异物（放不到位）	清理模具内的异物
金属嵌件温度过低（包胶不牢）	预热金属嵌件
金属嵌件与制品边缘的距离太小	加大金属嵌件周围的胶厚
嵌件周边包胶	减小嵌件间隙或调整注塑工艺条件
浇口位置不适（位于嵌件附近）	改变浇口位置，远离嵌件

参 考 文 献

[1] 刘朝福. 注塑成型实用手册. 北京：化学工业出版社，2013.
[2] 李忠文，朱国宪等. 注塑机维修实用教程. 北京：化学工业出版社，2013.
[3] 杨卫民等. 注塑机使用与维修手册. 北京：机械工业出版社，2007.
[4] 李力等. 塑料成型模具设计与制造. 北京：国防工业出版社，2007.
[5] 王志新等. 现代注塑机控制. 北京：中国轻工业出版社，2001.
[6] 钟汉如. 注塑机控制系统. 北京：化学工业出版社，2004.
[7] 刘延华. 塑料成型机械使用维修手册. 北京：机械工业出版社，2000.
[8] 呈宏武等. 注射成型机使用指南. 北京：化学工业出版社，2005.
[9] 周殿民. 注塑成型与设备维修技术问答. 北京：化学工业出版社，2004.